普通高等教育智能建造专业精品教材

智能建造简明教程

姜晨光　主　编

中国建材工业出版社
北　京

图书在版编目（CIP）数据

智能制造简明教程/姜晨光主编．--北京：中国建材工业出版社，2024.6

普通高等教育智能建造专业精品教材/姜晨光主编

ISBN 978-7-5160-4007-2

Ⅰ.①智… Ⅱ.①姜… Ⅲ.①智能制造系统—高等学校—教材 Ⅳ.①TH166

中国国家版本馆 CIP 数据核字（2024）第 020531 号

内 容 简 介

本书较系统、全面地介绍了智能建造的基本理论和相关技术，包括智能建造概述、计算机辅助制造、仿真与数字孪生、人工智能、机器人、大数据、云计算、自动化技术、流水线、物联网、传感器、建筑信息建模（BIM）技术、全球导航卫星系统（GNSS）、测量机器人与三维激光扫描仪、区块链与元宇宙、智慧工地、管理信息系统、地理信息系统、遥感技术等基本教学内容。全书采用国家现行标准、规范，将“学以致用”原则贯穿教材始终，努力借助通俗的语言提高教材的可读性，并尽最大可能满足读者的自学需求。本书适用于普通全日制高等教育与土木工程行业相关的各个专业，还可作为土木工程相关行业从业人员的工具书。

智能建造简明教程

ZHINENG JIANZAO JIANMING JIAOCHENG

姜晨光　主　编

出版发行：中国建材工业出版社

地　　址：北京市西城区白纸坊东街 2 号院 6 号楼

邮　　编：100054

经　　销：全国各地新华书店

印　　刷：北京雁林吉兆印刷有限公司

开　　本：787mm×1092mm　1/16

印　　张：14.75

字　　数：350 千字

版　　次：2024 年 6 月第 1 版

印　　次：2024 年 6 月第 1 次

定　　价：**58.00 元**

本社网址：www.jccbs.com，微信公众号：zgjcgycbs

本书编委会

丛书序言

智能制造是未来制造发展的必然趋势和主攻方向。制造业经历了机械化、电气化和信息化三个阶段，如今正迈向智能化发展的第四个阶段，即工业4.0。工业1.0到工业2.0实现了从依赖工人技艺的作坊式机械化生产到产品和生产标准化以及简单的刚性自动化。工业2.0到工业3.0实现了更复杂的自动化，通过先进的数控机床、机器人技术、PLC（可编程控制器）和工业控制系统实现敏捷的自动化，从而实现变批量柔性化制造。工业3.0到工业4.0实现了从单一的制造场景到多种混合型制造场景的转变，从基于经验的决策到基于证据的决策，从解决可见的问题到避免不可见的问题，从基于控制的机器学习到基于丰富数据的深度学习。

智能制造是基于新一代信息通信技术与先进制造技术深度融合，贯穿于设计、生产、管理、服务等制造活动的各个环节，具有自感知、自学习、自决策、自执行、自适应等功能的新型生产方式。智能制造是一种可以让企业在研发、生产、管理、服务等方面变得更加“聪明”的生产方法。在合理的整体规划和顶层设计基础上，智能制造按照功能可以分为五层，层层传导：设备层执行生产任务并上传现场数据；产线层则将现场数据进行预处理并向上层汇报；工厂层接收处理后向企业层反馈生产情况；企业层运用生产管理软件进行分析处理后向下层下发工作计划，再依次传导至设备层对生产设备进行有效控制与检测，设备、控制、车间与企业层形成由点到线再到面的递进关系；协同层则是单一企业与其所处的商业生态环境中其余参与者的互动与协同，将各类参与者连接，做到信息的实时互通，形成综合的数据平台，达到“万物互联”的状态，更利于全产业链优化发展。

产业链涉及生产制造各环节，应用广泛。从产业链层级来看，智能制造可划分为感知层、网络层、执行层、应用层。就智能制造产业链的上下游而言，我国智能制造的上游包括制造业的零部件和感知层相关产品；中游则涵盖了网络层的相关信息技术和管理软件，执行层的机器人、智能机床、3D打印以及各种自动化设备；下游则是应用层，主要是通过各种自动化生产线集成后形成的智能工厂，在汽车、3C、医药等领域得到广泛应用。

轴承是制造业的“关节”；传感器是制造业的“皮肤”；伺服系统是制造业的“神经”；数控机床是工业制造的“母机”；工业机器人是工业制造的“操盘手”；3D打印是工业制造的“工具”；工业软件是智能制造的“大脑”。美国“NIST智能制造生态系统”、德国“工业4.0”、日本“社会5.0”、中国智能制造标准体系构建等以重振制造业为核心的发展战略，均以智能制造为主要抓手，力图抢占全球制造业新一轮竞争制高点。

《中国工程图学史》记载，古人用界尺、槽尺、平行尺和毛笔进行建筑设计工作。到了近现代，工程师们开始启用绘图板、丁字尺和墨线笔等工具。现今，原本沉寂的数据通过数字技术的“加工”，成为跃然纸上的立体影像，如同积木一样，可以根据不同部门的需求及时进行调整，而调整后的结构实时可见，这便是目前行业中常说的建筑信息建模技术。以这种技术路径为代表的“智能建造”正在成为建筑行业变革的内在动力，改变着这个古老的行业。

智能建造是指在建造过程中充分利用智能技术，通过应用智能化系统提高建造过程智能化水平，来达到安全建造的目的，提高建筑性价比和可靠性。

以“建筑信息建模”为例，它可以通过三维可视化设计模型替代原有二维图纸，使建筑信息之间相互关联，并传递到施工、运维等建筑全生命周期。数字模型之下，设计师用笔在平板电脑上就可以在所选区域的轮廓上绘画、探索、尝试设计、思考和选择，当输入设计目标和相关数量，并大概画出功能分区后，计算机就会自动创建足够优化、合理和包含了足够设计细节的 BIM 模型。这是当今国际上迅速发展的一门新兴综合技术，被誉为智慧城市建设的基础。

曾被评为“全球最佳摩天大楼”的悉尼“布莱街一号”项目，正是建筑信息建模技术的巧妙应用。该技术在整个项目中，尤其在可持续发展、协调合作和设施管理三大方面发挥重要作用，成就了这座拥有庞杂系统和完备设施以及极高节能环保标准的超级大楼，成为各国建筑界反复研究借鉴的“模板”。日本东京的新摩天大楼——日本邮政大厦，也是建筑信息建模技术运用的成功典范。由于采用该技术，项目减少了隐藏于图纸内的管线冲突，确保了施工图面与数量表的一致性，各参与方提取数据、图纸、资料等变得快捷安全，为项目安全建设提供了良好的管理平台。在我国，雄安新区、北京大兴国际机场等多个大型重点工程也都应用了建筑信息建模技术。

除此之外，大数据、人工智能、工业互联网、机器人和 5G 等新技术也在“智能建造”领域占有一席之地。如像搭积木一样装配预制构件，装配式建筑能有效减少污染、节约资源和降低成本；外墙喷涂机器人开展高空作业，效率可达人工的 3～5 倍；楼宇自控系统实时调节室内温度、照明等，让建筑有了“智慧大脑”等，都是智能建造中的重要科技成果。

建筑行业属于传统的劳动密集型行业，生产方式粗放、劳动效率不高、能源资源消耗较大等问题成为该行业亟待解决的问题。面对传统建筑方式受阻的问题，英国、德国等国家都提出了建筑业的发展战略，要求通过智能化、数字化、工业化等提升产业竞争力。英国政府发布了“Construction 2025”战略，提出到 2025 年，将工程全生命周期成本降低 33%，进度加快 50%，温室气体排放减少 50%，建造出口增加 50%。围绕这一战略，英国制定了建筑业数字化创新发展路线图，提出将业务流程、结构化数据以及预测性人工智能进行集成，实现智慧化的基础设施建设和运营。德国联邦交通与数字基础设施部发布了《数字化设计与建造发展路线图》，对数字设计、施工和运营的变革路径进行了描述，目的是在德国联邦交通与数字基础设施部的所辖领域逐步采用建筑信息建模，持续提高工程设计精确度和成本确定性，不断优化工程全生命周期成本绩效。《中华人民共和国国民经济和社会发展第十四个五年规划和 2035 年远景目标纲要》同样明确提出“发展智能建造，推广绿色建材、装配式建筑和钢结构住宅”。借助 5G、人工智能、物联网等新技术发展智能建造，成为促进建筑业转型升级、提升国际竞争力的迫切需求。数字技术赋能项目正在成为全球建筑行业跨越建设瓶颈的重要解决方案。

国际机器人联合会（IFR）最新发布的报告显示，全球工厂中有约 300 万台工业机器人在运行。2022 年 4 月，韩国研制的机器人已经可以完成智能平板绘画、升降递送包裹等工作。2022 年 8 月，北美发布了一款建筑画线打印机器人，可以在建筑工地地面上自主打印布局。2022 年 9 月，英国建筑师受动物启发研制出可以在飞行中建造 3D 打印结构的飞行建筑机器人。而日本则是目前最大的机器人和自动化技术出口国，其研发的机器人在关节技术、高精密减速器、控制器、高性能驱动器等核心技术和关键零部件方面居世界领先地位。2022 年 7 月 17 日，亚洲首个专业货运机场——鄂州花湖机场正式投运，该项目同样以三维建模的方式将建筑数据和图形转化为立体可视数字模型，解决了钢筋图元数量庞大、传统二维手绘建模方式无法满足项目设计和建造要求的难题。

除此之外，人工智能同样在建筑领域大展拳脚，例如，设计师将工位数量、会议室数量和电话间的数量都做了相应的调整，借助于人工智能技术，在新的 BIM 模型构架内，90 秒内就可以得到设计变更后的最优设计，包括设计模型和包含足够细节的图纸。智能建造——一项复杂的系统工程，涵盖了科研、设计、生产加工、施工装配、运营等环节。数字化技术的应用带来了规划和设计方法甚至设计理念的改变，正在颠覆原有的工程建造技术体系以及项目组织管理方式，重塑建筑这个古老行业。

江南大学姜晨光教授以 40 年的教学积淀为基础，精心打造的这套智能建造专业教育丛书令人耳目一新。丛书紧跟时代发展的脚步，聚焦世界科技和产业前沿，布局合理、详略得当、有张有弛、通俗易懂，理论联系实际，贯穿了“产学研”一体化的思想，甚为难得、难能可贵。通读全书，甚为欣喜，以是为序。

中国工程勘察大师

2023 年 11 月 12 日

前　言

智能建造的特点是利用先进的信息技术、自动化技术和智能化技术，对建筑施工过程进行全面的数字化、智能化和自动化改造，以提高建筑施工的效率、质量和安全性。智能建造涉及建筑信息建模（BIM）、机器人、无人机、传感器、云计算、大数据、人工智能等技术。智能建造是建筑施工行业的未来趋势，会对建筑施工行业产生深远的影响。智能建造的发展会催生出大量的新兴职业、孕育大量的就业机会，也需要大量的技术人才参与研发、制造、管理和维护，因此，对于建筑施工、工程管理、信息技术、自动化技术、智能化技术等领域的人员来说，学习和掌握智能建造技术是极有价值和意义的事情。

党的十八大以来，我国在建筑业信息化、集成化、精益化、智能化方面取得了显著进步，BIM、3D打印、物联网、人工智能、云计算、大数据、元宇宙等新技术应用水平显著提升，建筑工程行业作为我国经济发展的重要支柱产业，正迎来数字化、智能化、绿色化的关键转变时期。

2020年7月，住房城乡建设部等13部委联合发布《关于推动智能建造与建筑工业化协同发展的指导意见》，为我国工程建设行业的工业化发展指明了方向，对行业转型升级及实现可持续发展至关重要。2022年1月19日，住房城乡建设部发布了《“十四五”建筑业发展规划》，提出以推动智能建造与新型建筑工业化协同发展为动力，加快建筑业转型升级。2022年10月25日，住房城乡建设部发布了《关于公布智能建造试点城市的通知》，将北京、天津、重庆、雄安新区、保定、沈阳、哈尔滨、南京、苏州、温州、嘉兴、台州、合肥、厦门、青岛、郑州、武汉、长沙、广州、深圳、佛山、成都、西安、乌鲁木齐等24个城市列为智能建造试点城市，吹响了智能建造的冲锋号。

智能建造与《“十四五”建筑业发展规划》所明确的2035年远景目标“实现‘中国建造’核心竞争力世界领先，迈入智能建造世界强国行列，全面服务社会主义现代化强国建设”高度契合。城市建造不仅要创造良好的人居环境，更要服务于社会经济可持续健康发展。

近年来，我国建筑业生产规模持续扩大。数据显示，2021年我国建筑业总产值达29.3万亿元，同比增长11%，增加值占国内生产总值的比重达到7%，对稳增长、扩内需起到重要作用，有力地支撑了国民经济平稳运行。但也要看到，目前建筑业主要依赖资源要素投入、大规模投资拉动，工业化、信息化水平不高，生产方式粗放、能源资源消耗较大，各种问题不容小觑。

立足新发展阶段，建筑业当更加注重科技运用、劳动效率、生态环保，助力实现人文、经济、社会更加和谐统一地发展。智能建造试点城市的推出是深入贯彻落实党中央、国务院决策部署的体现，借助科技创新的支撑可促进建筑业与数字经济深度融合。通过应用物联网、大数据等先进技术可提高建造过程的智能化水平，提升建设安全性与建筑可靠性，推动建筑业更上一层楼。发展智能建造是顺应城市发展新理念、新趋势，推进新型城市建设的重要内容。建设宜居、创新、智慧、绿色、人文、韧性城市是建筑业发展转型的必由之路，更是城市让生活更美好的必然选择。

为了适应新时代的要求，结合高校教学实践，编委会不揣浅陋，编写出了这本智能建造教科书，希望能对我国智能建造事业的发展有所贡献，能为我国大土木工程高等教育添砖加瓦。

全书由江南大学姜晨光主笔完成，苏州科技大学天平学院孙胡斐，上海烯牛信息技术有限公司李锦香、杜强、周煜东，青岛农业大学李明国、姜学东、杨吉民、李少红、任荣、盖玉龙、崔专、陈惠荣、李霞、严立梅，莱阳市环境卫生管理中心宋金轲、张斌、王世周，烟台市城市规划编研中心杨兰，烟台市城市规划展示馆张仁勇，龙口市规划编研中心路顺，枣庄市工程建设监理有限公司裴宝帅，韶关学院胡春春，广州工程技术职业学院陈茜，中南大学刘兴权，广西大学陈伟清、张协奎，福州大学方绪华，广州大学张靖仪，江南大学贡鸣、杨洪元、叶军、吴玲、蒋旅萍、欧元红、陈丽、刘进峰、张惠君、蔡洋清、卢林、刘群英、夏伟民、黄奇壁、王伟、姜勇、贾旭、付小英、王风芹等同志（排名不分先后）参与了相关章节的撰写工作。初稿完成后，中国工程勘察大师严伯铎老先生不顾耄耋之躯审阅全书并提出了不少改进意见，为本书的最终定稿作出了重大贡献，谨此致谢！

限于水平、学识和时间关系，书中内容难免粗陋，存在谬误与欠妥之处，敬请读者多多提出批评及宝贵意见。

姜晨光

2024 年 1 月于江南大学

目　　录

第 1 章　智能建造概述

1.1　智能建造的内涵与外延

智能建造是指利用人工智能、机器人、自动控制等智能技术实现工程结构物全生命周期的自动化营造与管理的工作模式，涵盖了工程结构物规划、勘察、设计、施工、运维等各个环节，可大致分解为智能化规划、智能化勘察、智能化设计、智能化施工、智能化运维五大体系。智能建造的终极目标是机器换人，实现工程结构设计、营造、运维的无人化，一切都依靠智能系统和机器人来实现。

现阶段，智能建造可理解为利用智能技术和相关技术的建造方式。初级阶段，智能建造的特点是在建造过程中充分利用智能技术和相关技术，通过应用智能化系统，提高建造过程的智能化水平，减少对人的依赖，达到安全建造的目的，提高建筑的性价比和可靠性。也有些人简单地认为，智能建造就是以建筑信息模型、物联网等先进技术为手段，以满足工程项目的功能性需求和不同使用者的个性需求为目的，构建项目建设和运行的智慧环境，通过技术创新和管理创新，对工程项目全生命周期的所有过程实施有效改进和管理的一种管理理念和模式。

1.2　智能建造的缘起

在互联网时代，数字化催生着各个行业的变革与创新，建筑行业也不例外。智能建造是解决建筑行业低效率、高污染、高能耗的有效途径之一，已在很多工程中被提出并实践，因此有必要对智能建造的特征进行归纳。智能建造涵盖建设工程的设计、生产和施工三个阶段，借助物联网、大数据、BIM 等先进的信息技术，实现全产业链数据集成，为全生命周期管理提供支持。智能是高级动物所特有的能力，一般包含感知、识别、传递、分析、决策、控制、行动等。如果系统具备以上方面的能力，系统就具有智能。智能建造的目的是提高建造过程的智能化水平，智能建造的手段是充分利用智能技术和相关技术，智能建造的表现形式是应用智能化的系统。

2017 年 5 月 4 日，住房城乡建设部印发《建筑业发展“十三五”规划》；同年 6 月 29 日，住房城乡建设部发布公告，批准《建筑智能化系统运行维护技术规范》(JGJ/T

417—2017）为行业标准，自2017年10月1日起实施。阿里巴巴2017年发布的《智慧建筑白皮书》显示，我国智能建筑工程总量已相当于欧洲智能建筑工程量的总和，我国智能建筑系统集成商已超过5000家，智能建筑集成市场规模高达4000亿元。

2018年3月15日，《教育部关于公布2017年度普通高等学校本科专业备案和审批结果的通知》（教高函〔2018〕4号）首次将智能建造纳入我国普通高等学校本科专业。智能建造是为适应以“信息化”和“智能化”为特色的建筑业转型升级国家战略需要而设置的新工科专业，培养的是推动我国智能智慧项目建设所必需的专业技术人员。智能建造专业的设立符合建筑业、制造业转型升级的时代需求，是推进新工科建设的重要举措。传统建造技术转型升级是全世界关注的热点话题，各国都提出了相应的产业长期发展愿景，如建筑工业化等。为主动应对新一轮科技革命与产业变革，支撑服务创新驱动发展，有必要全力探索切实有效的智能建造模式和人才培养模式。

2020年7月3日，住房城乡建设部联合13个部门印发《关于推动智能建造与建筑工业化协同发展的指导意见》，提出要加大人才培育力度；各地要制定智能建造人才培育相关政策措施，明确目标任务，建立智能建造人才培养和发展的长效机制，打造多种形式的高层次人才培养平台；鼓励骨干企业和科研单位依托重大科研项目和示范应用工程，培养一批领军人才、专业技术人员、经营管理人员和产业工人队伍；加强后备人才培养，鼓励企业和高等院校深化合作，为智能建造发展提供人才后备保障。

为深入贯彻国务院办公厅《关于促进建筑业持续健康发展的意见》（国办发〔2017〕19号）文件精神，加快推进工程建造技术科技化、信息化、智能化水平，进一步提高建设工程专业技术人员理论与技能水平，规范从业人员执业行为，根据《国家中长期人才发展规划纲要（2010—2020年）》，由中国建筑科学研究院认证中心评价监督、北京中培国育人才测评技术中心组织实施的智能建造师专业技术等级考试和认定工作已经启动。2022年，住房城乡建设部印发《关于征集遴选智能建造试点城市的通知》，明确了开展智能建造城市试点的工作目标、重点任务和工作要求等内容。

1.3 我国智能建造的发展现状

智能建造是信息化、智能化与工程建造过程高度融合的创新建造方式，智能建造技术包括BIM技术、物联网技术、3D打印技术、人工智能技术等。智能建造的本质是结合设计和管理实现动态配置的生产方式，以此对传统施工方式进行改造和升级。智能建造技术的产生使各相关技术之间加速融合发展，应用在建筑行业中，使设计、生产、施工、管理等环节更加信息化、智能化。智能建造正引领新一轮的建造业革命。

智能建造技术涉及建筑工程的全生命周期，主要包括智能规划与设计、智能装备与施工、智能设施3个模块，主要涉及的技术有BIM技术、人工智能技术、云计算技术和大数据技术，不同技术之间相互独立又相互联系，搭建了整体的智能建造技术体系。

1）智能规划与设计。现代建筑工程因智能建筑技术的成功应用而发生变革，新技术可在设计、施工、管理、运维等不同阶段发挥强大的作用，并可以不拘泥于单一领域，在建筑工程建设全生命周期内发挥出色的技术优势。BIM技术是当下建筑工程中所运用的新型工具，在智能规划与设计方面起着举足轻重的作用；BIM 技术是以数字化方式表达设施对象的物理与功能特性，作为一类可共享信息的知识体系存储并传递设施对象的信息，为设施的全生命周期各类决策的制定与实施制造依据，BIM 体系应兼容相关利益方在不同阶段的信息编辑与更改，保障不同主体履行相应职责，协同完成项目。从世界范围看，在美国、北欧等国家和地区的 BIM 技术应用起步早且技术发展成熟，并强制技术推广应用；英、韩、新等国的 BIM 技术强制应用进入快车道；日、澳等国未进行强制，但已有本土化的 BIM 执行标准；我国 BIM 技术研究较晚，在建筑工程中的应用时间较短，主要体现在施工阶段。

随着现代建筑工程建设节奏的加快，以及行业对 BIM 技术的密切关注，很多企业计划学习并利用 BIM 技术开展方案规划与图纸设计，强调设计重心前移、共享协同设计、深化设计、可视化设计控制等问题的解决，以求增加初期设计的科学性，统筹在方案创新方面的技术配置。企业可利用 BIM 技术加强整体建设水平，可用其检查施工缺陷，或直接构建三维模型来模拟施工进度与工艺要求，配合完成知识管理，进一步优化改良施工方案。

2）智能装备与施工。我国现代建筑工程的智能建造技术研究和应用目前仍处于初期阶段，部分核心技术依赖进口，对国外先进智能建造装备的依赖程度较高，50％以上的智能建造设备需要进口。尤其是智能建造设备的核心——人工智能，以美国、英国等为代表的发达国家走在世界发展前列，德国更是早在 2012 年就推行“工业 4.0 计划”，以服务机器人为重点加快智能机器人的开发和应用。据相关机构预测，2035 年，我国人工智能核心产业规模有望达 1.73 万亿元，全球占比达 30.6％。在政策与市场的支持下，我国出现了一大批优秀的智能建造装备企业，有的能在建筑结构中利用人工网络神经进行结构健康检测，有的能在施工过程中应用人工智能机械手臂进行结构安装，有的能在工程管理中利用人工智能系统对项目全周期进行管理。人与机器的协同建造作为技术发展中的重要环节，可在一定程度上推动建筑建造的产业化升级，助推建筑产业链的延伸。

3）智慧运维。智能建筑技术的不断创新和应用，让现代建筑的功能价值得到持续增强。从现阶段看，搭载先进科学技术的智能建筑技术，可对建筑工程设计和施工各环节进行信息化、智能化融合改造，这不仅对智能建造设备提出了要求，也要求智能化高端软件产品有更高的发展。

在智能化高端软件产品中，云计算和大数据技术是用户对互联网数据资源进行共享的一种新型模式，从服务器到网络、从硬件到软件均可以进行必要的共享，所有资源均可上传至云服务器，虚拟服务器的容量扩展性较强。用户通过云计算可减少交互和管理流程，可快速按照需求找到合适的资源，云计算支配的相关网络系统可按照用户需求实时完成动态部署、配置以及监控。国内建筑领先企业在工程中往往通过云计算技术搭建建设项目云服务平台，结合大数据分析、传感器监测及物联网搭建项目管理系统，在施工现场实现人脸识别、移动考勤、塔式起重机管理、粉尘管理、设备管理、危险源报警、人员管理等多项功能，使技术科技含量更强，融合效应更明显，在建筑工程建设程序化、标准化应用中发挥更大的作用。

4）技术发展趋势。智能建造技术的发展在我国尚处于起步状态，多通过引进国外核心技术、学习国外先进企业的创新建造技术来加快国内智能建造技术的发展，但缺少基础

技术的理论支持及更深层次的探讨。因此，未来会有更多企业寻求关键核心技术的突破和各技术之间的融合发展，开拓全新的智能建造技术领域，打造符合我国发展的智能建造技术体系。

5）应用发展趋势。智能建造技术的发展必将为建筑行业带来革命性的变化。从设计阶段的BIM技术到施工阶段的物联网技术、3D打印技术、人工智能技术，再到运维阶段的云计算技术和大数据技术，智能建造技术在建筑工程的诸多环节有不同程度的应用。随着智能建造技术的深入发展，新一代信息技术增多、应用面广且过于繁杂，程序化、标准化应用以及多种技术的融合应用将会成为今后智能建造技术在建筑行业应用的重点。

6）科研发展趋势。随着物联网、大数据、云计算技术的发展，企业将更加注重3D打印、人工智能等与实体建造技术的结合，从而推动智能化建造系统的研发。在教育方面，截至2023年9月，我国已有106所高校增设了“智能建造”专业，为学生创造了一个研究智能建造技术的环境，旨在培养同时具备土木工程、机械工程、计算机、大数据等知识的高级复合型人才。

7）全面布局。2020年7月，住房城乡建设部等13部委联合发布《关于推动智能建造与建筑工业化协同发展的指导意见》，为我国工程建设行业的工业化发展指明了方向，对建筑行业转型升级及实现可持续发展至关重要。2022年1月19日，住房城乡建设部发布了《“十四五”建筑业发展规划》，提出“以推动智能建造与新型建筑工业化协同发展为动力，加快建筑业转型升级”。2022年10月25日，住房城乡建设部发布了《关于公布智能建造试点城市的通知》，将北京、天津、重庆、雄安新区、保定、沈阳、哈尔滨、南京、苏州、温州、嘉兴、台州、合肥、厦门、青岛、郑州、武汉、长沙、广州、深圳、佛山、成都、西安、乌鲁木齐等24个城市列为智能建造试点城市，吹响了智能建造的冲锋号。智能建造试点与《“十四五”建筑业发展规划》所明确的2035年远景目标——实现“中国建造”核心竞争力世界领先，迈入智能建造世界强国行列，全面服务社会主义现代化强国建设高度契合，为我国建筑业腾飞插上了强大的翅膀。

1.4　智能建造对从业人员的要求

智能建造师是以土木工程专业为基础，精通计算机应用技术、工程管理、机械自动化等相关知识，集工程建造与数字化、智能化、信息化技术于一身的复合型专业人才，是智能建筑、智能交通、智慧工地、智慧建筑、智慧城市、智慧消防等智能智慧建设项目的建设者和实施者。他们能够应用现代化技术手段，进行智能测绘、智能设计、智能施工和智能运维管理，能胜任传统和智能化建筑工程项目的设计、施工管理、信息技术服务和咨询服务工作，同时能胜任一般土木工程项目的智能规划与设计、智能装备与施工、智能设施与防灾、智能运维与管理等环节的工作。

在当下时兴的BIM技术、装配式建筑、全过程工程咨询、工程总承包等工程建设模式中，智能建造师是必不可少的角色。智能建造专业技术人员既具有土木工程师的技术能力，又具有智能技术的知识结构，既可以服务于房地产、勘察设计、施工、监理公司等传统建筑工程行业，也可以服务于新房地产、BIM咨询、建筑机器人研发和绿色建筑等建

筑业新技术单位。

在传统工程建造技术和建筑生产方式已经无法满足新的社会发展需求的背景下，智能建造师与传统建造师共同探寻着我国建筑行业的发展方向。随着新型建筑工业化和新型基础设施建设的不断发展，智能建造师的舞台将更加宽广。

目前，我国智能建造专业的培养目标是培养适应国家建设需要，德、智、体、美全面发展，具有较好的数学和力学基础，能熟练掌握土木工程专业的基本知识，精通工程结构智能设计原理、构件生产和施工技术，能够应用相关计算机开发语言和工程建造的一般机械和控制工程原理，完成现代土木工程的智能设计、智能生产、智能施工和全过程运行维护管理，并具备终身学习能力、创新能力和国际视野的行业人才。

智能建造专业的核心课程包括“工程力学”“结构设计原理”“计算机语言”“大数据”“物联网和人工智能”“Python 程序设计”“理论力学”“材料力学”“结构力学”“建造机械控制原理”“BIM 技术基础”“智能测绘”“混凝土结构设计原理”“装配式结构设计与智能化设计”“建筑工程和绿色建筑”等。

延伸阅读

2020 年，住房城乡建设部等 13 个部门联合印发了《关于推动智能建造与建筑工业化协同发展的指导意见》，以大力发展建筑工业化为载体，以数字化、智能化升级为动力，创新突破相关核心技术，加大智能建造在工程建设各环节应用，形成涵盖科研、设计、生产加工、施工装配、运营等全产业链融合一体的智能建造产业体系，提升工程质量安全、效益和品质，有效拉动内需，培育国民经济新的增长点，实现建筑业转型升级和持续健康发展。

建筑业是经济社会的“稳定器”，也是高质量发展的“主战场”。当前，建筑企业要积极融入数字时代的强国建设大局中，以真干实干的奋进姿态，大力推进智能建造，通过科技赋能提高工程建设的品质和效益，为社会提供高品质建筑产品，为满足人民群众对美好生活的需求和实现中华民族伟大复兴贡献力量。

推荐阅读：

《智库声音｜肖绪文：智能建造务求实效》

《关于推动智能建造与建筑工业化协同发展的指导意见》

思考题

1. 结合课程学习谈一下智能建造的内涵与外延。
2. 智能建造的起因是什么？
3. 智能建造对从业人员有哪些要求？
4. 智能建造初级阶段的主要工作有哪些？
5. 试述近年来我国智能建造领域的创新与发展。

第 2 章　计算机辅助制造

2.1　计算机辅助制造的定义

计算机辅助制造（computer aided manufacturing，简称 CAM）的狭义定义指在机械制造业中利用数字计算机，通过各种数值控制机床和设备自动完成离散产品的加工、装配、检测和包装的制造过程。

除狭义定义外，计算机辅助制造有一个广义的定义，即“通过直接或间接地手段，把计算机与制造过程和生产过程相联系，用计算机系统进行企业的管理、控制和加工操作”，按照这一定义，计算机辅助制造包括企业生产信息管理、计算机辅助设计（CAD）和计算机辅助生产与制造三部分，计算机辅助生产与制造又包括连续生产过程控制和离散零件自动制造两种计算机控制方式。这种广义的计算机辅助制造系统又称为整体制造系统（IMS）。

2.2　计算机辅助制造系统的基本功能

在计算机辅助制造系统中，人们利用计算机完成产品结构描述、工程信息表达、工程信息的传输与转化、信息管理等工作。因此，计算机辅助制造系统应具备以下八方面的基本功能：

1）产品与过程的建模。该功能具体来说就是利用计算机能够识别的数据（信息）来表达描述产品，包括产品形状结构、产品加工特性、有限元分析所需要的网格及边界条件等。

2）图形与图像处理。在计算机辅助制造系统中，图形和图像仍然是产品形状与结构的主要表达形式，因此，如何在计算机中表达图形，以及对图形进行各种变换、编辑、消隐、光照等处理，是计算机辅助制造系统的基本功能。

3）信息存储与管理。设计与制造过程会产生大量种类繁多的数据，如设计分析数据、工艺数据、制造数据、管理数据等。这些数据有图形图像、文字数字、声音、视频，有结构化数据和非结构化数据，有动态数据和静态数据。将系统产生的这些电子信息存储与管理好，是计算机辅助制造系统的必备功能。

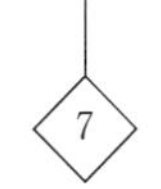

4）工程分析与优化。系统应能够计算体积、重心、转动惯量等数值，同时应具有机构运动计算、动力学计算、数值计算、优化设计等功能。

5）工程信息传输与交换。此功能包括计算机辅助制造系统与其他系统的信息交换和同一计算机辅助制造系统中不同功能模块的信息交换。

6）模拟与仿真。为了检查产品的性能，往往需要对产品进行各种试验与测试，还需要专门的设备生产出样品，该过程具有破坏性，且时间长、成本高。建立产品或系统的数字化模型、进行计算机模拟与仿真可以解决这一问题，包括加工轨迹仿真、机构运动仿真、工件、刀具和机床碰撞与干涉检验等技术。

7）人机交互。数据输入、路线与方案的选择都需要人与计算机进行对话。人机对话交互的方式有软件界面与设备（键盘、鼠标等）两种。

8）信息的输入与输出。信息的输入与输出有人机交互式输入输出与自动输入输出两种。

2.3　计算机辅助制造系统组成与分类

计算机辅助制造系统由硬件系统和软件系统组成。硬件系统是指可触摸到的物理设备，如主机设备、终端设备、网络及通信设备、输入输出设备、数控加工及控制设备等。软件系统通常是指程序及其相关文档的总和，一般分为系统软件、支撑软件和应用软件。

2.3.1　基于硬件的分类

从硬件角度出发，计算机辅助制造系统可分为以下两大类：

1）以大型机或小型计算机为主机的、多用户分时系统。主机系统的特点是外围设备和用户工作站与主机相连，用户工作站中至少有一台图形工作站和一套图形处理设备（如图形终端、图形输入输出设备等）。其优点是主机功能强，可处理大量信息，如分析计算、模拟，使用性能取决于软件水平；缺点是系统专用性强，比较封闭，终端过多，系统速度变慢，价格较高。另外，系统的可靠性取决于主机（如果主机发生故障，整个系统都会瘫痪）。

2）工程工作站或微机系统的单用户系统。此系统的特点是：每一个工程工作站或微机系统都能独立完成计算机辅助制造系统所要求的各项任务；价格较低；可靠性高。

2.3.2　基于功能的分类

按功能划分，计算机辅助制造系统可分为CAD系统、CAM系统、CAD/CAM系统。

1）CAD系统。专门为设计而建立的系统，可完成各项设计任务，如造型、绘图、工程分析仿真与模拟、文档管理等；不具备数控编程、加工仿真、生产控制及管理等功能。

2）CAM系统。具备数控编程、加工仿真、生产控制及管理等功能；几乎不具备造型、绘图、工程分析仿真与模拟等功能。

3）CAD/CAM系统。具备CAD与CAM的所有功能，并可进行信息的自动交换。该系统已成为主流。

2.3.3 基于网络依赖的分类

根据是否使用计算机网络，计算机辅助制造系统又可分为单机系统和网络系统。计算机网络是指通过通信线路连接起来的、自治的计算机集合，其中包括以下三个含义：其一是必须有两台或两台以上具有独立功能的计算机系统相互连接，达到资源共享的目的；其二是相互连接的计算机必须有一条信息交换的通道；其三是在同一网络中的计算机系统之间进行信息交换，必须遵循共同的约定与规则，即协议。

1）单机系统。具备所有计算机辅助制造系统的软件与硬件功能，但不能与其他计算机辅助制造系统进行信息交换，信息不能共享。

2）网络系统。将具备计算机辅助制造系统的软件与硬件功能的各个节点用网络设备和通信线路进行连接，就形成了一个网络化的计算机辅助制造系统，可实现资源与信息共享。该系统已成为主流。网络结构有星型、环型、总线型等形式。由于总线型具有兼容性强、开放性和可扩展性良好等特性，已成为主流。

2.4 计算机辅助制造系统的发展历程

2.4.1 计算机辅助制造仿真

计算机辅助制造的核心是计算机数值控制（简称“数控”），是将计算机应用于制造生产过程的过程或系统。1952 年，美国麻省理工学院首先研制出数控铣床。加工程序的编制不但需要相当多的人工，而且容易出错，最早的 CAM 便是计算机辅助加工零件编程工作。麻省理工学院于 1950 年研究开发数控机床的加工零件编程语言 APT，它是类似 Fortran 的高级语言，增强了几何定义、刀具运动等语句，应用 APT 使编写程序变得简单。这种计算机辅助编程是批处理的。

CAM 系统一般具有数据转换和过程自动化两方面的功能。CAM 所涉及的范围包括计算机数控和计算机辅助过程设计。

数控除了在机床应用以外，还广泛地用于其他各种设备的控制，如冲压机、火焰、等离子弧切割、激光束加工、自动绘图仪、焊接机、装配机、检查机、自动编织机、电脑绣花和服装裁剪等，成为各相应行业 CAM 的基础。

从自动化的角度看，数控机床加工是一个工序自动化的加工过程，加工中心实现零件部分或全部机械加工过程自动化，计算机直接控制和柔性制造系统完成一族零件或不同族零件的自动化加工过程，而计算机辅助制造是计算机融入制造过程的手段。

2.4.2 计算机辅助制造工艺

一个大规模的计算机辅助制造系统由两级或三级计算机组成。中央计算机控制全局，提供经过处理的信息；主计算机管理某一方面的工作，并对下属的计算机工作站或微型计算机发布指令和进行监控；计算机工作站或微型计算机承担单一的工艺控制过程或管理工作。

计算机辅助制造系统的组成可以分为硬件和软件两方面。硬件方面有数控机床、加工中心、输送装置、装卸装置、存储装置、检测装置、计算机等；软件方面有数据库、计算机辅助工艺过程设计、计算机辅助数控程序编制、计算机辅助工装设计、计算机辅助作业计划编制与调度、计算机辅助质量控制等。

2.5 计算机辅助制造系统的基本组成

2.5.1 数控系统及数控编程原理

1）数控系统。数控系统是机床的控制部分，它根据输入的零件图纸信息、工艺过程和工艺参数，按照人机交互的方式生成数控加工程序，然后通过电脉冲数，再经伺服驱动系统带动机床部件做相应的运动。

传统的数控机床（NC）上，零件的加工信息是存储在数控纸带上的，通过光电阅读机读取数控纸带上的信息，实现机床的加工控制。后来数控系统发展到计算机数控（CNC），功能得到很大的提升，可以一次将加工的所有信息传给阅读机。更先进的CNC机床甚至可以去掉光电阅读机，直接在计算机上编程，或者直接接收来自计算机辅助工艺过程设计（CAPP）的信息，实现自动编程。后一种CNC机床是计算机集成制造系统的基础设备。现代CNC系统常具有以下功能：多坐标轴联动控制，刀具位置补偿，系统故障诊断，在线编程，加工、编程并行作业，加工仿真，刀具管理和监控，在线检测。

2）数控编程原理。所谓数控编程，是根据来自CAD的零件几何信息和来自CAPP的零件工艺信息，自动或在人工干预下生成数控代码的过程。常用的数控代码有ISO（国际标准化组织）和EIA（美国电子工业协会）两种系统。其中ISO代码是七位补偶代码，即第8位为补偶位；而EIA代码是六位补奇代码，即第5列为补奇位。补偶和补奇的目的是便于检验纸带阅读机的读错信息。一般的数控程序由程序字组成，而程序字则是由用英文字母代表的地址码和地址码后的数字与符号组成。每个程序都代表着一个特殊功能，如G00表示点位控制，G33表示等螺距螺纹切削，M05表示主轴停转等。一般情况下，一条数控加工指令是由若干个程序字组成的。例如，N012G00G49X070Y055T21中，N012表示第12条指令，G00表示点位控制，G49表示刀补准备功能，X070和Y055表示X和Y的坐标值，T21表示刀具编号指令；整个指令的意义是：快速运动到点（70，55），1号刀取2号拨盘上刀补值。常用地址码的含义见表2-5-1。

表2-5-1 常用地址码及其含义

机能	地址码	意义
程序号	O	程序编号
顺序号	N	顺序编号
准备机能	G	机床动作方式指令

续表

机能	地址码	意义
坐标指令	X、Y、Z A、B、C、U、V、W R I、J、K	坐标轴移动指令 附加轴移动指令 圆弧半径 圆弧中心坐标
进给机能 主轴机能 刀具机能	F S T	进给速度指令 主轴转速指令 刀具编号指令
辅助机能	M B	接通、断开、启动、停止指令 工作台分度指令
补偿 暂停 子程序调用 重复 参数	H、D P、X P L P、Q、R	刀具补偿指令 暂停时间指令 子程序号指定 固定循环重复次数 固定循环参数

2.5.2 数控系统编程的方式

数控系统编程的方式一般有四种，即手工编程、数控语言编程、CAD/CAM 系统编程、自动编程。

1）手工编程。手工编程是编程人员按照数控系统规定的加工程序段和指令格式，手工编写出待加工零件的数控加工程序。手工编程的主要步骤依次为以下六步：①根据零件图纸对零件进行工艺分析；②确定加工路线和工艺参数（装夹顺序、表面加工顺序、切削参数）；③确定刀具移动轨迹（起点、终点、运动形式）；④计算机床运动所需要的数据；⑤书写零件加工程序单；⑥纸带穿孔。可见，手工编程包括制定工艺规程的内容。手工编程目前已用得很少。

2）数控语言编程。使用数控语言编程往往被称为“自动编程”，这种叫法来源于 APT（automatically programmed tools）数控编程语言。事实上，它并不是自动化的编程工具，只是比手工编程前进一步，实现了用“高级编程语言”来编写数控程序。数控语言编程就是用专用的语言和符号来描述零件的几何形状、刀具相对零件运动的轨迹、加工顺序和其他工艺参数。数控语言编程采用类似于计算机高级语言的数控语言来描述加工过程，大大简化了编程过程，特别是省去了数值计算过程，提高了编程效率。

用数控语言编写的程序称为源程序，计算机接收源程序后，首先进行编译处理，再经过后置处理程序才能生成控制机床的数控程序。目前常用的数控编程语言是美国麻省理工学院开发的 APT 语言。APT 语言词汇丰富，定义的几何类型多，并配有多种后置处理程序，通用性好，被广泛应用。

APT 语言的源程序是由语句组成的，共有四种类型，语句由词汇、数值、标识符号等按一定语法规则组成。

第一种类型的语句是几何定义语句。几何定义语句的一般形式为：〈标识符〉＝〈几何元素专用词〉/参数。例如，语句“C1=CIRCLE/20，80，12，5”中，“C1”为几何元素定义的名字，“CIRCLE”为几何元素类型（圆），“20，80，12，5”表示圆心的坐标值和半径值。

第二种类型的语句是刀具运动语句。刀具运动语句是用来模拟加工过程中刀具的运动轨迹的。APT语言用三个表面来定义刀具的位置和运动轨迹。这三个表面是零件面(PS)、导向面（DS）和检查面（CS）。其中，零件面是刀具运动过程中形成的表面，导向面用来定义刀具和零件面之间的位置关系，检查面用来确定每次走刀运动的刀具终止位置。例如，“TLONPS”和“TLOFPS”分别表示刀具中心正好位于零件面上和不位于零件面上，“TLLFT”表示刀具在导向面的左面。

第三种类型的语句是工艺数据语句。工艺数据语句用来描述工艺数据和一些控制功能。

第四种类型的语句是初始语句和终止语句。初始语句表示程序的名称，终止语句表示零件程序的结束。初始语句由“PARTNO”和名称组成，终止语句用“FIN1”表示。

3）CAD/CAM系统编程。采用数控语言编程虽比手工编程简化许多，但需要编程人员编写源程序，仍比较费时。为此，CAD/CAM系统编程技术应运而生。到目前，几乎所有大型CAD/CAM应用软件都具备数控编程功能。在使用这种系统编程时，编程人员不需要编写数控源程序，只需要从CAD数据库中调出零件图形文件，并显示在屏幕上。系统采用多级功能菜单作为人机界面，编程过程中还会给出大量的提示。这种方式操作方便，容易学习，又可大大提高编程效率。

CAD/CAM系统编程部分一般都包括下面的基本内容：查询被加工部位图形元素的几何信息；对设计信息进行工艺处理；刀具中心轨迹计算；定义刀具类型；定义刀位文件数据。一些功能强大的CAD/CAM系统甚至还包括数据后置处理器，能自动生成数控加工源程序并进行加工模拟，用来检验数控程序的正确性。

4）自动编程。上述CAD/CAM系统编程中，仍需要编程人员过多地干预才能生成数控源程序。CAPP技术的发展使数控自动编程成为可能。系统从CAD数据库获取零件的几何信息，从CAPP数据库获取零件加工过程的工艺信息，然后调用NC源程序生成数控源程序，再对源程序进行动态仿真，如果正确无误，则将加工指令送到机床进行加工。

2.6　计算机辅助制造系统的支撑环境

计算机辅助制造系统的支撑环境可分为硬件和软件两大方面，具体来说可分为计算机硬件、计算机软件、数据库、网络与通信等。

计算机硬件一般是指计算机的实体，是相对于计算机软件而言的，计算机硬件和软件共同组成计算机系统，计算机必须同时具备硬件和软件才能工作。计算机硬件通常可分为主机和外部设备两部分。主机通常包括运算器、控制器、电源、接口电路、输入输出通道(总线)、内存储器等。外部设备通常是指输入装置、输出装置、外存储器等。

计算机软件可以分为系统软件和应用软件。系统软件主要包括计算机操作系统和支持软件。支持软件一般指为用户进行二次开发的工具（或平台）；应用软件是指用户自行开发的专用软件。

数据库是通用的综合性数据集合，可以供各种用户共享，具有最小的多余度、较高的数据量和程序的独立性，能有效地、及时地处理数据，并具有一定的安全性及可靠性。数据库系统是在计算机系统的基础上建立起来的，它由计算机硬件、数据库管理系统、用户及其应用程序、数据库管理员等组成。

计算机网络是指将地理上分散配置而又具有独立功能的多台计算机、终端设备、传输设备和网络软件相互连接，形成资源共享的计算机群体。计算机网络由硬件和软件两大部分组成。网络硬件包括计算机系统、终端设备、通信传输设备等。网络软件包括网络操作系统、网络数据库、网络协议、通信协议、通信控制程序等。

数据通信是指信息的传输、交换和处理。它是继电报、电话之后的第三代通信。它不是单纯地传导数据，而是把原始信息进行系统整理，将海量数据中的精华在适当的时空进行传输，发挥最大价值。

2.7 计算机辅助制造系统的成组技术

成组技术是计算机辅助制造系统的基础。它从 20 世纪 50 年代出现的成组加工，发展到 20 世纪 60 年代的成组工艺，出现了成组生产单元和成组加工流水线，其范围也从单纯的机械加工扩展到整个产品的制造过程。20 世纪 70 年代以后，成组工艺与计算机技术、数控技术相结合，发展成为成组技术，出现了用计算机对零件进行分类编码、以成组技术为基础的柔性制造系统，并被系统地运用到产品设计、制造工艺、生产管理等诸多领域，形成了计算机辅助设计、计算机辅助工艺过程设计、计算机辅助制造，以及有成组技术特色的计算机集成制造系统。

成组技术是一门涉及多种学科的综合性技术，其理论基础是相似性，核心是成组工艺。成组工艺与计算机技术、数控技术、相似论、方法论、系统论等相结合，就形成了成组技术，在现阶段更有计算机辅助成组技术的特色。成组工艺是把尺寸、形状、工艺相近似的零件组成一个个零件族，按零件族制定工艺进行生产制造，这样就扩大了批量，减少了品种，便于采用高效率的生产方式，从而提高了劳动生产率，为多品种、小批量生产提高经济效益开辟了一条途径。零件在几何形状、尺寸、功能要素、精度、材料等方面的相似性为基本相似性；以基本相似性为基础，在制造、装配的生产、经营、管理等方面所导出的相似性，称为二次相似性或派生相似性。因此，二次相似性是基本相似性的发展，具有重要的理论意义和实用价值。成组工艺的基本原理表明，零件的相似性是实现成组工艺的基本条件。成组技术就是揭示和利用基本相似性和二次相似性，使工业企业得到统一的数据和信息，获得经济效益，并为建立集成信息系统打下基础。

零件信息描述是成组技术的关键。输入零件信息是进行计算机辅助工艺过程设计的第一步，零件信息描述是计算机辅助工艺过程设计的关键，其技术难度大、工作量大，是影响整个工艺设计效率的重要因素。零件信息描述的准确性、科学性和完整性将直接影响所设计的工艺过程的质量、可靠性和效率。因此，对零件的信息描述应满足以下四方面要求：①信息描述要准确、完整。所谓完整，是指能够满足在进行计算机辅助工艺过程设计时的需要，而不是要描述全部信息。②信息描述要易于被计算机接收和处理，界面友好，

使用方便，工效高。③信息描述要易于被工程技术人员理解和掌握，便于被操作人员运用。④信息描述系统（模块或软件）应考虑计算机辅助设计、计算机辅助制造、计算机辅助检测等多方面的要求，以便能够信息共享。

2.8　计算机辅助制造系统的应用

CAM 已广泛应用于飞机、汽车、机械制造业、家用电器和电子产品制造业，主要用于以下三方面：

1）机械产品的零件加工（切削、冲压、铸造、焊接、测量等）、部件组装、整机装配、验收、包装入库、自动仓库控制和管理。在金属切削加工中，计算机预先建立基本切削条件方程，根据测量系统测得的参数和机床工作状况，调整进给率、切削力、切削速度、切削操作顺序和冷却液流量，在保证零件表面光洁度和加工精度的条件下，使加工效率、刀具磨损和能源消耗达到最优。

2）电子产品的元件器件老炼、测试、筛选，元件器件自动插入印制电路板，波峰焊接，装置板、机箱布线的自动绕接，部件、整件和整机的自动测试。

3）各种机电产品的成品检验、质量控制。CAM 能完成人工方法不能完成的复杂产品（如飞机发动机、超大规模集成电路、电子计算机等）的大量测试工作。

2.9　计算机辅助制造软件

2.9.1　代表性的 CAM 软件

1）CAD/CAM 一体化软件。CAD/CAM 一体化软件有 UG、CATIA 等。这类软件的特点是将参数化设计、变量化设计及特征造型技术与传统的实体和曲面造型功能结合，加工方式完备，计算准确，实用性强，可以完成简单的 2 轴加工，也能以 5 轴联动方式加工极为复杂的工件表面，并且可以对数控加工过程进行自动控制和优化，同时提供了二次开发工具允许用户扩展。

2）相对独立的 CAM 软件。相对独立的 CAM 系统有 EdgeCAM、MasterCAM 等。这类软件主要通过中性文件从其他 CAD 系统获取产品几何模型。系统主要有交互工艺参数输入模块、刀具轨迹生成模块、刀具轨迹编辑模块、三维加工动态仿真模块和后置处理模块。

3）国内 CAM 软件。国内 CAM 软件的代表有 CAXA 制造工程师、中望收购的 VX。这些软件价格便宜，主要面向中小企业，符合我国国情和标准，所以受到了广泛的欢迎。

2.9.2　CAM 软件的应用

1）在生产优化设计中的应用。CAM 软件的运用中可使工程设计师打破固有的画板设计方法，利用计算机软件设计设备结构元件。这种设计方法可保证所有结构元件之间精

准相连，同时促使结构设计变得更加精准，对生产设计质量的提升有着重要作用。在机械生产中，操控者可利用数控技术对仪器进行远程调控，可以通过提前设置参数使仪器实现自动化运行，有效提升仪器的工作效率和工作质量。在实际的生产设计中，编程设计由手工转为自动，CAM 软件通常应用于图形绘制和设计流程，将数据技术与 CAM 软件结合可进一步实现软件的优化设计，不但不会改变原有的优势，反而可以在实际生产中发挥更大作用，应用范围也会得到拓展。在机械机床运行过程中，CAM 软件的应用使夹板装卡次数明显减少，机床位置安排更加科学合理、大幅减少生产占用面积，缩短生产周期，有效提升企业生产效益。

2）在生产操作流程中的应用。数控技术在生产中的具体操作流程如下：首先，操作者应在数控系统中预先设置合理的零件类型和具体的设计参数，它们的预先设置对生产设备仪器运行起着重要的指挥导向作用。其次，CAM 软件可设计出准备生产成型产品的对应零件图、工作平面图、实体模型图等。然后，操作者在制造软件中输入加工产品类型的工艺参数，利用制造软件和制作流程的输入，设备仪器可有效实现自动化运行。最后，工作人员必须对轨迹文件的真实可靠性进行核对，确保其可行性，并进行刀具轨迹的仿真验证。以上工序是为了确保后期的工艺操作可以顺利完成，生产的零件达到标准要求。此外，后置处理文件可由工作人员对代码进行修改完善，从而形成新的处理文件。生产后置处理文件可进一步产生新的代码文件，而代码文件的产生可以进行备份留底，有利于机床生产在规范流程下顺利进行。除了对生成的代码文件进行处理以外，工作人员还需对其他相关文件进行加工执行处理。在文件核对工序和有关代码文件内容更新完成之后，企业就可以将文件直接投入机床进行零件加工，进行加工工艺的优化创新。

3）在生产质量检验方面的应用。质量检验是生产过程中的关键环节，数控技术与 CAM 软件技术在生产质量检验方面的应用也是产品质量把控的关键环节。在原有的设备基础上，利用该技术进行工艺设置和生产操作代码，不仅可以实现机器运行的自动化，同时还可以对生产机械设备生产的产品设置标准化的质检工序，对产品质量进行严格把控。这对机械操作行业的发展来说意义重大。另外，工作人员可以提前设置工艺参数、标准品数值、标准品模型等，利用模板合成和再次核对的工序，为自动化工艺设备生产加工的各项元件达到标准要求提供保障。质量检验还包括产品性能的检验。性能检验可采取随机抽检的方式，进一步检验抽检产品的各项操作性能，通过这道检查工序可确保生产产品的整体质量，促使数控技术与 CAM 软件技术可以在机控的实践操作中充分发挥其高效的优势。一旦发现质量问题，工作人员便可及时通过已备份的代码文件迅速展开调查，找到质量问题产生的原因，尽快解决，避免因工艺参数、产品数值等输入错误造成经济损失和资源浪费。

2.9.3　CAM 软件存在的问题

计算机辅助制造软件在设计时，需要在信息流上集成一体、无缝连接，但往往忽略了企业在生产组织与管理上的要求。

传统的 CAM 系统不仅要求操作人员有深厚的工艺知识背景，还需要有很高的软件应用技巧。新员工一般需 1～3 个月的专业入门培训和 1～3 年的实践后，才能成为称职的 CAM 编程人员。这对 CAM 的应用普及造成了极大的困难。企业 CAM 储备人员不足，

生产队伍不稳定。

同时，整个生产流程中，使用者（编程人员）一般起主导作用。虽然CAM软件替代了人工单调枯燥的数值运算（如刀路点位计算），但是策略选择、加工流程、特征筛选和参数选择等环节是否合理，往往取决于使用者的知识储备和对工艺的理解，甚至是责任心。因此，即使是加工同一个零件，由不同编程员编写的程序也会有很大差别，最终导致加工出来的零件存在质量、效率、成本的不同。

所以，企业迫切需要更加易学易用、易于普及、智能化程度高、专业性强的CAM系统。

此外，大数据匹配策略作为CAM软件智能化的发展方向之一，在如今的大环境下难以实现。

简单地说，大数据匹配策略就是让CAM软件在数据库中搜索相似（相同）零件的历史加工过程，再复制到新的零件上。数据库里存储的是零件加工模板。随着不同编程人员把生产过的零件加入大数据库中，零件加工模板的数量会迅速增加，那么大多数新的零件就能根据数据库中的相似（相同）结构进行加工设计。如此循环往复，CAM软件就可以自动完成升级与迭代。

从技术上来看，软件设计方只需要重新设置数据库的查询、对比和识别功能，并让添加至数据库中的数据（事例）符合特定的规范、流程、格式，就能实现大数据匹配。但是，这种理想状态受到几个因素制约。一是产品保密性。例如军事产品天生就要求保密，不能公开。通过大数据库对产品进行逆向分析，甚至可以把整个零部件完整还原。二是软件用户的竞争关系。企业彼此独立，同行大多是竞争对手（至少是潜在的），他们很难将各自的方法体系共享。三是软件厂商之间的竞争关系。不同软件厂商不会彼此开放接口、算法或者统一数据格式。因为大数据共享会抹平不同软件之间的技术壁垒，缩小彼此的差距，甚至大数据共享的极致是只有最强大的一两个软件会存活，其他会被淘汰。

2.9.4 高速加工技术CAM软件的要求

毋庸置疑，近年来制造业新技术的最大热点是高速加工技术。最新的工艺研究表明，高速加工技术能简化生产工艺与工序、减少后续处理工作量、提高加工效率、提高表面质量，进而能够极大地提高产品质量、降低生产成本、缩短生产周期。高速加工技术对CAM软件也提出了新的特殊要求。

1）安全性要求。高速加工采用小切削深度、小切削量、高进给速度，特征加工的一般切削速度（F值）为传统加工的10倍以上（F值可达到2000～8000mm/min），在高速进给条件下，一旦出现过切、几何干涉等现象，后果将是灾难性的，故安全性要求是第一位的。传统的CAM软件靠人工或半自动防过切处理方式，没有从根本上杜绝过切现象的发生。靠操作者的细心、责任心等人的因素是没有根本性安全保障的，无法满足高速加工安全性的基本要求。

2）工艺性要求。高速加工要求刀路的平稳性，避免刀路轨迹的尖角（刀路突然转向）、尽量避免空刀切削、减少切入/切出等，故要求CAM软件具有基于残余模型的智能化分析处理功能、刀路光顺化处理功能、符合高速加工工艺的优化处理功能及进给量（F值）优化处理功能（切削优化处理）等。为适应高速加工设备的高档数控系统，CAM软件应支持最新的 NURBS 编程技术。

3）高效率要求。高效率体现在两个方面。第一个是编程的高效率。高速加工的工艺性要求比传统数控加工高得多，刀路长度是传统加工的上百倍，一般编程时间远大于加工时间，故编程效率已成为影响总体效率的关键因素之一。传统的 CAM 系统采用面向局部曲面的编程方式，系统无法自动提供工艺特征，编程复杂程度很大，编程人员除需具有较高的工艺水平（基本要求），还要有很高的使用技巧。因此，企业迫切需要具有高速加工知识库、智能化程度高、面向整体模型的新一代 CAM 软件。第二个是优化的刀路确保高效率的数控加工，如基于残余模型的智能化编程可有效地避免空刀，进给量优化处理可提高切削效率 30%等。

2.10 计算机辅助制造在建筑工程中的应用

随着现代科学技术的不断发展，计算机先进技术逐渐深入到各个行业领域当中并发挥了巨大的作用。其中，计算机辅助系统被广泛应用至现代建筑施工行业当中，为我国建筑行业的不断发展注入新的活力，促进了该行业的不断发展与进步，并具有广阔的发展前景。对于现代化的建筑施工而言，引进先进的计算机辅助技术到实际项目施工中是十分重要的，这有助于提高建筑工程质量，为建筑施工的成本核算、建筑设计、施工管理以及工程竣工验收等工作提供更加便利的途径，实现该工程的最大经济效益。

2.10.1 计算机辅助制造在建筑工程全链条中的应用

1）计算机辅助制造在成本控制中的应用。保证投资方的利益收入与成本节约是吸引投资方资金投入的重要基础。传统的资金投入环节往往需要进行工程前期投标，在投标环节基本就会确定工程资金投入预算。但是由于施工建设往往存在较多的不确定因素，这包括自然环境影响以及人为因素的多重影响，尤其是当出现工程质量问题时，都会造成超支。在实际工程施工环节中应用计算机辅助制造系统，可从加强设计质量、避免质量管理失误以及确保工程顺利展开等方面节约成本，实现最大程度的经济效益。

2）计算机辅助制造在设计环节中的应用。传统的建筑施工设计工作往往使用二维图纸，但是二维图纸在模型呈现、体积信息表达方面存在缺陷。将计算机辅助制造系统引进工程设计环节可为设计人员提供三维设计的技术方案。三维设计方法的应用可以充分展现设计人员的设计构思，对设计思维以及施工技术进行全面呈现。同时，三维技术的应用也为设计人员的个性化设计发展提供了基础，有利于建筑设计创新。另外，在三维设计中，设计人员不仅能将传统设计中的模型构建优化，还能直观地对施工材料、施工技术以及施工进程进行呈现。除此之外，三维技术与传统技术相比还具有更加快捷的设计变更能力。该系统的引入是提高设计水平的重要手段。

3）计算机辅助制造系统在施工环节中的应用。建筑施工是一项需要多种施工项目与部门协调配合才能有效实现的工程项目。在传统的施工环节中，施工单位很难对施工材料、工程进度以及施工质量进行实时掌控，同时，不同施工项目部门在与其他项目共同开展施工作业时，往往难以了解其他项目的实际施工状况。这在一定程度上可能对工程质量

造成影响，拖延施工进度。将计算机辅助制造系统引进施工环节中，就可对施工信息进行实时掌控，有利于施工建设的顺利展开。利用计算机辅助技术进行信息系统建设，还可有效地避免由于各工程项目分离而造成的工程重复，避免出现团队冲突。同时，由于对工程质量的实时监控得以实现，施工方还可在建设过程中对已经出现的施工问题进行及时处理，避免返工，从而提高经济效益，缩短工期。

4）计算机辅助系统在工程开发与销售环节中的应用。以往的工程开发与销售往往通过纸质图纸或沙盘模型进行建筑呈现，客户难以从中获取有效的建筑信息，不利于建筑开发与销售。但是，将计算机辅助系统引进该环节中，则可实现建筑本身的立体化呈现，加强客户对建筑的真实体验。并且该技术的应用还可利用虚拟技术对建筑装修程序进行模拟，有助于客户的全面了解，加强对客户的消费吸引力。

2.10.2 计算机辅助制造在建筑工程设计中的注意事项

1）计算机辅助制造的参数设计。参数设计是实现设计方案初定的手段，有利于减少设计工作量。技术人员首先要进行对工程外部环境参数设计，这需要相关人员对建筑所处地理位置、地理形势和周边设施等参照物进行分析与定点，最终实现建筑工程的空间定位，得到相应的设计数据。进行正式的施工建筑分析模型构建时，技术人员要在逻辑关系的基础上，采用合适的参数设计手段来进行相关建筑的构件设计。同时，为保证设计模型与业主的要求统一，设计人员可进行多个模型建立，为业主提供选择并根据相关要求进行修改。为避免重复工作造成的劳动力与时间的浪费，设计人员可利用数据集成方式来实现修改，节约修改时间，提高正确率。

2）计算机辅助制造的系统设计。系统设计的完善与优化是有效避免设计失误与施工问题的重要保障。在系统设计时，CAM 系统应具有集建筑、结构以及设备等多方面因素统一协作的特点。技术人员可通过交互手段来实现工程的网络流程策划与管理。例如，建筑机电、土木工程实施以及建筑排水设计这些不同类型的施工工种，在以往的施工过程中难以实现实时的信息交流，不利于相互协作。但是在 CAM 系统的规划下，各个工种可将自身工作开展的进度、质量以及问题汇总至数据库。这样不仅可以实现信息数据的快速传递与流通，还能实现多工种的共同协作。

3）计算机辅助制造的虚拟模拟设计。CAM 系统本身就具备先进的图像图形处理以及多媒体技术等多种先进功能。技术人员可以充分利用其先进功能构建虚拟的建筑模型，将未施工的建筑进行呈现。在进行虚拟模拟系统设计时，设计人员要在系统技术支持的基础上，利用大型集成系统制作相应的数据信息处理环境。在实际系统设计中，设计人员要以真实环境为基础，对建筑内存在的灯光以及布景都进行真实呈现，为人提供模拟的建筑体验感受。

2.11 计算机辅助建筑设计

使用计算机帮助建筑设计师进行建筑设计工作，就是计算机辅助建筑设计。计算机辅助建筑设计（computer-aided architectural design，简称 CAAD）具有广泛的内涵，泛指运用计算机工具协助完成建筑设计的各种工作。其最早，也是最广泛的应用是制图。例如，建筑图纸生成系统就是一种已商品化的CAAD系统。它由一台计算机和一台绘图仪组成，可自动生成整套详细的建筑图纸，能绘制楼层的平面图、家具和设备的安放位置等组合图形。随着计算机外部设备和图形软件的发展，计算机不但可以绘制图纸，而且可以在显示屏幕上直接输入或输出图形。也就是说，设计师可以利用光笔或数字化板之类的外围设备在显示屏幕上直接"画"设计图，输入计算机保存起来。在显示屏幕上显示的二维图形或三维图形，不仅可以是静止不动的图形，还可以是旋转的图形。因此，设计师可在建筑设计阶段，在建造之前看到所设计的建筑物，包括建筑物的外形和内部任何部位。三维图形经过旋转，可以从各个角度进行观察，如果有不满意的地方，设计师可随时修改设计方案。

在建筑设计方面，不仅是制图环节，在设计的各个环节上都可以使用计算机。如英国曼彻斯特建工学院推出的房屋设计语言，只要支付一定费用，并告知建筑要求，设计师就能把这项建筑的全部结构图纸和施工图纸交给用户。有的系统还可提供多种设计方案供选择。BIM可看作是CAAD的初级模式，见图2-11-1和图2-11-2。

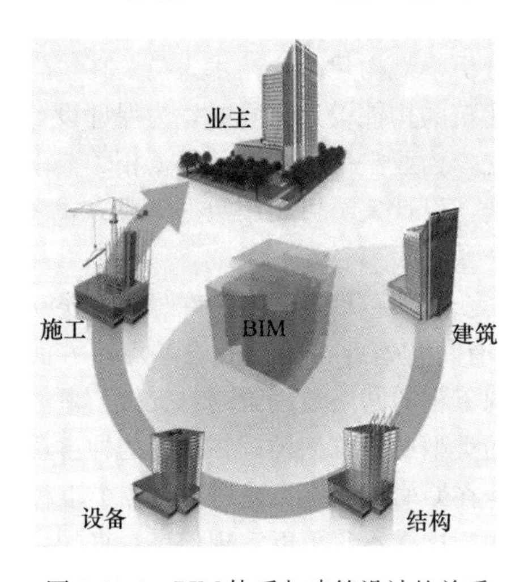

图2-11-1 BIM体系与建筑设计的关系

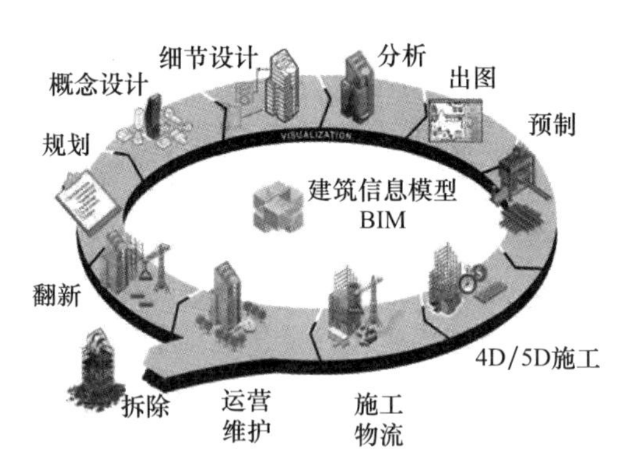

图2-11-2 BIM的工作模式

2.11.1 CAAD的任务

计算机辅助建筑设计，顾名思义，它只是辅助建筑师完成设计工作的工具，是有待建筑师掌握的一种现代化的建筑设计方法。计算机能够替建筑师记忆大量的建筑设计资料，并可以根据不同工程项目的需要随时进行检索；可以替建筑师绘制大量的建筑表现图及施工图；可以对建筑设计方案进行多因素分析与比较，从而优化设计并快速交付施工图纸，避免了大量的重复工作，缩短了设计过程。开发CAAD技术的目的就是把建筑师的创作才能和潜在智力从传统设计方法的束缚中解放出来。

1）设计信息的存储与检索。对于现代化的技术所带来的庞大信息量，每个建筑设计者单凭他的手、眼、脑是远远掌握不了的。房屋建筑的体量变得越来越大，功能变得越来越复杂。建筑师经常碰到容纳几百人、几千人甚至几万人的建筑物设计。由于建筑物的大型化、复杂化，建筑师就不得不去考虑比一般建筑在建造技术、使用标准、功能要求等方面更为特殊的性质。此外，科学技术的发展使每年都会有成千上万种新材料、新技术、新设备出现，其中又有许多成果可以用在建筑工业上。电子计算机可以把这些资料、数据、信息存储起来，建成建筑设计信息数据库，建筑设计人员可以根据需要随时调用这些信息。如果把存储这些信息的多个计算机连接成计算机网络，那么很多设计部门和设计人员就能共同享用这些信息。

2）建筑设计的综合分析与方案比较。现代化建设的重要特征之一就是每个建设项目在实际施工之前必须进行周密的计划，尤其是较大型的工程项目，要做可行性研究，使有限的投资发挥出最大的效益。采用计算机辅助设计的方法，投资者可以从经济角度对该拟建项目进行分析，从而获得有科学依据、较为准确的投资预算，从而大大减少由于项目中途发生资金短缺而影响施工进度或者由于资金过剩而造成浪费的现象。

3）计算机辅助绘图。现代化建筑日趋复杂的功能要求和建筑物千变万化的体型特征，使建筑师本来就已感到十分费力的绘图工作又增加了更重的负担，尤其是绘制建筑透视图，问题更为突出。各种曲线、曲面、折线、折面的运用，丰富的建筑立面表现形式，复杂的平面布置，都可以通过计算机建筑辅助设计解决。

2.11.2　CAAD 系统的工作方式

CAAD 系统按其工作方式可以分为自动化设计和交互式设计两种。

1）自动化设计方式。在以自动化设计方式工作的 CAAD 系统中，一切都是按计算机事先规定好的程式进行工作。除了必需的原始工程设计参数输入外，系统不需要设计人员进行干预，就能自动进行分析、计算、绘图等工作，完成工程设计的全过程，直至获得最终的设计成品为止。这类以计算机为中心的自动化设计系统，对以小逻辑设计为主要对象、能用明确的目标函数来定量描述的问题，能十分迅速和有效地给出解决方案，因此广泛应用在诸如集成电路、精密机械零件等一些与不定因素无关的设计领域。这种自动化设计系统的构成比较简单，主要由定型化标准构件库、原始设计参数输入系统、标准构件的检索和选择系统、定型化构配件的集合汇总组装成型系统等几部分组成。尽管这类自动化设计系统精确度高，容易得到最优解，但欠缺灵活性，难以适应所有场合或满足使用者的特殊要求。它限制了建筑师才智的充分发挥，所设计出的作品也有千人一面之感，因此，并不受广大设计者的欢迎。

2）交互式设计方式。交互式 CAAD 系统的工作方式要求在建筑师的不断干预下，以人机对话的交互作业方式来完成工程设计。这类 CAAD 系统很容易适应错综复杂的、多因素决策的情况，适用于那些设计对象暂时还难以抽象为精确的数学模型、不能用简单的目标函数来定量描述的工程设计问题，因此需要建筑师在整个工作过程中不断地加以干预和指导，在工作站上分层描述设计对象，建立其教学模型（即项目数据库），不断修改、完善和优化设计。交互式 CAAD 系统并不排斥在较成熟的专门模块采用自动化设计方式。相反，两者的有机结合将使 CAAD 系统的应用提高到更高的层次上。大多数 CAAD 系统都是以交互式的工作方式工作的，它以建筑师为中心进行设计，适应建筑设计中相互关系复杂、定性问题多、定量问题少的特点。在模糊理论未得到普遍的实际应用之前，利用交互式 CAAD 系统去表达建筑师的创作意图，是解决建筑设计问题行之有效的方法。

延伸阅读

从产品类型来看，计算机辅助设计行业可细分为3D设计和2D设计。相关机构指出，欧洲是最大收入市场，2022年市场规模达2万亿元，市场份额占全球的63%，预计到2028年市场份额将会达到71%。从终端应用来看，计算机辅助设计可应用于汽车、航空航天和国防、工业机械、电气和电子、媒体和娱乐、医疗保健、建筑和交通等领域，其中，工业机械领域需求量最高，2022年占据30%的市场份额；预计电子和电气领域在未来几年内需求潜力最大。

我国计算机辅助设计行业内重点企业主要有3D Systems，Inc；Advanced Computer Solutions Limited（ACS）；Autodesk，Inc；Aveva Group PLC；Bentley Systems，Inc；BobCAD-CAM，Inc；Bricsys NV；Dassault Systemes；Hexagon AB；IMSI Design，LLC；IronCAD，LLC；Kubotek 3D；Nemetschek SE；PTC，Inc；Robert McNeel & Associates；Siemens PLM Software；Trimble Inc。2022年，前三大厂商约占76%的市场份额。区域方面，目前计算机辅助设计市场主要分布在长三角地区和珠三角地区。

思考题

1. 计算机辅助制造的特点是什么？
2. 计算机辅助制造系统的基本功能有哪些？
3. 结合课程学习谈谈CAD/CAM系统组成及分类情况。
4. 计算机辅助制造系统的发展经历了哪几个阶段？其特点是什么？
5. 计算机辅助制造系统的基本组成结构是什么？
6. 计算机辅助制造系统需要哪些支撑环境？
7. 什么是计算机辅助制造系统的成组技术？
8. 计算机辅助制造系统有哪些应用？
9. 计算机辅助制造软件有哪些特点？
10. 试述CAM软件的原理。
11. 代表性的CAM软件有哪些？
12. 简述CAM软件的应用情况。
13. CAM软件有哪些特殊要求？
14. 计算机辅助制造在建筑工程中有哪些应用？
15. 计算机辅助建筑设计有哪些特点？
16. 试述近年来我国计算机辅助制造领域的创新与发展。

第 3 章　仿真与数字孪生

3.1　仿真概述

仿真（simulation）是指利用模型复现实际系统中发生的本质过程，并通过对系统模型的实验来研究存在的或设计中的系统，又称模拟。这里所指的模型包括物理的和数学的、静态的和动态的、连续的和离散的各种模型；所指的系统也很广泛，包括电气、机械、化工、水力、热力等系统，也包括社会、经济、生态、管理等系统。当所研究的系统造价昂贵、实验的危险性大或需要很长的时间才能了解系统参数变化所引起的后果时，仿真是一种特别有效的研究手段。仿真的重要工具是计算机。仿真与数值计算、求解方法的区别在于它首先是一种实验技术。仿真的过程包括建立仿真模型和进行仿真实验两个主要步骤。

仿真技术是应用仿真硬件和仿真软件通过仿真实验，借助某些数值计算和问题求解，反映系统行为或过程的仿真模型技术。仿真技术在 20 世纪初已有了初步应用，如在实验室中建立水利模型，进行水利学方面的研究。20 世纪 40 年代至 50 年代，航空、航天和原子能技术的发展推动了仿真技术的进步。20 世纪 60 年代，计算机技术的突飞猛进提供了先进的仿真工具，加速了仿真技术的发展。

利用计算机实现对系统的仿真研究不仅方便、灵活，而且也是经济的。因此计算机仿真在仿真技术中占有重要地位。20 世纪 50 年代初期，绝大多数连续系统的仿真研究是在模拟计算机上进行的。20 世纪 50 年代中期，人们开始利用数字计算机实现数字仿真。计算机仿真技术遂向模拟计算机仿真和数字计算机仿真两个方向发展。在模拟计算机仿真中增加逻辑控制和模拟存储功能之后，又出现了混合模拟计算机仿真，以及把混合模拟计算机和数字计算机联合在一起的混合计算机仿真。在仿真技术发展的过程中，人们研制出大量仿真程序包和仿真语言。20 世纪 70 年代后期，人们还成功研制出仿真专用的全数字并行仿真计算机。

3.2　仿真工具与仿真方法

3.2.1　仿真工具

仿真工具主要指的是仿真硬件和仿真软件。最主要的仿真硬件是计算机。用于仿真的计算机有三种类型，即模拟计算机、数字计算机和混合计算机。数字计算机还可分为通用数字计算机和专用数字计算机。模拟计算机主要用于连续系统的仿真，称为模拟仿真。在进行模拟仿真时，人们依据仿真模型将各运算放大器按要求连接起来，并调整有关的系数器。改变运算放大器的连接形式和各系数的调定值，就可修改模型。仿真结果可连续输出。因此，模拟计算机的人机交互性好，适用于实时仿真。改变时间比例尺还可实现超实时的仿真。

20 世纪 60 年代早期，数字计算机由于运算速度低和人机交互性差，在仿真中应用受到限制。现代的数字计算机已具有很高的运算速度，某些专用的数字计算机的运算速度更高，已能满足大部分系统的实时仿真要求，由于软件、接口和终端技术的发展，人机交互性也已有很大提高。因此，数字计算机已成为现代仿真的主要工具。

混合计算机把模拟计算机和数字计算机的优势结合在一起，充分发挥模拟计算机的高速度和数字计算机的高精度、逻辑运算和存储能力强的优点。但这种系统造价较高，只宜在一些要求严格的系统仿真中使用。

除计算机外，仿真硬件还包括一些专用的物理仿真器，如运动仿真器、目标仿真器、负载仿真器、环境仿真器等。

仿真软件包括为仿真服务的仿真程序、仿真程序包、仿真语言和以数据库为核心的仿真软件系统。仿真软件的种类很多，在工程领域，用于系统性能评估，如机构动力学分析、控制力学分析、结构分析、热分析、加工仿真等。

3.2.2 仿真方法

仿真方法主要是指建立仿真模型和进行仿真实验的方法，可分为两大类，即连续系统的仿真方法和离散事件系统的仿真方法。人们有时将建立数学模型的方法也列入仿真方法，这是因为对于连续系统虽已有一套理论建模和实验建模的方法，但在进行系统仿真时，常常先用经过假设获得的近似模型来检验假设是否正确，必要时修改模型，使它更接近于真实系统。对于离散事件系统，建立它的数学模型就是仿真的一部分。

3.3 仿真技术的研究与应用

在仿真硬件方面，从 20 世纪 60 年代起，数字计算机逐渐多于模拟计算机。混合计算机系统在 20 世纪 70 年代一度停滞不前，20 世纪 80 年代以来又有发展的趋势。由于小型机和微处理机的发展，以及采用流水线原理和并行运算等措施，数字仿真运算速度有了新的突破。例如，利用超小型机 VAX11-785 和外围处理器 AD-10 联合工作，可对大型复杂的飞行系统进行实时仿真。在仿真软件方面，除进一步研发交互式仿真语言和功能更强的仿真软件系统外，另一个重要的趋势是将仿真技术和人工智能结合起来，设计具有专家系统功能的仿真软件。仿真模型、实验系统的规模不断变大，复杂程度不断加深，对它们有效性和置信度的研究将变得十分重要。同时，建立适用的基准对系统进行评估也是发展方向之一。

仿真技术得以发展的主要原因是它能带来巨大的社会效益和经济效益。20 世纪 50 年代和60年代，仿真主要应用于航空、航天、电力、化工以及其他工业过程控制等工程技术领域。在航空工业方面，采用仿真技术可使大型客机的设计和研制周期缩短20%。利用飞行仿真器在地面训练飞行员，不仅节省大量燃料和经费（其经费仅为空中飞行训练的1/10），而且不受气象条件和场地的限制。此外，在飞行仿真器上可以设置一些在空中训练时无法设置的故障，培养飞行员应对故障的能力。训练仿真器所特有的安全性也是仿真技术的一个重要优点。在军事方面，采用仿真实验代替实弹试验可使实弹试验的次数减少80%。在电力工业方面，采用仿真系统对核电站进行调试、维护和排除故障，一年即可收回建造仿真系统的成本。现代仿真技术不仅应用于传统的工程领域，而且日益广泛地应用于社会、经济、生物等领域，如交通控制、城市规划、资源利用、环境污染防治、生产管理、市场预测、世界经济的分析和预测、人口控制等。对于社会经济系统，很难在真实的系统上对此进行实验，因此，利用仿真技术来研究这些系统就具有更为重要的意义。

3.4 代表性仿真软件SimuWorks

SimuWorks是为大型科学计算、复杂系统动态特性建模研究、过程仿真培训、系统优化设计与调试、故障诊断与专家系统等，提供通用、一体化、全过程支撑的，基于微机环境的开发与运行支撑平台。软件采用了动态内存机器码生成技术、分布式实时数据库技术和面向对象的图形化建模方法，在仿真领域处于国内领先水平。它主要用于能源、电力、化工、航空航天、国防军事、经济等研究领域，既可用于科研院所的科学研究，也可用于实际工程项目。

3.4.1 SimuWorks的组成

SimuWorks平台产品主要包括五部分：①仿真支撑平台SimuEngine（早期版本为Vcs3、SE2000）；②图形化建模工具SimuBuilder（早期版本THAms、FigAms），包括模块资源管理器SimuManager；③模块资源库SimuLib（包括控制、电气、热力、流网、电网）；④嵌入式实时操作系统仿真平台SimuERT；⑤仿真实时图形系统SimuMMI。

3.4.2 SimuWorks的主要特点

SimuWorks的主要特点可归纳为以下四点：①使用动态内存机器码生成技术，结合分布式实时数据库，为微机环境下分布式计算和复杂系统实时仿真提供了高效的底层支撑平台；②采用面向对象的图形化建模方法，为不同领域仿真科学研究与工程实践提供了通用的模型开发环境；③SimuWorks将系统仿真所需要的各种功能进行了整合，形成了从开发、调试、验证，到运行、分析等全过程的整套流水线，创立了“系统仿真流水线开发工厂”的新理念，大大提高了仿真工程项目的开发效率；④大型实时仿真系统中，普通的商业数据库达不到实时性要求，SimuWorks中的SimuEngine仿真引擎提供了一个高速的网络实时数据库，可以实现多个模型的分布式计算、动态数据显示与在线数据修改，可以满足大型实时仿真系统开发和运行的需要。

3.4.3 SimuWorks的应用场景

使用SimuWorks进行仿真开发应遵循特定的工作流程。对于系统未提供的专业模块和部分通用模块，用户可以使用SimuManager进行扩充；在SimuBuilder环境中，用户可以利用系统提供的模块和用户自己开发的模块，根据仿真对象的组成，用图形的方式进行模块组合，构建仿真系统；配合SimuEngine的仿真支撑，用户可以利用SimuBuilder对所构建的仿真系统进行调试，直至形成稳定的最终产品；最终产品仅依赖SimuEngine运行，用于科研和培训等任务。

3.5 仿真的内容及其分类

仿真的物性数据库包括模块运行时所需的基础物性数据、物性计算等。单元操作模型库囊括模拟所需的模块，每个模块由包括物料平衡、能量平衡、相平衡、反应速率等方程在内的数学模型构成。模型求解算法库包括各种数值求解算法，线性、非线性方程组的求解，参数拟合，最优化算法等各种算法。另外，数据库还包含仿真环境及其输入输出系统。仿真环境是模型仿真运行的管理机构，控制着仿真的进行程度。

仿真可以按不同原则分类：①按所用模型的类型（物理模型、数学模型、物理-数学模型）分为物理仿真、计算机仿真（数学仿真）、半实物仿真。②按所用计算机的类型（模拟计算机、数字计算机、混合计算机）分为模拟仿真、数字仿真和混合仿真。③按仿真对象中的信号流（连续的、离散的）分为连续系统仿真和离散系统仿真。④按仿真时间与实际时间的比例关系分为实时仿真（仿真时间标尺等于自然时间标尺）、超实时仿真（仿真时间标尺小于自然时间标尺）和亚实时仿真（仿真时间标尺大于自然时间标尺）。⑤按仿真对象的性质分为宇宙飞船仿真、化工系统仿真、经济系统仿真等。

仿真模型是被仿真对象的相似物或其结构形式。它可以是物理模型或数学模型，但并不是所有对象都能建立物理模型。例如，为了研究飞行器的动力学特性，在地面上只能用计算机来仿真。为此，首先要建立仿真对象的数学模型，然后将它转换成适合计算机处理的形式，即仿真模型，具体来说，对于模拟计算机，应将数学模型转换成模拟排题图；对于数字计算机，应将数学模型转换成源程序。

通过实验可观察系统模型各变量变化的全过程。为了寻求系统的最优结构和参数，常常要在仿真模型上进行多次实验。在系统的设计阶段，人们大多利用计算机进行数学仿真实验，因为修改、变换模型比较方便和经济。在部件研制阶段，人们可用已研制的实际部件或子系统去代替部分计算机仿真模型进行半实物仿真实验，以提高仿真实验的可信度。在系统研制阶段，人们大多进行半实物仿真实验，以修改各部件或子系统的结构和参数。在个别情况下，人们可进行全物理的仿真实验，此时计算机仿真模型全部被物理模型或实物所代替。全物理仿真具有更高的可信度，但价格昂贵。

随着科学技术的迅猛发展，仿真已成为各种复杂系统研制工作中一种必不可少的手段，尤其是在航空航天领域，仿真技术已是飞行器和卫星运载工具研制必不可少的手段，可以取得很高的经济效益。

3.6　数字孪生概述

3.6.1　数字孪生的概念

数字孪生（digital twin）是充分利用物理模型、传感器更新、运行历史等数据，集成多学科、多物理量、多尺度、多概率的仿真过程，它在虚拟空间中完成映射，从而反映相对应的实体装备的全生命周期。

数字孪生是一种超越现实的概念，也可以被视为一个或多个重要的、彼此依赖的装备系统的数字映射系统。数字孪生是个普遍适应的理论技术体系，可以在众多领域应用，在产品设计、产品制造、医学分析、工程建设等领域应用较多；在国内应用最深入的是工程建设领域，关注度最高、研究最热的是智能制造领域。

美国国防部最早开始利用数字孪生技术进行航空航天飞行器的健康维护与保障。工程师在数字空间建立飞机模型，并通过传感器实现模型与飞机真实状态的完全同步，这样每次飞行后，工程师可以根据结构现有情况和过往载荷，及时分析评估飞机是否需要维修、能否承受下次的任务载荷等。

工厂的厂房及生产线在没有建造之前，可以用数字孪生技术建立数字化模型，工程师可以在虚拟的赛博空间中对工厂进行仿真和模拟，并将参数传给实际的工厂建设。而厂房和生产线建成之后，工程师可以在日常的运维中对二者继续进行信息交互。值得注意的是，数字孪生不是构型管理的工具，不是制成品的 3D 尺寸模型，也不是制成品的 MBD（model based definition，基于模型的定义）。

现代工业对数字孪生的极端需求驱动着新材料开发，而所有可能影响到装备工作状态的异常，将通过数字孪生被明确地进行考察、评估和监控。数字孪生正是从生产装备或系统内嵌的综合健康管理系统中集成了传感器数据、历史维护数据，以及通过挖掘而产生的相关派生数据。通过对以上数据的整合，数字孪生可以持续地预测装备或系统的健康状况、剩余使用寿命以及任务执行成功的概率，也可以预见关键安全事件的系统响应，通过与实体的系统响应进行对比，揭示装备研制中存在的未知问题。数字孪生可能通过激活自愈的机制或者建议更改任务参数来减轻损害或进行系统的降级，从而提高寿命和任务执行成功的概率。

3.6.2　数字孪生技术的原理

最早，数字孪生思想由密歇根大学的 Michael Grieves 命名为“信息镜像模型”（information mirroring model），而后演变为“数字孪生”的术语。数字孪生也被称为“数字双胞胎”和“数字化映射”。数字孪生是在 MBD 基础上深入发展起来的，企业在实施基于模型的系统工程（MBSE）过程中产生了大量的物理、数学模型，这些模型为数字孪生的发展奠定了基础。

为了便于数字孪生的理解，有学者提出了数字孪生体的概念，认为数字孪生是采用信息技术对物理实体的组成、特征、功能和性能进行数字化定义和建模的过程。数字孪生体

是指在计算机虚拟空间存在的与物理实体完全等价的信息模型，可以基于数字孪生体对物理实体进行仿真分析和优化。数字孪生是技术、过程、方法，数字孪生体是对象、模型和数据。

进入21世纪，美国和德国均提出了Cyber-Physical System（CPS），也就是“信息—物理系统”，作为先进制造业的核心支撑技术。CPS的目标是实现物理世界和信息世界的交互融合。CPS通过大数据分析、人工智能等新一代信息技术在虚拟世界的仿真分析和预测，以最优的结果驱动物理世界的运行。数字孪生的本质就是在信息世界对物理世界的等价映射，因此数字孪生更好地诠释了CPS，成为实现CPS的最佳技术。

3.6.3 数字孪生的基本组成

2011年，Michael Grieves教授在《几乎完美：通过PLM驱动创新和精益产品》给出了数字孪生的三个组成部分：物理空间的实体产品、虚拟空间的虚拟产品、物理空间和虚拟空间之间的数据和信息交互接口。2016西门子工业论坛上，西门子认为数字孪生的组成包括产品数字化双胞胎、生产工艺流程数字化双胞胎、设备数字化双胞胎，数字孪生完整真实地再现了整个企业。西门子以它的产品全生命周期管理（product lifecycle management，PLM）系统为基础，在制造企业推广它的数字孪生相关产品。

3.6.4 数字孪生的意义

数字孪生最为重要的启发意义在于，它实现了现实物理系统向赛博空间数字化模型的反馈。这是一次工业领域中逆向思维的壮举，人们试图将物理世界发生的一切同步到数字空间中。只有带有回路反馈的全生命跟踪，才是真正的全生命周期概念。这样，就可以真正在全生命周期范围内，保证数字与物理世界的协调一致。基于数字化模型进行的各类仿真、分析、数据积累、挖掘，甚至人工智能的应用，都能确保它与现实物理系统的适用性。这就是数字孪生对智能制造的意义所在。智能系统首先要感知、建模，然后才是分析推理。如果没有数字孪生对现实生产体系的准确模型化描述，所谓的智能制造系统就是无源之水，无法落实。

3.6.5 数字孪生与数字线程

数字孪生是与数字线程（digital thread），是既相互关联又有所区别的一组概念。

数字孪生是一个物理产品的数字化表达，以便于人们能够在这个数字化产品上看到实际物理产品可能发生的情况，与此相关的技术包括增强现实和虚拟现实。

数字线程是一种通信框架。在设计与生产的过程中，仿真分析模型的参数通过数字线程传递到产品定义的全三维几何模型，再传递到数字化生产线加工成真实的物理产品，然后通过在线的数字化检测/测量系统反映到产品定义模型中，进而又反馈到仿真分析模型中。

依靠数字线程，所有数据模型都能够双向沟通，因此真实物理产品的状态和参数将通过与智能生产系统集成的CPS向数字化模型反馈，使生命周期各个环节的数字化模型保持一致，人们从而能够动态、实时地评估系统的当前及未来的功能和性能。

数字孪生描述的是通过数字线程连接的各具体环节的模型。可以说，数字线程是把各环节集成，再配合智能的制造系统、数字化测量检验系统的以及CPS的结果。通过数字线程集成的生命周期全过程的模型与实际的智能制造系统和数字化测量检测系统，进一步与嵌入式的CPS进行无缝集成和同步，从而使人们能够在这个数字化产品上看到实际物理产品可能发生的情况。

简单说，数字线程贯穿了整个产品生命周期，尤其是从产品设计、生产到运维的无缝集成；而数字孪生更像是智能产品的概念，它强调的是从产品运维到产品设计的回馈。数字孪生是物理产品的数字化影子，通过与外界传感器的集成，反映对象从微观到宏观的所有特性，展示产品生命周期的演进过程。当然，不止产品，生产产品的系统（生产设备、生产线）和使用维护中的系统也要按需建立数字孪生。

3.6.6 数字孪生的标准体系

数字孪生的标准体系见表3-6-1。

表3-6-1 数字孪生的标准体系

数字孪生标准体系	详情
基础共性标准	包括术语标准、参考架构标准、适用准则三部分，关注数字孪生的概念定义、参考框架、适用条件与要求，为整个标准体系提供支撑作用
数字孪生关键技术标准	包括物理实体标准、虚拟实体标准、孪生数据标准、连接与集成标准、服务标准五部分，用于规范数字孪生关键技术的研究与实施，保证数字孪生实施中的关键技术的有效性，破除协作开发和模块互换性的技术壁垒
数字孪生工具/平台标准	包括工具标准和平台标准两部分，用于规范软硬件工具/平台的功能、性能、开发、集成等技术要求
数字孪生测评标准	包括测评导则、测评过程标准、测评指标标准、测评用例标准四部分，用于规范数字孪生体系的测试要求与评价方法
数字孪生安全标准	包括物理系统安全要求、功能安全要求、信息安全要求三部分，用于规范数字孪生体系中的人员安全操作、各类信息的安全存储、管理与使用等技术要求
数字孪生行业应用标准	考虑数字孪生在不同行业/领域、不同场景应用的技术差异性，在基础共性标准、关键技术标准、工具/平台标准、测评标准、安全标准的基础上，对数字孪生在机床、车间、工程机械装备等具体行业应用的落地进行规范

3.7 仿真技术在建筑工程中的应用

仿真技术可以对工程施工方案进行虚拟验证和优化，极大程度上降低了施工安全事故的发生概率，实现了建筑工程施工成本的有效控制。仿真技术具有交互性，而且非常逼真，它可以结合图形技术、仿真技术以及传感技术建立起虚拟的信息空间，进行人性化的仿真互动。仿真技术是一种对系统动态模型的试验方法，在建立数字城市、室内设计、建筑工程施工等很多方面都应用得非常广泛。

仿真技术可以对建筑工程的施工过程进行模拟，在工程正式施工之前就可以对建筑工程结构构件的位置和相对关系进行验证，准确地计算出建筑工程相关结构的应力情况，以便及时地对建筑工程施工方案进行优化。在选择建筑工程施工方案时，需要有一定的施工经验，这种优化方式需要建筑工程施工开始之后才能进行优化，具有一定的局限性。

应用仿真技术可以在建筑工程施工之前就展现出施工效果，以便有效地选择施工方案，实现建筑工程施工的最优化。仿真技术在建筑工程施工中的应用有助于施工技术的创新，同时缩短了建筑工程的施工周期，降低了建筑工程的施工风险。仿真技术可以对建筑工程的施工全过程进行模拟，发现建筑工程存在的施工质量问题，同时也帮助施工人员对整个施工流程进行了解，可以保证施工人员的人身安全。仿真结果可以帮助设计人员对不合理的施工结构进行改进，使整个建筑工程的施工流程更加规范。

1）仿真技术在方案设计中的应用。仿真技术可以在虚拟模型上完成建筑工程的虚拟施工，对建筑工程的施工方案合理性进行验证，确定具体施工环节的进度。

传统建筑工程的施工需要根据设计人员的工作经验来制定详细的施工方案，这种根据经验制定的方案很容易产生施工漏洞，造成建筑工程的施工进度或者施工质量出现问题，施工方案存在一定的局限性。

在建筑工程中应用仿真技术可以提前建立起建筑工程的仿真模型，对设计完成的施工方案进行验证，寻找施工方案中存在的漏洞，以便制定更加完善的施工方案。在建筑工程中应用仿真技术，有效地降低了工程施工的成本，并保证了建筑工程的施工质量。

仿真技术还可以根据施工现场的具体情况，对建筑物周边的道路、场景等进行渲染处理，并利用计算机对建筑工程的具体环境进行实时交互，也可以深入到整个建筑模型当中，对建筑物的内在环境进行观察，有利于建筑工程设计人员对建筑图纸进行有效的修改。设计人员可以感受到自己设计的成果建设完成后的景象，并对建筑结构的相关功能进行检测，更加精确地了解建筑工程中各个结构部件的位置以及相对关系，使建筑工程的设计更加全面，实现对建筑工程施工过程的全面控制。

2）仿真技术在复杂钢结构施工中的应用。建筑工程中的复杂钢结构是整个施工过程中最为关键的环节，因为建筑钢结构是将单独的钢制构件拼接在一起，不同钢结构的受力情况和承载力都是不同的，在不同的施工阶段，钢结构的平衡性也是不同的。钢结构的特殊性就需要保证安装过程的严谨性，一旦钢结构的设计或者安装出现差错，会导致建筑工程的整体受力情况受到影响。

钢结构的精准施工可以实现对建筑工程的施工指导，避免增加无效的施工成本。在对复杂钢结构进行施工时，仅依靠施工人员的经验是不可能完成的，但是仿真技术弥补了复杂钢结构施工中存在的不足，可以对复杂钢结构的构件位置进行精准定位，并实现对钢结构施工的全过程跟踪，实现施工过程的有效控制，降低建筑工程施工事故的发生概率，有效提高建筑工程的经济效益。在对复杂钢结构进行施工时，仿真技术可以使建筑工程实现最优化施工。

3）仿真技术在施工安全控制中的应用。仿真技术可以实现对建筑施工方案的最优化控制。传统的施工安全控制不能对施工方案进行优化分析，所以难以发现施工方案中存在的安全隐患，但是通过仿真技术可以对建筑工程的施工方案进行模拟演练，发现施工过程中可能出现问题的部位，并利用三维动画技术对问题部位进行动画演示，制定有效的安全预案和相关的应急措施，避免造成严重的施工安全事故。施工人员也可以借助仿真技术进行安全演练，增加施工人员的安全防护能力，进一步提高建筑工程的安全水准。

在建筑工程施工中应用仿真技术首先要建立起虚拟场景，并根据各个结构部位的不同特征，建立起相应的细节模型；在所有的细节模型建立完成后，通过内部联结点将所有的结构部件拼接成一个整体，并将地物造型与原有的地形结构紧密结合在一起，设计出整体效果图。

仿真场景增加了建筑工程虚拟模型的真实感，人们可以对虚拟模型进行交互设计，设计人员可以通过不同的指令，在模型中进行自由移动。设计人员可以在虚拟仿真平台内对建筑工程相关结构的施工轨迹进行定位，例如在对复杂钢结构进行施工时，工程师可进行仿真模型吊装过程交互仿真，将各种二维数据全部输入到三维模型中，实现复杂钢结构的虚拟施工。

这种方法提高了建筑工程施工的可视化效果，使相关施工方案可以更加直观地表达出来，设计人员也可以对施工过程中的重点位置进行分析，制定针对性的施工措施，有效保证建筑工程施工项目的顺利进行，让建筑工程的技术交底更加全面，促进建筑工程施工的发展。

3.8 数字孪生在建筑工程中的应用

数字孪生应用领域涉及智慧城市、智慧园区、数字乡村、轨道交通、雪亮工程（平安城市）、司法监管、应急指挥、学校、医院、电力等全行业场景。

在建筑工程领域，数字孪生主要应用在这样的场景：基于实体建筑，通过在建筑实体关键位置布设大量不同类型的传感器，实时获取数据，利用数字在线仿真、多源数据融合、多尺度建模和三维可视化等技术，在虚拟空间构建数字孪生体完成实时映射，充分感知、监测实体建筑以便于优化和决策，这种映射覆盖实体建筑的全生命周期。这种应用数字孪生的建筑可称之为“数字孪生建筑”。

通过分析数字孪生在建筑工程领域的应用原理，不难发现其具有四个特点：

其一是精准映射。通过建筑数字孪生体可充分感知、动态监测实体建筑，从信息维度实现虚拟空间的建筑数字孪生体对物理空间的实体建筑的精准映射和准确表达。

其二是虚实融合。在物理空间可观察实体建筑的各类痕迹，在虚拟空间可搜索建筑数字孪生体的各类行为、建筑的全生命周期过程及居民的各类活动。

其三是软件定义。以软件的方式在虚拟空间将建筑、人、事、物在物理空间的行为进行模拟和仿真，采用云计算、边缘计算等技术，建立实体建筑的运营、管理机制。

其四是智能干预。在虚拟空间模拟、仿真实体建筑，可将数字孪生建筑可能存在的矛盾冲突通过实时映射反馈给实体建筑并进行智能预警，干预实体建筑原有运行模式，优化实体建筑全生命周期过程。

以建筑工程施工管理为例，通常在建筑设计和施工阶段会出现图纸、文件和注释等大量文件，在施工后想要维护和查找这些文件既耗时又费力。而数字孪生应用于建筑领域后，建筑数字孪生体作为一个有别于传统意义的数据库或示意图，它可以动态、实时地记

录数据和信息，可以发挥枢纽作用来整合海量异构多源数据，通过融合多源数据优化实体建筑性能。

在设计阶段，工程师可根据设计方案中的理论模型建立建筑信息模型，通过分析技术构建分析模型，运用BIM对施工进行模拟并选择最优施工方案，从而为施工环节提供技术指导。

在施工阶段，工程师可利用传感器实时从物理空间采集包含对象物理信息的数据，采用三维激光扫描技术对实体建筑扫描、去噪、点云拼接后建立包含对象几何信息的点云模型，二者经数据融合后共同作为实际监测模型，可作为施工阶段物理对象的实时映射，准确地反映真实施工情况；在反馈修正阶段，人们可将点云数据导出并链接到理论BIM模型中，通过数据转换得到修正后的BIM模型，从中提取新的关键节点坐标，更新原理论分析有限元模型，得到修正有限元模型，二者共同作为修正模型，可消除实际施工误差，使得数字孪生模型更接近真实物理对象。

3.9 我国仿真技术的发展方向

3.9.1 计算机虚拟制造

虚拟制造（virtual manufacturing）是以制造技术和计算机技术支持的系统建模技术和仿真技术为基础，集现代制造工艺、计算机图形学、并行工程、人工智能、人工现实技术和多媒体技术等多种高新技术为一体，由多学科和知识形成的一种综合系统技术。

虚拟制造既涉及与产品开发制造有关的工程活动的虚拟，又包含与企业组织经营有关的管理活动虚拟。因此，虚拟设计、生产和控制机制是虚拟制造的有机组成部分，按照这种思想可将虚拟制造分成三类，即以设计为核心的虚拟制造、以生产为核心的虚拟制造和以控制为核心的虚拟制造，如图3-9-1所示。

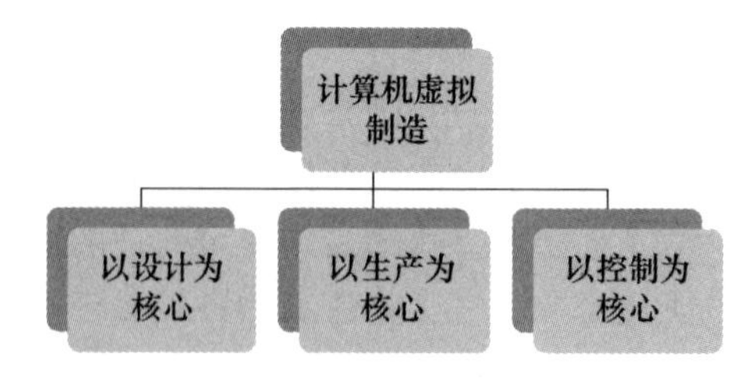

图3-9-1　计算机虚拟制造的分类

虚拟制造是指从产品设计阶段开始，借助建模与仿真技术，及时、并行地模拟出产品未来制造过程乃至产品全生命周期的各种活动对产品设计的影响，预测、检测、评价产品性能和产品的可制造性。随着计算机网络和虚拟现实等先进技术的出现，虚拟制造技术应运而生，它的诞生是现代科学技术和生产技术发展的必然结果，是各种现代制造技术与系统发展的必然趋势。初步统计，2022年我国市场规模约925亿元。

如图3-9-2所示，目前国外虚拟制造技术较强的企业有美国METAVE有限公司、加拿大Presagis公司、美国科视数字系统公司、比利时巴克公司、美国ANSYS公司、美国

达索 SIMULIA 公司、美国 ALGOR 公司、日本 CYBERNET 集团等，这些企业均属于国际虚拟制造市场上的顶尖企业，占据着国际市场绝大部分的市场份额。同时，其中大多数企业也已经进入中国市场，参与我国虚拟制造市场的竞争且占据较高的市场份额。

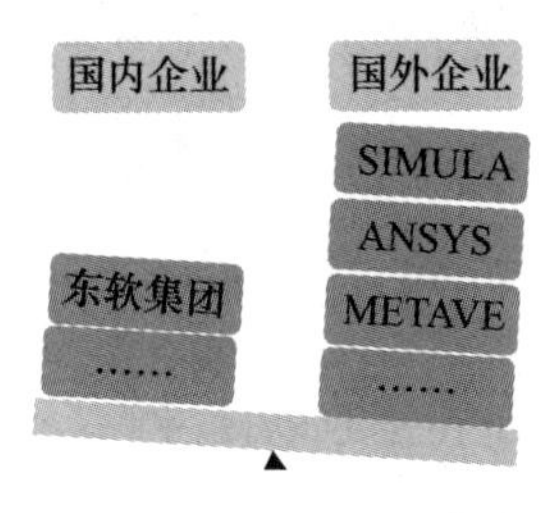

图 3-9-2　虚拟制造市场竞争格局

3.9.2　计算机仿真测试

计算机仿真测试指利用计算机仿真技术对设备、系统等进行模拟验证或测试的技术。计算机仿真测试包括机电仿真测试、射频仿真测试和通用测试，如图 3-9-3 所示。其中，机电仿真测试以半实物仿真测试为主体，射频仿真测试则主要包括雷达仿真测试和卫星导航仿真测试。随着我国各产业科技水平的不断提高，仿真的应用将越来越普及，未来航空、航天、兵器、船舶、军用电子等产业都将对仿真产品产生较大的需求。

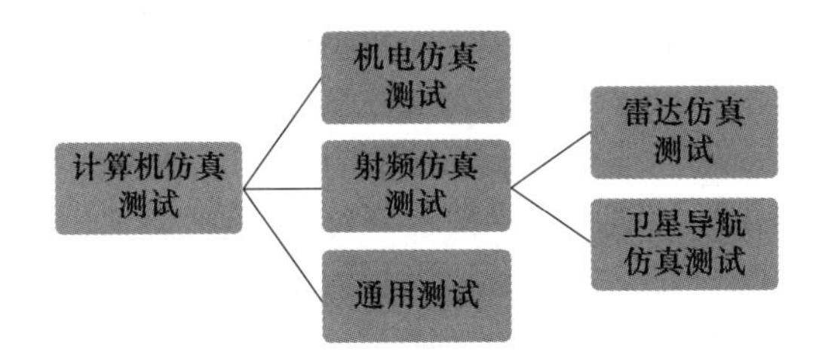

图 3-9-3　计算机仿真测试

从计算机仿真测试竞争格局来看，机电仿真测试、射频仿真测试、通用测试等细分市场，国外龙头企业占据着较大市场份额。

3.9.3　仿真模拟训练（CAE）

仿真模拟训练又称模拟仿真、模拟训练。仿真模拟包含外形仿真、操作仿真、视觉感受仿真。仿真模拟训练系统是由人、设备、运行环境三个要素构成，利用计算机仿真技术构建其中一个或多个要素而形成的训练系统。近年来，我国计算机仿真行业模拟训练市场需求高速增长，初步统计，2022 年市场规模约 750 亿元。

在仿真模拟训练领域，国内外厂商提供的产品和服务主要分为三种形式，分别为专用模拟器、仿真应用开发及仿真系统集成，如图 3-9-4 所示。其中，仿真应用开发是基于用户仿真应用开发平台的基础软件和硬件环境，围绕系统的应用目标开发应用软件；仿真系统集成是基于通用仿真软件和硬件为用户搭建一个应用开发平台。

在仿真模拟训练领域，具有代表性的公司有 CAE 公司、Rockwell Collins 公司、Cubic 公司等三大巨头，其产品和服务包括民用飞行器，机车，军用海、陆、空战斗系统以及联

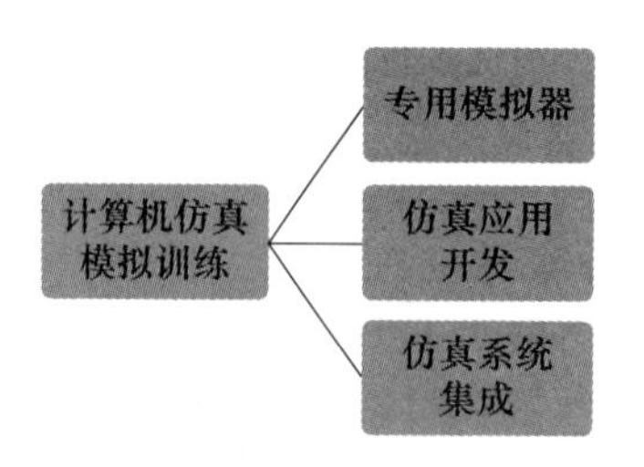

图 3-9-4　计算机仿真模拟训练市场分类

合作战模拟系统等。作为系统集成商和核心软硬件综合性制造商，上述三家公司在国际仿真模拟训练市场上的垄断地位较高。

3.10　我国数字孪生技术的发展现状

数字孪生是具有数据连接的特定物理实体或过程的数字化表达，该数据连接可以保证物理状态和虚拟状态之间的同速率收敛，并提供物理实体或流程过程的整个生命周期的集成视图，有助于优化整体性能。数字孪生可应用于工业生产、智慧城市、大数据医疗等领域。

数字孪生可贯通工业生产信息孤岛。在工业生产方面，当前工业生产已经发展到高度自动化与信息化阶段，在生产过程中产生大量信息。但由于信息的多源异构、异地分散特征易形成信息孤岛，在工业生产中没有发挥出应有价值。而数字孪生为工业产生的物理对象创建了虚拟空间，并将物理设备的各种属性映射到虚拟空间中。工业人员通过在虚拟空间中模拟、分析、生产预测，能够仿真复杂的制造工艺，实现产品设计、制造和智能服务等闭环优化。数字孪生是未来数字化企业发展的关键技术，可应用于以下常见的建设领域。

1）数字孪生推动新型智慧城市建设。我国以“智慧城市”和“新基建”为代表的建设模式虽然起步较晚，但爆发速度前所未有。目前，全球近 1000 个提出智慧化发展的城市中，有近 500 个中国城市，占全球数量的 48%。这为我国下一阶段的城市和基础设施发展奠定了基础。当前，安全综治、智慧园区、智慧交通是智慧城市建设投入的重点，三大细分场景规模占智慧城市建设总规模的 71%，而城市级平台、机器人等新技术和产品则在快速落地，被更多城市建设方采纳和应用。

2）数字孪生打造科学公共服务体系。城市是一个开放庞大的复杂系统，具有人口密度大、基础设施密集、子系统耦合等特点。数字孪生可实现对城市各类数据信息的实时监控，协助政府机构围绕城乡公共设施建设，在科技、政务、交通、司法等多方面对城市高效管理。

3）数字孪生使建筑实现虚实交互。“数字孪生建筑”是将数字孪生智能技术应用于建筑科技的新技术，简单说就是利用物理建筑模型，使用各种传感器全方位获取数据的仿真过程，在虚拟空间中完成映射，以反映相对应的实体建筑的全生命周期过程。数字孪生建筑具有四大特点：精准映射、虚实交互、软件定义、智能干预。具体内容可参考本书第 3.8 节

延伸阅读

国内的很多工业科技企业在数字孪生技术上早已有所布局，其中包括树根互联、研华科技、软通动力等。除了工业制造之外，数字孪生和5G、智慧城市也有非常密切的关系。我们知道，5G将开启“万物互联”的时代，它使得人类的连接技术达到了前所未有的高度。未来，在5G的支持下，“云”和“端”之间可以建立更紧密的连接。这也就意味着，更多的数据将被采集并集中在一起。这些数据可以帮助构建更强大的数字孪生体，构建一个数字孪生城市。

如今，我们的城市布满了各种各样的传感器、摄像头。借助包括5G在内的物联网技术，这些终端采集的数据可以更快地被提取出来。在数字孪生城市中，基础设施（水、电、气、交通等）的运行状态，市政资源（警力、医疗、消防等）的调配情况，都会通过传感器、摄像头、数字化子系统采集出来，并通过包括5G在内的物联网技术传递到云端。城市的管理者，基于这些数据以及城市模型，构建数字孪生体，从而更高效地管理城市。相比于工业制造的“产品生命周期”，城市的“生命周期”更长，数字孪生带来的回报更大。

思考题

1. 仿真技术有哪些特点?
2. 仿真工具有哪些?
3. 仿真方法有哪些?
4. 代表性的仿真软件 SimuWorks 的特点是什么?
5. 结合课程学习谈一下仿真的内容及其分类。
6. 数字孪生技术有哪些特点?
7. 结合课程学习谈一下仿真技术在建筑工程中的应用情况。
8. 数字孪生在建筑工程领域有哪些应用?
9. 试述近年来我国仿真技术领域的创新与发展。
10. 试述近年来我国数字孪生技术领域的创新与发展。

第4章　人工智能

4.1　人工智能概述

人工智能（artificial intelligence，简称AI）是一门研究、开发用于模拟、延伸和扩展人的智能的理论、方法、技术及应用系统的新的技术科学，是新一轮科技革命和产业变革的重要驱动力量。

人工智能是智能学科的重要组成部分，它试图了解智能的实质，并以与人类思维相似的方式做出反应。该领域的研究包括机器人、语言识别、图像识别、自然语言处理和专家系统等。

从诞生以来，人工智能理论和技术日益成熟，应用领域也不断扩大。可以设想，未来人工智能带来的科技产品将会是人类智慧的“容器”。人工智能可以对人的意识、思维过程进行模拟。人工智能不是人的智能，但能像人那样思考，也可能超过人的智慧。

人工智能是一门极富挑战性的科学，从事这项工作的人必须懂得计算机知识、心理学和哲学等。人工智能是覆盖面十分广泛的科学，它由不同的领域组成，如机器学习、计算机视觉等。总体来说，人工智能研究的一个主要目标是使机器能够胜任一些通常需要人类智慧才能完成的复杂工作。但不同的时代、不同的人对这种“复杂工作”的理解是不同的。2017年12月，人工智能入选“2017年度中国媒体十大流行语”。2021年9月25日，为促进人工智能健康发展，《新一代人工智能伦理规范》发布。

关于什么是“智能”，这涉及诸如意识（consciousness）、自我（self）、思维（mind）[包括无意识的思维（unconscious mind）]等问题。人唯一了解的智能是人本身的智能，但是人们对自身智能的理解有限，对构成人的智能的必要元素的了解也有限，所以就很难定义什么是人工智能。人工智能的研究往往涉及对人的智能本身的研究。其他关于动物或其他人造系统的智能普遍被认为是人工智能相关的研究课题。

美国的尼尔逊教授对人工智能下了这样一个定义：“人工智能是关于知识的学科——怎样表示知识以及怎样获得知识并使用知识的科学”。麻省理工学院的温斯顿教授则认为：“人工智能就是研究如何使计算机去做过去只有人才能做的智能工作。”这些说法反映了人工智能学科的基本思想和基本内容，即人工智能是研究人类智能活动的规律，构造具有一定智能的人工系统，研究如何让计算机去完成以往需要人的智力才能胜任的工作，也就是研究如何应用计算机的软硬件来模拟人类某些智能行为的基本理论、

方法和技术。

20 世纪 70 年代以来，人工智能被称为世界三大尖端技术（空间技术、能源技术、人工智能）之一，也被认为是 21 世纪三大尖端技术（基因工程、纳米科学、人工智能）之一。这是因为近三十年来它获得了迅速的发展，在很多学科领域都获得了广泛应用，并取得了丰硕的成果。人工智能已逐步成为一个独立的分支，无论在理论和实践上都已自成体系。

人工智能是研究使用计算机来模拟人的某些思维过程和智能行为（如学习、推理、思考、规划等）的学科，主要包括计算机实现智能的原理、制造类似于人脑智能的计算机，使计算机能实现更高层次的应用。

人工智能涉及计算机科学、心理学、哲学和语言学等学科，可以说几乎涵盖自然科学和社会科学的所有学科，其范围已远远超出了计算机科学的范畴。人工智能与思维科学的关系是实践和理论的关系，人工智能处于思维科学的技术应用层次，是它的一个应用分支。

从思维观点看，人工智能不仅限于逻辑思维，还要考虑形象思维、灵感思维，这样才能促进人工智能突破性地发展。数学常被认为是多种学科的基础科学，会进入语言、思维领域，而人工智能学科必须要借用数学工具，数学不仅在标准逻辑、模糊数学等范围发挥作用，进入人工智能学科后，它们将互相促进而更快地发展。

4.2　人工智能的研究价值

人工智能的研究价值不可限量。例如，繁重的科学和工程计算本来是要由人脑来承担的，如今计算机不但能完成这种计算，而且能够比人脑做得更快、更准确，因此当代人已不再把这种计算看作是“需要人类智能才能完成的复杂任务”，可见复杂工作的定义是随着时代的发展和技术的进步而变化的，人工智能这门科学的具体目标也自然随着时代的变化而发展。它一方面不断获得新的进展，另一方面又转向实现更有意义、更加困难的目标。

通常，“机器学习”的数学基础是统计学、信息论和控制论，还包括其他非数学学科。这类“机器学习”对“经验”的依赖性很强。计算机需要不断从解决一类问题的经验中获取知识，学习策略，在遇到类似的问题时，运用经验知识解决问题并积累新的经验，就像人一样。我们可以将这样的学习方式称为“连续型学习”。但人类除了会从经验中学习之外，还会创造，即“跳跃型学习”，这在某些情形下被称为“灵感”或“顿悟”。

一直以来，计算机最难学会的就是“顿悟”，或者说，计算机在学习和实践方面难以学会“不依赖于量变的质变”，很难从一种“质”直接到另一种“质”，或者从一个“概念”直接到另一个“概念”。正因为如此，这里的“实践”不同于人类的实践。人类的实践过程同时包括经验和创造，这是智能化研究者梦寐以求的东西。

2013 年，帝金数据普数中心数据研究员 S. C. Wang 开发了一种新的数据分析方法，该方法导出了研究函数性质的新方法。作者发现，新数据分析方法给计算机学会“创造”提供了一种方法。本质上，这种方法为人的“创造力”的模式化提供了一种相当有效的途径。这种途径是数学赋予的，是普通人无法拥有但计算机可以拥有的能力。从此，计算机不仅精于算，还会因精于算而精于创造。

4.3 人工智能的发展历程

1956 年夏季，以麦卡赛、明斯基、罗切斯特和申农等为首的一批有远见卓识的年轻科学家在一起聚会，共同研究和探讨用机器模拟智能的一系列有关问题，并首次提出了“人工智能”这一术语，它标志着“人工智能”这门新兴学科的正式诞生。

从 1956 年正式被提出开始，60 多年来，人工智能学科取得了长足的发展，成为一门交叉广泛的前沿科学。总体来说，人工智能的目的就是让计算机这台机器能够像人一样思考。如果希望做出一台能够思考的机器，那就必须知道什么是思考，更进一步讲就是什么是智慧。什么样的机器才是智慧的呢？科学家已经创造出了汽车、火车、飞机和收音机等，它们模仿人类身体器官的功能，但是能不能模仿人类大脑的功能呢？到目前为止，人们也仅仅知道大脑是由数十亿个神经细胞组成的器官，模仿它或许是天下最困难的事情了。

计算机出现后，人类开始真正有了一个可以模拟人类思维的工具，在以后的岁月中，无数科学家为这个目标努力着。如今人工智能已经不再是几个科学家的专利了，全世界几乎所有大学的计算机系都有人在研究这门学科，学习计算机的大学生也必须学习这样一门课程，在大家的不懈努力下，如今计算机似乎已经变得十分“聪明”了。例如，1997 年 5 月，IBM 公司研制的深蓝（Deep Blue）计算机战胜了国际象棋大师卡斯帕洛夫（Kasparov）。大家或许不会注意到，在一些地方计算机帮助人进行其他原来只属于人类的工作，计算机以它的高速和准确为人类发挥着它的作用。人工智能始终是计算机科学的前沿学科，计算机编程语言和其他计算机软件都因为有了人工智能的进展而得以存在。

2019 年 3 月 4 日，十三届全国人大二次会议举行新闻发布会，已将与人工智能密切相关的立法项目列入立法规划。《深度学习平台发展报告（2022）》认为，伴随技术、产业、政策等各方环境成熟，人工智能已经跨过技术理论积累和工具平台构建的发力储备期，开始步入以规模应用与价值释放为目标的产业赋能黄金十年。2023 年 4 月，美国《科学时报》刊文介绍了目前正在深刻改变医疗保健领域的五大领先技术：可穿戴设备和应用程序、人工智能与机器学习、远程医疗、机器人技术、3D 打印。

人工智能的实际应用领域非常宽泛，常见的有机器视觉、指纹识别、人脸识别、视网膜识别、虹膜识别、掌纹识别、专家系统、自动规划、智能搜索、定理证明、博弈、自动程序设计、智能控制、机器人学、语言和图像理解、遗传编程等。

人工智能就其本质而言，是对人的思维的信息过程的模拟。对于人的思维模拟可以从两条道路进行：一是结构模拟，仿照人脑的结构机制，制造出“类人脑”的机器；二是功能模拟，暂时撇开人脑的内部结构，而从其功能过程进行模拟。

现代电子计算机的产生便是对人脑思维功能的模拟，是对人脑思维的信息过程的模拟。弱人工智能如今不断地迅猛发展，尤其是 2008 年经济危机后，许多国家希望借机器人等实现再工业化，工业机器人以比以往任何时候更快的速度发展，更加带动了弱人工智能和相关领域产业的不断突破，很多必须用人来做的工作如今已经能用机器人实现。而强人工智能则暂时处于瓶颈，还需要人类的努力。

4.4　人工智能的研究成就

用来研究人工智能的主要物质基础以及能够实现人工智能技术平台的机器就是计算机，人工智能的发展历史是和计算机科学技术的发展史联系在一起的。除了计算机科学以外，人工智能还涉及信息论、控制论、自动化、仿生学、生物学、心理学、数理逻辑、语言学、医学和哲学等多门学科。人工智能学科研究的主要内容包括知识表示、自动推理和搜索方法、机器学习和知识获取、知识处理系统、自然语言理解、计算机视觉、智能机器人、自动程序设计等方面。

如今已没有统一的原理或范式指导人工智能研究，许多问题上研究者都存在争论。其中几个长久以来仍没有结论的问题是：是否应从心理或神经方面模拟人工智能？或者像鸟类生物学对于航空工程一样，人类生物学对于人工智能研究是没有关系的？智能行为能否用简单的原则（如逻辑或优化）来描述，还是必须解决大量完全无关的问题？智能是否可以使用高级符号表达，如词和想法，还是需要“子符号”的处理？约翰·豪格兰德提出了GOFAI（出色的老式人工智能）的概念，也提议人工智能应归类为合成智能（synthetic intelligence），这个概念后来被某些非GOFAI研究者采纳。

4.4.1　大脑模拟

20世纪40年代到50年代，许多研究者探索神经病学、信息理论及控制论之间的联系，还创造出一些使用电子网络构造的初步智能，如格雷·沃尔特的Tortoises机器人和约翰霍普金斯大学的Beast机器人。这些研究者还经常在普林斯顿大学等地举行技术协会会议。直到60年代，大部分人已经放弃这个方法，但是在80年代后人们再次提出了上述原理。

4.4.2　符号处理

20世纪50年代，数字计算机研制成功，研究者开始探索人类智能是否能简化成符号处理。研究主要集中在卡内基梅隆大学、斯坦福大学和麻省理工学院，各自有独立的研究风格。约翰·豪格兰德称这些方法为GOFAI。20世纪60年代，符号方法在小型证明程序上模拟高级思考有很大的成就，基于控制论或神经网络的方法则置于次要。20世纪60年代至70年代的研究者确信符号方法最终可以成功创造强人工智能的机器，同时这也是他们的目标。

认知模拟经济学家赫伯特·西蒙和艾伦·纽厄尔研究人类问题解决能力并尝试将其形式化，同时他们为人工智能的基本原理打下基础，如认知科学、运筹学和经营科学。他们的研究团队使用心理学实验的结果开发模拟人类解决问题方法的程序。此方法一直在卡内基梅隆大学沿袭下来，并在20世纪80年代由SOAR发展到高峰。

不同于艾伦·纽厄尔和赫伯特·西蒙的观点，约翰·麦卡锡认为机器不需要模拟人类的思想，而应尝试找到抽象推理和解决问题的本质，不管人们是否使用同样的算法。他在

斯坦福大学的实验室致力于使用形式化逻辑解决多种问题，包括知识表示、智能规划和机器学习。致力于逻辑方法研究的还有爱丁堡大学，其促成了欧洲的其他地方开发编程语言PROLOG和逻辑编程科学。

“反逻辑”的斯坦福大学的研究者（如马文·闵斯基和西摩尔·派普特）发现要解决计算机视觉和自然语言处理的困难问题，需要专门的方案，他们主张不存在简单和通用原理（如逻辑）能够达到所有的智能行为。罗杰·尚克描述他们的“反逻辑”方法为“Scruffy”。常识知识库（如道格·莱纳特的CYC）就是“Scruffy”AI的例子，因为他们必须通过人工一次编写一个复杂的概念。

基于大约在1970年出现的大容量内存计算机，研究者分别以三个方法开始把知识构造成应用软件。这场“知识革命”促成专家系统的开发与计划，这是第一个成功的人工智能软件形式。“知识革命”同时让人们意识到许多简单的人工智能软件可能需要大量的知识储备。

4.4.3 子符号法

20世纪80年代，符号人工智能停滞不前，很多人认为符号系统永远不可能模仿人类所有的认知过程，特别是感知、机器人、机器学习和模式识别。很多研究者开始关注子符号方法解决特定的人工智能问题。

自下而上，接口AGENT、嵌入环境（机器人）、行为主义、新式AI机器人领域相关的研究者，如罗德尼·布鲁克斯，否定符号人工智能而专注于机器人移动和求生等基本的工程问题。他们的工作再次关注早期控制论研究者的观点，同时提出了在人工智能中使用控制理论的研究方向。这与认知科学领域中的表征感知论点是一致的，即更高的智能需要个体的表征（如移动、感知和形象）。20世纪80年代中期，大卫·鲁姆哈特等再次提出神经网络和联结主义。这和其他的子符号方法，如模糊控制和进化计算，都属于计算智能学科研究范畴。

4.4.4 统计学法

20世纪90年代，人工智能研究发展方向之一为用复杂的数学工具来解决特定的分支问题。这些工具是真正的科学方法，即这些方法的结果是可测量的和可验证的，同时也是人工智能成功的原因。共用的数学语言也允许已有学科的合作（如数学、经济或运筹学）。斯图尔特·罗素和彼得·诺维格指出，这些进步不亚于“革命”和“Neats”的成功。也有人认为，这些技术太专注于特定的问题，而没有长远考虑强人工智能的目标。

4.4.5 集成方法

Agent（智能体）是一个会感知环境并做出行动以实现目标的系统。最简单的Agent是那些可以解决特定问题的程序，更复杂的Agent包括人类和人类组织（如公司）。这些范式可以让研究者研究单独的问题并找出有用且可验证的方案，而不需考虑单一的方法。一个解决特定问题的Agent可以使用任何可行的方法，一些Agent用符号方法和逻辑方法，一些则是子符号神经网络或其他新的方法。范式同时也给研究者提供了一个与其他领域沟通的共同语言——如决策论和经济学。

20 世纪 90 年代，Agent 范式被广泛接受。Agent 体系结构和认知体系结构研究者设计出一些系统来处理多 Angent 系统中各个 Agent 之间的相互作用。一个系统中包含符号和子符号部分的系统称为混合智能系统，而对这种系统的研究则是人工智能系统集成。分级控制系统则给反应级别的子符号 AI 和最高级别的传统符号 AI 提供桥梁，同时放宽了规划和世界建模的时间。罗德尼・布鲁克斯的包容式架构（subsumption architecture）就是一个早期的分级系统计划。

4.4.6　智能模拟

机器对视、听、触、感觉及思维方式的模拟包括指纹识别、人脸识别、视网膜识别、虹膜识别、掌纹识别、专家系统、智能搜索、定理证明、逻辑推理、博弈、信息感应与辩证处理。人类思维方式最关键的难题还是机器的自主创造性思维能力的塑造与提升。

4.4.7　安全问题

有学者认为让计算机拥有智商是很危险的，它可能会反抗人类。这种隐患也在多部电影中发生过。其关键是是否允许机器拥有自主意识的产生与延续，如果使机器拥有自主意识，则意味着机器具有与人同等或类似的创造性、自我保护意识、情感和自发行为。因此，人工智能的安全可控问题要同步从技术层面来解决。随着技术的发展成熟，监管形式可能逐步发生变化，但人工智能必须接受人工监管的本质不能改变。

4.4.8　实现方法

人工智能在计算机上实现时有两种不同的方式。一种是采用传统的编程技术，使系统呈现智能的效果，而不考虑所用方法是否与人或动物机体所用的方法相同。这种方法叫工程学方法（engineering approach），它已在一些领域内做出了成果，如文字识别、电脑下棋等。另一种是模拟法（modeling approach），它不仅要看效果，还要求实现方法也和人类或生物机体所用的方法相同或相类似。遗传算法（generic algorithm，简称 GA）和人工神经网络（artificial neural network，简称 ANN）均属后一类型。遗传算法模拟人类或生物的遗传-进化机制，人工神经网络则是模拟人类或动物大脑中神经细胞的活动方式。

例如，开发一款游戏，为了得到相同智能效果，两种方式通常都可使用。采用前一种方法，需要人工详细规定程序逻辑，如果游戏简单，还是方便的。如果游戏复杂，角色数量和活动空间增加，相应的逻辑就会很复杂（按指数式增长），人工编程就非常烦琐，容易出错。而一旦出错，就必须修改原程序，重新编译、调试，最后为用户提供一个新的版本或提供一个新补丁，非常麻烦。

采用后一种方法时，编程者要为每一角色设计一个智能系统（一个模块）来进行控制，这个智能系统（模块）开始什么也不懂，就像初生婴儿那样，但它能够学习，能渐渐地适应环境，应对各种复杂情况。这种系统开始也常犯错误，但它能吸取教训，下一次运行时就可能改正，至少不会永远错下去，用不到发布新版本或打补丁。利用这种方法来实现人工智能，要求编程者具有生物学的思考方法，入门难度大一点。但一旦入了门，就可得到广泛应用。由于这种方法编程时无须对角色的活动规律做详细规定，应用于复杂问题时，通常会比前一种方法更省力。

2023年，中国科学院自动化研究所团队最新完成的一项研究发现，基于人工智能的神经网络和深度学习模型对幻觉轮廓“视而不见”，人类与人工智能的“角逐”在幻觉认知上“扳回一局”。

采用模式识别引擎，分支有2D识别引擎、3D识别引擎、驻波识别引擎以及多维识别引擎。2D识别引擎已推出指纹识别、人像识别、文字识别、图像识别、车牌识别；驻波识别引擎已推出语音识别。自动工程包括自动驾驶（OSO系统）、印钞工厂（￥流水线）、猎鹰系统（YOD绘图）。知识工程则是以知识本身为处理对象，研究如何运用人工智能和软件技术，设计、构造和维护知识系统。专家系统包括智能搜索引擎、计算机视觉和图像处理、机器翻译和自然语言理解、数据挖掘和知识发现。

4.5 人工智能的发展里程碑

人工智能的传说可以追溯到古埃及，但随着1941年以来电子计算机的发展，技术已最终可以创造出机器智能，“人工智能”一词最初是在1956年达特茅斯学会上提出的，从那以后，研究者们发展了众多理论和原理，人工智能的概念也随之扩展。在人工智能还不长的历史中，其发展比预想得要慢，但一直在前进，从20世纪40年代出现至今，已经出现了许多AI程序，并且也影响到了其他技术的发展。

4.5.1 计算机时代

1941年的一项发明使信息存储和处理的各个方面都发生了革命。这项同时在美国和德国出现的发明就是电子计算机。第一台计算机要占用几间装空调的大房间，对程序员来说是场噩梦：仅运行一个程序就要设置上千条线路。1949年改进后的能存储程序的计算机使得输入程序变得简单些，而且计算机理论的发展产生了计算机科学，并最终促使了人工智能的出现。计算机这个用电子方式处理数据的发明，为人工智能的可能实现提供了一种媒介。

虽然计算机为AI提供了必要的技术基础，但直到20世纪50年代早期，人们才注意到人类智能与机器之间的联系。诺伯特·维纳是最早研究反馈理论的美国人之一。最熟悉的反馈控制的例子是自动调温器。它将收集到的房间温度与预设的温度比较，并做出反馈，将加热器调大或调小，从而控制环境温度。这项对反馈回路的研究的重要性在于，所有的智能活动都是反馈机制的结果，而反馈机制是有可能用机器模拟的。这项发现对早期AI的发展影响很大。

1955年，艾伦·纽厄尔和赫伯特·西蒙做了一个名为“逻辑专家（Logic Theorist）”的程序。这个程序被许多人认为是第一个AI程序。它将每个问题都表示成一个树形模型，然后选择最可能得到正确结论的那一枝来求解问题。“逻辑专家”对公众和AI研究领域产生的影响使它成为AI发展史中一个重要的里程碑。1956年，被认为是“人工智能之父”的约翰·麦卡锡将许多对机器智能感兴趣的专家学者聚集在一起，举办了“达茅斯人工智能夏季研究会”。从那时起，这个领域被命名为“人工智能”。

达茅斯会议后的7年中，AI研究开始快速发展。虽然这个领域还没明确定义，但会

议中的一些思想已被重新考虑和使用了。卡内基梅隆大学和麻省理工学院（MIT）开始组建 AI 研究中心。研究面临新的挑战：下一步需要建立能够更有效解决问题的系统，例如在“逻辑专家”中减少搜索；还有就是建立可以自我学习的系统。

1957 年，一个新程序——“通用解题机（GPS）”的第一个版本进行了测试。这个程序是由制作“逻辑专家”的同一个组开发的。GPS 扩展了诺伯特·维纳的反馈原理，可以解决很多常识问题。两年以后，国际商业机器公司（IBM）成立了一个 AI 研究组，赫伯特花费 3 年时间制作了一个解几何定理的程序。

当越来越多的程序涌现时，麦卡锡正忙于一个 AI 史上的突破。1958 年麦卡锡宣布了他的新成果——LISP 语言。LISP 到今天还在用。LISP 的意思是表处理（list processing），它很快就为大多数 AI 开发者所采纳。

1963 年，MIT 从美国政府得到一笔 220 万美元的资助，用于研究机器辅助识别。这笔资助来自国防部高级研究计划署（ARPA），这个计划吸引了来自全世界的计算机科学家，加快了 AI 研究的步伐。

以人类的智慧创造出堪比人类大脑的机器脑（人工智能），对人类来说是一个极具诱惑的领域。而从一个语言研究者的角度来看，让机器与人之间自由交流是相当困难的，甚至可以说可能会是一个永无答案的问题。人类的语言、人类的智能是如此地复杂，以至于我们的研究还并未触及其导向本质的外延部分的边缘。

1963 年以后几年出现了大量程序。其中一个叫“SHRDLU”。“SHRDLU”是“微型世界”项目的一部分，包括在微型世界（例如只有有限数量的几何形体）中的研究与编程。在 MIT 由马文·明斯基领导的研究人员发现，面对小规模的对象，计算机程序可以解决空间和逻辑问题。其他如在 20 世纪 60 年代末出现的“STUDENT”可以解决代数问题，“SIR”可以理解简单的英语句子。这些程序的结果对处理语言理解和逻辑有所帮助。

20 世纪 70 年代的另一个进展是专家系统。专家系统可以预测在一定条件下某种解的概率。由于当时计算机已有巨大容量，专家系统有可能从数据中得出规律。专家系统的市场应用很广。十年间，专家系统被用于股市预测、帮助医生诊断疾病，以及指示矿工确定矿藏位置等。这一切都因专家系统存储规律和信息的能力而成为可能。

20 世纪 70 年代，许多新方法被用于 AI 开发，如马文·明斯基的构造理论。另外，大卫·马尔提出了机器视觉方面的新理论，例如，如何通过一幅图像的阴影、形状、颜色、边界和纹理等基本信息辨别图像。同时期另一项成果是 PROLOGE 语言，于 1972 年提出。80 年代期间，AI 的研究更为迅速，并更多地进入商业领域。1986 年，美国 AI 相关软硬件销售高达 4.25 亿美元。专家系统因其效用颇受追求，像数字电气公司这样的公司用 XCON 专家系统为 VAX 大型机编程。杜邦、通用汽车公司和波音公司也大量依赖专家系统。为满足计算机专家的需要，一些生产专家系统辅助制作软件的公司，如 Teknowledge 和 Intellicorp 成立了。为了查找和改正现有专家系统中的错误，又有另外一些专家系统被设计出来。

人们开始感受到计算机和人工智能技术的影响。计算机技术不再只属于实验室中的一小群研究人员，个人电脑和众多技术杂志使计算机技术展现在人们面前，有了像美国人工智能协会这样的基金会。因为 AI 开发的需要，还出现了一阵研究人员进入私人公司的热潮。150 多所像美国 DEC 公司（它雇佣了 700 多员工从事 AI 研究）这样的公司共花了 10

亿美元在内部的AI开发组上。

其他AI研究成果也在20世纪80年代进入市场。其中一项就是机器视觉。马文·明斯基和大卫·马尔的成果如今用到了生产线上的相机和计算机中，进行质量控制。尽管当年成果还很简陋，但是这些系统已能够通过黑白区别分辨出物件形状的不同。到1985年，美国有一百多个公司生产机器视觉系统，销售额达8000万美元。

但20世纪80年代对AI工业来说也不全是好年景。1986—1987年，市场对AI系统的需求下降，业界损失了近5亿美元。Teknowledge和Intellicorp两家共损失超过600万美元，大约占利润的三分之一，巨大的损失迫使许多研究领导者削减经费。

尽管经历了这些受挫的事件，AI仍在慢慢恢复发展。新的技术被开发出来，如在美国首创的模糊逻辑，它可以从不确定的条件做出决策；还有神经网络，被视为实现人工智能的可能途径。总之，20世纪80年代，AI被引入了市场，并显示出实用价值。可以确信，它将是通向21世纪之匙。

4.5.2 强弱对比

人工智能的一个比较流行的定义，也是该领域较早的定义，是由约翰·麦卡锡在1956年的达特茅斯会议上提出的：人工智能就是要让机器的行为看起来就像是人所表现出的智能行为一样。但是这个定义似乎忽略了强人工智能的可能性。另一个定义指人工智能是人造机器所表现出来的智能性。总体来讲，人们对人工智能的定义大多可划分为四类，即机器“像人一样思考”“像人一样行动”“理性地思考”和“理性地行动”。这里“行动”应广义地理解为采取行动，或制定行动的决策，而不是肢体动作。

强人工智能（bottom-up AI）观点认为人有可能制造出真正能推理（reasoning）和解决问题（problem solving）的智能机器，并且这样的机器将被认为是有知觉、有自我意识的。强人工智能可以有两类：第一类是类人的人工智能，即机器的思考和推理就像人的思维一样；第二类是非类人的人工智能，即机器产生了和人完全不一样的知觉和意识，使用和人完全不一样的推理方式。

弱人工智能（top-down AI）观点认为人不可能制造出能真正地推理和解决问题的智能机器，这些机器只不过看起来像是智能的，但是并不真正拥有智能，也不会有自主意识。主流科研集中在弱人工智能上，并且一般认为这一研究领域已经取得可观的成就。强人工智能的研究则处于停滞不前的状态下。

“强人工智能”一词最初是约翰·罗杰斯·希尔勒针对计算机和其他信息处理机器创造的，其定义为：“强人工智能观点认为计算机不仅是用来研究人的思维的一种工具；相反，只要运行适当的程序，计算机本身就是有思维的。”这是指使计算机从事智能的活动。在这里，智能的含义是多义的、不确定的。

利用计算机解决问题时，必须知道明确的程序。可是，人即使在不清楚程序时，根据发现（heu-ristic）法而设法巧妙地解决了问题的情况是不少的，如识别书写的文字、图形、声音等就是一例，人的能力因学习而得到的提高和归纳推理、依据类推而进行的推理等，也是其例。此外，解决的程序虽然是清楚的，但是实行起来需要很长时间，对于这样的问题，人能在很短的时间内找出相当好的解决方法，如竞技比赛。此外，计算机在没有给予充分的合乎逻辑的正确信息时，就不能理解它的意义，而人在仅被给予不充分、不正

确信息的情况下，根据适当的补充信息，也能抓住它的意义。自然语言就是例子。用计算机处理自然语言，称为自然语言处理。

关于强人工智能的争论不同于更广义的一元论和二元论（dualism）的争论。其争论要点是：如果一台机器的唯一工作原理就是对编码数据进行转换，那么这台机器是不是有思维的？希尔勒认为这是不可能的。他举了个模棱两可的例子来说明，如果机器仅仅是对数据进行转换，而数据本身是对某些事情的一种编码表现，那么在不理解这一编码和实际事情之间对应关系的前提下，机器不可能对其处理的数据有任何理解。基于这一论点，希尔勒认为即使有机器通过了图灵测试，也不一定说明机器就真的像人一样有思维和意识。也有哲学家持不同的观点，丹尼尔·丹尼特在其著作 *Consciousness Explained* 里认为，人也不过是一台有灵魂的机器而已，为什么我们认为人可以有智能而普通机器就不能呢？他认为根据上述的数据转换，机器是有可能有思维和意识的。

有的哲学家认为，如果弱人工智能是可实现的，那么强人工智能也是可实现的。比如西蒙·布莱克本在其哲学入门教材 *Think* 里说道："一个人的看起来是'智能'的行动并不能真正说明这个人就真的是智能的；我永远不可能知道另一个人是否真的像我一样是智能的，还是说她（他）仅仅是看起来是智能的；基于这个论点，既然弱人工智能认为可以令机器看起来像是智能的，那就不能完全否定这机器是真的有智能的。"他认为这是一个主观认定的问题。

需要指出的是，弱人工智能并非与强人工智能完全对立，也就是说，即使强人工智能是可能的，弱人工智能仍然是有意义的。至少，今日的计算机能做的事，像算术运算等，在百多年前是被认为很需要智能的。

2019 年 6 月 17 日，国家新一代人工智能治理专业委员会发布《新一代人工智能治理原则——发展负责任的人工智能》，提出了人工智能治理的框架和行动指南。这是我国促进新一代人工智能健康发展，加强人工智能法律、伦理、社会问题研究，积极推动人工智能全球治理的一项重要成果。

4.5.3 研究课题

人工智能的研究方向已经被分成几个子领域，研究人员希望一个人工智能系统应该具有某些特定能力。

1）解决问题。早期的人工智能研究人员直接模仿人类进行逐步的推理，就像是玩棋盘游戏或进行逻辑推理时人类的思考模式。到了 20 世纪 80 年代和 90 年代，利用概率和经济学上的概念，人工智能研究还发展了非常成功的方法处理不确定或不完整的资讯。对于困难的问题，有可能需要大量的运算资源，也就是发生"可能组合暴增"，即当问题超过一定的规模时，电脑会需要天文数量级的存储器或是运算时间，寻找更有效的算法是优先级的人工智能研究项目。人类解决问题的模式通常是用最快捷、直观的判断，而不是有意识地、一步一步地推导，早期人工智能研究通常使用逐步推导的方式。人工智能研究已经在这种"次表征性"的解决问题方法方面取得进展：实体化 Agent 研究强调感知运动的重要性；神经网络研究试图以模拟人类和动物的大脑结构重现这种技能。

2）规划。智能 Agent 必须能够制定目标和实现这些目标。它们需要一种方法来建立一个可预测的世界模型（将整个世界状态用数学模型表现出来，并能预测它们的行为将如

何改变这个世界），这样就可以选择功效最大的行为。在传统的规划问题中，智能 Agent 被假定它是世界中唯一具有影响力的，所以它要做出什么行为是已经确定的。但是，如果事实并非如此，它必须定期检查世界模型的状态是否与自己的预测相符合。如果不符合，它必须改变它的计划。因此智能代理必须具有在不确定结果的状态下的推理能力。在多 Agent 中，多个 Agent 规划以合作和竞争的方式去完成一定的目标，使用演化算法和群体智慧可以达成一个整体的突现行为目标。

3）学习。机械学习的主要目的是从使用者和输入数据等途径获得知识，从而可以帮助解决更多问题，减少错误，提高解决问题的效率。对于人工智能来说，机械学习从一开始就很重要。1956 年，在达特茅斯夏季会议上，雷蒙德·索洛莫诺夫写了一篇《关于不监视的概率性机械学习——一个归纳推理的机械》。

4）知觉。机器感知是指能够使用传感器（如照相机、麦克风、声呐以及其他的特殊传感器）所输入的资料推断世界的状态。计算机视觉能够分析影像输入、语音识别、人脸辨识和物体辨识。

5）社交。情感和社交技能对于一个智能 Agent 是很重要的。首先，通过了解它们的动机和情感状态，Agent 能够预测别人的行动（这涉及要素博弈论、决策理论以及能够塑造人的情感和情绪感知能力检测）。此外，为了良好的人机互动效果，Agent 也需要表现出情绪来，至少，它必须礼貌地和人类打交道。

6）创造力。一个人工智能的子领域代表了理论（从哲学和心理学的角度）和实际（通过特定系统的输出的创意，或系统识别和评估创造力）所定义的创造力。相关领域的研究包括人工直觉和人工想象。

7）多元智能。大多数研究人员希望他们的研究能最终被纳入一个具有多元智能（强人工智能）体系，结合以上所有的技能并且超越大部分人类的能力。有些人认为要达成以上目标，可能需要拟人化的特性，如人工意识或人工大脑。为了解决某个问题，必须解决相关的全部问题。如机器翻译，机器要按照作者的论点（推理），知道什么会被人谈论（知识），忠实地再现作者的意图（情感计算）。因此，机器翻译被认为是具有人工智能完整性的，它可能需要强人工智能支持，就像人类一样。

4.5.4 人工智能的影响力

1）人工智能对自然科学的影响。在需要使用数学计算机工具解决问题的学科，AI 带来的帮助不言而喻。更重要的是，AI 反过来有助于人类最终认识自身智能的形成。

2）人工智能对经济的影响。专家系统更深入各行各业，带来巨大的经济效益。AI 促进了计算机工业网络工业的发展，但同时，也带来了劳务就业问题。由于 AI 在科技和工程中能够代替人类进行各种技术工作和脑力劳动，可能会造成社会结构的变化。

3）人工智能对社会的影响。AI 为人类文化生活提供了新的模式。例如，现有的游戏将逐步发展为更高智能的交互式文化娱乐手段，今天，游戏中的人工智能应用已经深入到各大游戏制造商的开发中。此外，伴随着人工智能和智能机器人的发展，一个不得不讨论的话题是人工智能本身就是超前研究，研究者需要用未来的眼光开展现代的科研，因此很可能触及伦理底线。科学研究可能涉及敏感问题，这需要人们针对可能产生的冲突及早预防，而不是等到问题矛盾到了不可解决的时候才去想办法化解。

4.5.5　我国人工智能发展动向

2021年7月13日，中国互联网协会发布了《中国互联网发展报告（2021）》（以下简称《报告》）。《报告》显示，在人工智能领域，2020年人工智能产业规模保持平稳增长，产业规模达到了3031亿元，同比增长15%，增速略高于全球的平均增速。产业主要集中在北京、上海、广东、浙江等省份。我国在人工智能芯片领域、深度学习软件架构领域、中文自然语言处理领域进展显著。

《重大领域交叉前沿方向2021》（2021年9月13日由浙江大学中国科教战略研究院发布）认为，当前以大数据、深度学习和算力为基础的人工智能在语音识别、人脸识别等以模式识别为特点的技术应用上已较为成熟，但对于需要专家知识、逻辑推理或领域迁移的复杂性任务，人工智能系统的能力还远远不足；基于统计的深度学习注重关联关系，缺少因果分析，使得人工智能系统的可解释性差、处理动态性和不确定性能力弱，难以与人类自然交互，在一些敏感应用中容易带来安全和伦理风险；类脑智能、认知智能、混合增强智能是重要发展方向。

2021年9月25日，“2021中关村论坛”在中关村国家自主创新示范区展示中心举行全体会议，会上发布了《新一代人工智能伦理规范》，旨在将伦理融入人工智能全生命周期，为从事人工智能相关活动的自然人、法人和其他相关机构等提供伦理指引，促进人工智能健康发展。

2022年6月27日，在第二十四届中国科协年会闭幕式上，中国科协隆重发布10个对科学发展具有导向作用的前沿科学问题，其中包括“如何实现可信可靠可解释人工智能技术路线和方案”。

2022年12月9日，最高人民法院发布《关于规范和加强人工智能司法应用的意见》。

2023年2月，工业和信息化部发布的数据表明，2022年中国AI核心产业规模已达到5000亿元。截至2022年年底，工业和信息化部设立的国家AI创新应用先导区增至11个，覆盖长三角、京津冀、粤港澳、成渝四大战略区域以及长江中游城市群。

2023年3月，为贯彻落实国家《新一代人工智能发展规划》，科技部会同自然科学基金委启动“人工智能驱动的科学研究”（AI for Science）专项部署工作，紧密结合数学、物理、化学、天文等基础学科关键问题，围绕药物研发、基因研究、生物育种、新材料研发等重点领域科研需求展开，布局“人工智能驱动的科学研究”前沿科技研发体系。

4.5.6　国际人工智能发展动向

2022年6月，加拿大迈克尔·查赞等利用一款深度学习人工智能工具，发现100万年前人类用火的证据，这被认为是有史以来最重要的创新之一。

2023年3月29日，英国政府发布了针对人工智能产业监管的白皮书，概述了针对ChatGPT等人工智能治理的五项原则，它们分别是：安全性和稳健性、透明度和可解释性、公平性、问责制和管理，以及可竞争性。在接下来的12个月里，监管机构陆续向相关组织发布实用指南，以及风险评估模板等其他工具，制定基于五项原则的一些具体规则。政府也将在议会推动立法，制定具体的人工智能法案。

2023年4月7日，俄罗斯总理米哈伊尔·米舒斯京在会见国家杜马议员时表示，目前俄罗斯经济中运用的人工智能约占20%，到2024年计划至少达到50%。

韩国计划到2027年将人工智能技术用于军事目的，包括自行榴弹炮的无人操作和无人机的使用。

在人工智能技术“芯片—框架—模型—应用”四层结构中，百度是全球为数不多在这四层进行全栈布局的公司，从昆仑芯到飞桨深度学习框架，再到文心一言训练大模型，到百度搜索等应用，各个层面都有自研技术。

4.6 人工智能在建筑工程中的应用

4.6.1 自动化设计工具

建筑设计与规划中，自动化设计工具是人工智能在建筑工程中的重要应用之一。自动化设计工具利用人工智能技术，通过对大量建筑设计数据和规划要求的分析和学习，能够自动完成建筑设计过程中的一系列烦琐工作。这些工具可以根据用户的需求和所提供的数据，自动生成符合规划要求的建筑设计方案。同时，它们还能够基于建筑设计的原则和经验，自动进行优化和调整，提供更加高效和合理的设计方案。

自动化设计工具的应用不仅可以大幅提高建筑设计效率，节省设计时间和人力成本，还能够减少设计错误和风险。此外，它们还可以根据建筑环境和使用要求，进行虚拟仿真和可视化展示，帮助设计师和业主更好地理解和评估设计方案。自动化设计工具在建筑设计与规划中的应用，能够极大地推动建筑工程的发展和进步，为设计师和业主提供更加高效和优质的设计服务。

4.6.2 建筑参数优化

建筑设计与规划中的建筑参数优化是人工智能在建筑工程中的重要应用之一。通过利用人工智能技术，可以对建筑设计过程中的参数进行优化，以提高建筑物的性能和效率。建筑参数优化包括对建筑物的各项参数进行优化，例如建筑物的结构、材料、形状、布局等。通过人工智能算法的运用，可以对这些参数进行大规模地搜索和优化，以找到最佳的设计方案。

在建筑设计与规划中，建筑参数优化可以帮助设计师们更好地理解不同参数对建筑物性能的影响，并找到最合理的设计方案。例如，在建筑结构设计中，通过优化结构参数，可以提高建筑物的抗震性能和整体稳定性；在建筑材料选择中，通过优化材料参数，可以提高建筑物的隔热、隔声和耐久性能。

人工智能技术还可以结合建筑物的使用需求和环境条件，进行智能化的建筑参数优化。通过分析大量的建筑数据和环境数据，人工智能算法可以预测建筑物在不同条件下的性能表现，并提出相应的优化建议。例如，在不同气候条件下，可以通过调整建筑物的参数来提高能源利用效率，减少能源消耗。建筑参数优化是人工智能在建筑设计与规划中的重要应用之一。

通过人工智能技术的支持，可以实现对建筑物各项参数的智能化优化，以提高建筑物的性能和效率。这将为建筑工程师和设计师们提供更多的设计选择和优化方案，推动建筑行业的创新和发展。

4.6.3　建筑信息建模（BIM）

建筑信息建模（BIM）是一种基于数字技术的建筑设计和规划工具，它在人工智能的支持下，在建筑工程中发挥着重要的作用。BIM 系统通过整合建筑设计、施工、运营等各个环节的数据和信息，实现了对建筑项目全生命周期的全面管理和协同合作。

在建筑设计与规划中，BIM 系统可以提供准确、可视化的建筑模型，实现建筑元素之间的智能连接和交互，为建筑师和规划师提供更高效、更优质的设计和规划方案。

在建筑设计阶段，BIM 系统可以帮助建筑师快速创建建筑模型，并根据不同的设计需求进行修改和调整；通过 BIM 系统，建筑师可以实时查看模型的三维效果，并在模型中进行设计方案的优化和改进；此外，BIM 系统还可以自动提取建筑设计中的关键信息，如面积、体积、材料数量等，提供准确的工程量和预算估算，帮助设计师更好地掌控项目成本和进度。

在建筑规划阶段，BIM 系统可以模拟不同规划方案的效果，并通过人工智能算法进行评估和比较；通过 BIM 系统，规划师可以对建筑项目进行可视化分析，包括日照、通风、景观等方面；同时，BIM 系统还可以集成地理信息系统（GIS）数据，为规划师提供地形、交通、人口等背景信息，帮助规划师制定科学、合理的建筑规划方案。

BIM 作为人工智能在建筑工程中的应用之一，为建筑设计师和规划师提供了强大的工具和支持。通过 BIM 系统，建筑师和规划师可以实现高效、准确的设计和规划，提高建筑项目的质量和效率。因此，BIM 系统在建筑工程中的应用越来越广泛，并成为建筑领域不可或缺的重要技术。

4.6.4　虚拟现实技术

虚拟现实技术作为一种先进的计算机技术，对于建筑设计与规划领域具有重要的应用价值。通过虚拟现实技术，建筑师和规划者能够借助计算机生成的虚拟环境，以更直观、生动的方式进行建筑设计和规划工作。

虚拟现实技术可以为建筑师提供一个可视化的工具，使其能够更好地理解和感知设计方案。通过虚拟现实技术，建筑师可以进入建筑模型中，透过虚拟眼镜或者其他设备，亲身体验设计方案所带来的空间感和情感。这种互动性和身临其境的体验，有助于建筑师更好地评估设计方案的优劣，并进行优化和改进。

虚拟现实技术还可以帮助规划者更好地展示和沟通规划方案。在建筑规划过程中，虚拟现实技术可以将虚拟环境和真实环境相结合，使规划者能够更清晰地了解规划对城市或地区的影响；同时，虚拟现实技术还可以实时展示不同规划方案的效果，使决策者能够更全面地评估和比较各个方案的优劣，从而做出更明智的决策。

虚拟现实技术还可以提供一种便捷的方式进行协同设计。借助虚拟现实技术，建筑师、规划者和其他相关人员可以在虚拟环境中进行实时的交流和合作，他们可以共同进入建筑模型中，对设计方案进行修改和调整，并即时查看修改后的效果。这种协同设计的方式不仅提高了团队的工作效率，还促进了不同专业之间的交流和合作，从而打造出更优质的建筑设计和规划方案。

虚拟现实技术在建筑设计与规划中的应用具有重要意义。它可以为建筑师和规划者提供直观、生动的设计和规划工具，提高设计方案的质量和效率，同时也促进了团队之间的协同合作。虚拟现实技术的不断发展和创新将进一步推动建筑设计与规划领域的发展。

4.6.5 机器人施工

由于人工智能的快速发展，机器人在建筑工程领域的应用越来越广泛。在施工与监控中，机器人施工是一个非常重要的方面。机器人施工利用人工智能技术来代替传统的人工施工过程，具有高效、精准和安全的特点。

首先，机器人施工可以提高施工效率。传统的建筑施工通常需要大量的人工操作，而机器人施工可以通过程序控制来完成一系列任务，不仅节省了大量的人力资源，而且能够高效地完成施工作业，大大缩短了施工周期。

其次，机器人施工具备高精度的特点。借助先进的传感器和定位技术，机器人能够准确地完成各种施工任务，无论是在水平还是垂直方向上，都能够保证高质量的施工结果。

再次，机器人施工能够提高施工安全性。传统的建筑施工存在许多安全隐患，如高空作业、重物搬运等，而机器人施工可以代替人工进行危险作业，减少了工人的伤害风险，保障了工人的人身安全。

最后，机器人施工还可以实时监控施工进度和质量。通过数据采集和分析，机器人可以对施工现场进行实时监测，及时发现问题和纠正偏差，保证施工进度和质量的准确控制。

4.6.6 智能传感器监控

智能传感器监控是人工智能在建筑工程中的重要应用之一。传统的建筑施工与监控往往面临诸多挑战，包括人力不足、效率低下以及监控数据的准确性等问题。然而，通过引入智能传感器监控技术，这些问题可以得到有效解决。

首先，智能传感器监控可以实现对施工过程的实时监测。传感器可以安装在建筑物的关键部位，如钢筋混凝土结构、地基承载能力等，实时感知各项参数的变化。通过将传感器与人工智能技术相结合，可以自动采集并分析监测数据，从而实现对施工过程的全面监控。这不仅提高了监测的精准度和实时性，还能够及时发现潜在的施工问题，并采取相应的应对措施，从而保证施工质量和进度。

其次，智能传感器监控还可以实现对建筑物的安全性和稳定性的监测。例如，通过安装倾斜传感器、温度传感器等，可以实时监测建筑物的倾斜、温度等参数的变化。当这些参数超过预设阈值时，系统将发出预警信号，提醒工程师及时采取措施，避免发生安全事故。此外，智能传感器监控还可以实现对建筑物的能耗、环境质量等方面的监测，从而提高建筑物的节能性能和舒适性。

最后，智能传感器监控还可以实现对施工现场的自动化管理。传感器可以实时感知施工现场的人员流动、设备运行情况等；通过与人工智能技术的结合，可以实现对施工进度、工人安全等方面的自动化管理。例如，当施工进度严重滞后时，系统可以自动发送提醒通知给相关责任人，以便及时调整施工计划；同时，智能传感器监控还可以通过数据分析和建模，提供决策支持，优化施工过程，提高工程效益。

智能传感器监控是人工智能在建筑工程中的重要应用之一。它可以实现对施工过程的实时监测、对建筑物的安全性和稳定性的监测，以及施工现场的自动化管理。通过引入智能传感器监控技术，建筑工程的施工质量和效率将得到显著的提升，为建筑行业的发展带来新的机遇和挑战。

4.6.7 环境监测与控制

在建筑工程中，人工智能的应用不仅限于设计和规划阶段，还延伸到施工与监控领域。其中，环境监测与控制是人工智能在建筑工程中的重要应用之一。

通过人工智能技术，建筑工程可以实现对环境参数的实时监测和精确控制，环境监测主要涵盖空气质量、温度、湿度、噪声等方面，通过安装传感器和监测设备，可以实时获取各项环境指标的数据。同时，借助人工智能的分析和处理能力，可以对这些数据进行智能化的分析，提供详细的环境状况报告。

在施工过程中，环境监测与控制可以帮助工程管理人员及时发现和解决可能会影响施工进程和工作环境的问题。例如，当监测到施工区域的空气质量达到不良水平时，系统可以发出警报并及时采取措施，如增加通风设备或调整工作时间，以保障工人的健康和安全。

另外，通过人工智能的优化算法和模型预测技术，可以对建筑物的能耗进行精确的预测和控制。系统能够根据建筑物的使用情况、环境条件和能源需求等因素，自动调整空调、照明等设备的运行方式，以实现能耗的最优化。这不仅有助于降低能源消耗，减少环境污染，还能提升建筑物的舒适度和可持续性。

人工智能在建筑工程中施工与监控方面的应用主要涉及环境监测与控制。通过实时监测环境指标、智能化分析数据和精确控制设备运行，可以提高施工过程中的安全性、效率性和可持续性，为建筑工程的顺利进行提供有力支持。

4.6.8 建筑能耗预测与优化

建筑能耗预测与优化是人工智能在建筑工程中能源与资源管理的重要应用领域。通过使用人工智能技术，可以准确预测建筑的能耗情况，并在此基础上优化能源的使用，以实现能源的高效利用和资源的合理管理。

在建筑能耗预测方面，人工智能可以利用历史数据、气象数据、建筑结构参数等信息，通过机器学习算法进行建模分析，从而预测建筑在不同季节、不同条件下的能耗情况。这样的预测结果可以帮助建筑管理者制订合理的能耗计划，提前做好能源供应准备，避免因能源供应不足或浪费而带来的问题。

在建筑能耗优化方面，人工智能可以通过实时监测建筑的能耗数据，结合建筑使用情况和外部环境的变化，利用算法对能源系统进行智能控制；通过动态调整供暖、制冷、通风等设备的运行策略，以及灯光、电梯等系统的管理，可以实现能源的高效利用和能耗的降低。此外，人工智能还能够根据建筑使用者的需求，进行智能化的能源调控，提供个性化的能源服务，满足不同用户的需求。

建筑能耗预测与优化是人工智能在建筑工程中能源与资源管理的重要领域，利用人工智能技术可以实现建筑能耗的精确预测和能源的高效利用，进而实现可持续发展和资源的合理管理。

4.6.9 智能照明系统

智能照明系统是人工智能在建筑工程中能源与资源管理的一项重要应用。通过应用智能照明系统，可以有效地管理和控制建筑物的照明设备，以提高能源利用效率和减少资源浪费。智能照明系统利用人工智能算法和传感器技术，实现了照明设备的智能化控制和自动化管理。

通过安装在建筑物各个区域的传感器，智能照明系统可以实时感知到人员的存在与活动情况。根据不同区域的人员密度和活动需求，智能照明系统可以智能地调整照明设备的亮度和开关状态，以达到最佳的照明效果和能源利用效率。

智能照明系统还可以与其他建筑设备进行联动控制，实现更加智能化的能源管理。例如，系统可以根据室内温度和光线强度的变化，自动调节空调和窗帘等设备的工作状态，以减少能源消耗。另外，智能照明系统还可以通过对建筑外部光线和天气等环境因素的感知，自动调整室内照明设备的亮度和开关状态，以提供舒适宜人的照明环境。

智能照明系统还可以通过数据采集和分析，为建筑业主和管理者提供能源消耗和使用情况的实时监测和分析报告。通过对能源数据的深度分析，可以发现能源浪费的问题和潜在的改进空间，从而采取相应的措施进行节能和资源管理。同时，智能照明系统还可以实现远程监控和控制，让建筑管理者可以随时随地通过手机或电脑对照明设备进行控制和调节，提高管理的便利性和效率。

智能照明系统是人工智能在建筑工程中能源与资源管理的重要应用之一。通过智能化的控制和管理，可以提高照明设备的能源利用效率，减少能源浪费，为建筑业主和管理者提供清晰的能源消耗情况，并实现远程监控和控制的便利性。

4.6.10 智能供暖与通风系统

智能供暖与通风系统在人工智能在建筑工程中的应用中扮演着重要的角色。通过应用人工智能技术，建筑工程可以实现更加高效和节能的能源与资源管理。智能供暖与通风系统利用传感器和数据分析，能够实时监测建筑内部的温度、湿度和空气质量等数据，并根据这些数据进行调控和优化。

在智能供暖方面，人工智能可以根据建筑内部及周围环境的温度、季节、时间等因素，智能地控制供暖设备的开关和温度调节，以达到最佳的温度舒适度和能源利用效率。通过学习建筑内部的热传输特性和用户的使用习惯，智能供暖系统可以自动调整供暖策略，实现个性化的供暖服务。

而对于通风系统，人工智能可以通过分析建筑内部和外部的温度、湿度、二氧化碳浓度等数据，智能地控制通风设备的开关和风量调节，以维持建筑内部的空气质量和舒适度。智能通风系统还可以根据建筑的使用情况和人流量等信息，智能地进行通风策略的调整，实现节能减排的目标。

通过应用人工智能技术的智能供暖与通风系统，建筑工程可以有效地管理能源与资源，不仅可以提升建筑的舒适度和使用体验，还可以降低能源的消耗和运营成本。这对于建筑工程的可持续发展和环境保护意义重大。因此，智能供暖与通风系统在人工智能在建筑工程中的应用中具有广阔的发展前景。

4.6.11 建筑结构安全评估

建筑结构安全评估是人工智能在建筑工程中安全与风险管理的重要组成部分。利用人工智能技术可以对建筑结构进行全面的安全评估和风险分析。

人工智能可以通过大数据分析和机器学习算法，对建筑结构的设计、材料选择、施工过程等进行全面的监测和分析，以发现潜在的安全隐患和风险因素。通过对历史数据和实时监测数据的分析，可以提前发现可能存在的结构问题，及时采取措施进行修复和加固，确保建筑结构的安全性。

人工智能还可以通过模拟仿真和预测算法，对建筑结构在不同工况下的安全性进行评估。系统通过建立复杂的物理模型和计算模型，在安全载荷、自然灾害等不同条件下进行仿真分析，从而评估建筑在面对不同风险因素时的稳定性和耐久性。同时，利用人工智能技术可以实时监测建筑结构的变化和损伤情况，及时预警和预测可能发生的结构失效和风险事件，为安全管理提供科学依据。

人工智能可以通过对建筑结构的实时监测和数据分析，可以实现智能化的维修和保养管理。人工智能可以提供结构健康监测系统，对结构损伤进行实时监测和分析，及时发现和修复可能存在的安全隐患，确保建筑的长期安全运行。建筑结构安全评估是人工智能在建筑工程中安全与风险管理的重要内容。利用人工智能技术可以实现对建筑结构的全面监测、风险分析和预测，提高建筑结构的安全性和稳定性，为建筑工程的安全管理提供科学支持。

4.6.12 智能监控与预警系统

随着人工智能技术的快速发展，智能监控与预警系统在建筑工程领域的应用日益广泛。这些系统利用高精度传感器和先进的数据分析算法，能够实时监测和分析建筑物的各项参数，从而预测潜在的安全隐患和风险，并提供及时的预警信息。

智能监控与预警系统能够对建筑物的结构安全进行全方位的监测。通过安装在建筑物内部和外部的传感器，系统能够实时感知到建筑物的振动、位移、变形等信息，同时还能监测到温度、湿度、气压等环境参数的变化。通过对这些数据的采集和分析，系统可以准确评估建筑物的结构健康状况，并发现可能存在的潜在安全隐患，如裂缝、位移过大等。一旦系统检测到异常情况，它会立即发出预警，提醒相关人员采取必要的措施，确保建筑物的安全性。

智能监控与预警系统还能对建筑工地的施工过程进行实时监控。系统可以通过安装在工地内的摄像头和其他传感器，对施工现场的情况进行全天候监测。通过图像识别和数据分析技术，系统可以自动检测和识别施工现场的安全隐患，如高处作业、危险物品存放等。同时，系统还能监测施工过程中的关键参数，如噪声、振动等，以及工人的作业行为，如安全帽佩戴情况、悬挂装置使用情况等。一旦系统检测到不符合安全规范的行为或异常情况，它会立即发出预警通知，以便相关人员及时采取措施，防止事故的发生。

智能监控与预警系统还可以通过数据分析和模型预测技术，提供建筑物运行期的风险

管理。通过对建筑物历史数据和实时监测数据的分析，系统可以预测建筑物未来的维护需求和潜在风险，如设备故障、能耗异常等。同时，系统还可以根据建筑物使用情况和环境条件，进行综合评估和优化，以减少潜在的安全风险和经济风险。

智能监控与预警系统在建筑工程中的应用为安全与风险管理提供了强有力的支持。通过实时监测和预测，这些系统能够及时发现潜在的安全隐患和风险，并提供预警信息，帮助相关人员在发生事故前采取必要的措施，确保建筑物和工地的安全。同时，系统还能对建筑物的运行期进行风险管理，提前预测维护需求和潜在风险，减少事故和损失的发生。

4.6.13 自动化消防系统

在建筑工程中，安全与风险管理是至关重要的一环。自动化消防系统作为人工智能在建筑工程中的应用之一，具有极高的重要性和潜力。自动化消防系统利用人工智能技术，通过感知、分析和决策等功能，对建筑内的火灾风险进行实时监测和处理。该系统能够自动侦测并识别火灾迹象，迅速启动灭火装置，同时向相关人员发出警报和求救信号。

自动化消防系统通过各种传感器和探测器，监测建筑内的温度、烟雾、气体浓度等指标。当这些指标超出安全范围时，系统会自动判断是否发生火灾，并做出相应的反应。

自动化消防系统能够与其他安全设备和系统进行无缝衔接。例如，当火灾发生时，系统可以自动切断电源和气源，关闭通风设备，确保火灾不会蔓延，并减少人为干预的风险。此外，自动化消防系统还可以进行智能化的报警和求救管理。当系统检测到火灾迹象时，会自动向相关人员发送警报信息，包括火灾位置、状况和逃生路线等信息，以便及时采取应对措施；同时，系统还可以与消防部门或相关救援机构进行连接，实现实时求助和协助。

总之，自动化消防系统在建筑工程中的应用，为安全与风险管理提供了强有力的支持。它通过人工智能技术的应用，实现了火灾的实时监测和智能化处理，大大提升了建筑的安全性和应急响应能力。相信随着技术的不断进步和应用的推广，自动化消防系统将在建筑工程领域发挥越来越重要的作用。

4.6.14 工程维护与管理

工程维护与管理在人工智能的推动下进入了一个全新的时代。机器人维修与保养作为工程维护与管理的重要组成部分，正日益受到建筑工程界的关注。随着技术的不断进步和智能化设备的广泛应用，机器人在建筑工程维修与保养领域的应用越来越广泛。

机器人在工程维修与保养中具有高效性和精准性的优势。相比人工维修与保养，机器人可以通过精确的计算和精准的操作，快速而准确地定位和修复工程设备中的问题；机器人可以利用先进的传感技术和图像处理技术，实时监测和诊断工程设备的运行状况，并及时采取相应的维修和保养措施，有效提升了工程维护与管理的效率和质量。

机器人维修与保养也为人工智能技术的应用带来了新的发展机遇。通过机器学习和深度学习等人工智能技术，机器人可以不断积累和更新自己的知识库和技能，从而提升其在工程维修与保养中的表现和适应能力。机器人可以根据历史数据和实时反馈进行智能化的决策和调整，实现更加精准和个性化的维修与保养方案，提高了工程设备的稳定性和可靠性。

机器人维修与保养也为建筑工程行业带来了更高的安全性和可持续性。机器人可以承担一些危险和高风险的维修和保养任务，避免了人工操作中可能出现的意外和伤害；机器人还可以根据工程设备的实际状态和需求，自动进行维修和保养，并及时反馈相关数据和信息，提供给工程管理者进行决策和优化，实现对工程设备的精细化管理和有效的资源利用，进一步提高工程维护与管理的可持续发展能力。

机器人维修与保养作为工程维护与管理的重要内容，在人工智能的推动下正不断发展和完善。其高效、精准、智能的特点，为建筑工程行业带来了新的机遇和挑战。未来，随着人工智能技术的进一步发展和应用，机器人维修与保养将在建筑工程领域发挥更加重要的作用，推动工程维护与管理的创新和提升。

4.6.15　智能建筑设备管理

智能建筑设备管理是指借助人工智能技术来实现对建筑物内部设备的有效管理和维护。通过智能建筑设备管理系统，建筑工程中的设备运行状态可以实时监测和分析，以便及时发现并排除故障。同时，智能建筑设备管理还可以通过数据分析和预测，提供设备维护和保养的最佳方案，以降低维护成本并延长设备的使用寿命。

在智能建筑设备管理中，人工智能技术可以应用在多个方面。首先，通过安装传感器和监测设备，人工智能可以实时监测建筑物内部设备的运行状态，比如温度、湿度、压力等，以便及时发现潜在的故障风险；其次，通过大数据分析和机器学习算法，人工智能可以对设备的运行数据进行深入分析，发现设备可能存在的故障模式和趋势，提前预测设备的故障风险，从而采取相应的维护措施；最后，人工智能还可以根据设备的维修历史和运行数据，对设备的维护计划进行优化，提供最佳的维护时机和方式。

通过智能建筑设备管理，可以实现对建筑工程中各类设备的全面管理和维护，提高设备的可靠性和运行效率，减少故障发生的可能性，降低设备维修和更换的成本。此外，智能建筑设备管理还可以提供实时的设备运行数据和故障报告，帮助工程管理人员做出及时的决策，提高工程项目的管理效率和运营效果。

智能建筑设备管理是人工智能在建筑工程中的重要应用之一。通过应用人工智能技术，可以实现对建筑物内部设备的智能化管理，提高设备的可靠性和运行效率，降低维护成本，为工程维护与管理提供有力支持。

4.6.16　数据驱动的维护计划

在建筑工程中，人工智能的应用已经成为一种趋势。而在工程维护与管理方面，数据驱动的维护计划是一项非常重要的内容。通过收集和分析大量的数据，人工智能可以帮助建筑工程人员制订更加科学和有效的维护计划。

数据驱动的维护计划可以利用人工智能技术对建筑设备和结构进行实时监测和评估。通过传感器和监测装置，系统可以采集到各种设备和结构的运行状态数据，包括温度、电压、振动等。这些数据可以实时传输到人工智能系统中进行分析，以识别出任何可能存在的故障或异常状况。

人工智能可以通过自动化的方式对维护计划进行优化和调整。根据建筑设备和结构的实际运行情况，人工智能系统可以自动分析和识别出哪些设备需要维修、更换或进行定期保养，并根据设备的重要性和紧急程度进行优先级排序。这样可以避免不必要的维护工作，提高工作效率，同时也减少了维护成本。

数据驱动的维护计划还可以利用人工智能技术进行预测和预防性维护。通过分析历史数据和实时数据，人工智能系统可以预测出设备和结构可能出现的故障或损坏情况，提前采取措施进行维护和修复，避免了因故障导致的设备停机和生产延误。

数据驱动的维护计划是人工智能在建筑工程中应用的重要部分。通过分析和利用大量的数据，人工智能可以帮助建筑工程人员制订更加科学和有效的维护计划，提高工作效率，降低维护成本，并保证设备和结构的安全性和可靠性。

4.6.17 小结

人工智能在建筑工程中的应用已经取得了显著的成果，并且对建筑行业的未来发展具有重要意义。人工智能技术能够自动化、智能化地完成一系列重复性、烦琐的工作，从而提高了建筑工程的效率。例如，使用机器学习算法进行建筑结构设计和优化可以大大减少人工设计所需的时间和精力，同时提高设计的准确性。

借助人工智能技术，建筑师可以更好地理解用户需求，并在设计阶段进行数据驱动的决策；人工智能可以通过分析大量的历史数据和模拟仿真，提供更加客观、科学的建筑设计方案，同时考虑到建筑的可持续性和环境友好性。

人工智能技术可以应用于建筑工程过程中的安全监测和故障诊断，及时发现和预防潜在的安全风险。例如，通过智能监控系统和传感器实时监测建筑结构的变化和振动，可以及早发现结构破坏的可能性，并及时采取措施进行修复或加固。

人工智能技术在建筑工程中的应用不仅提高了工程效率和设计质量，还为建筑行业带来了更广阔的创新空间。例如，虚拟现实和增强现实技术可以为建筑设计师提供更直观、沉浸式的设计和展示体验，推动建筑设计的创意和表现力。

人工智能在建筑工程中的应用为行业带来了巨大的变革和发展机遇。在未来，随着人工智能技术的不断进步和应用场景的不断拓展，建筑工程将更加智能化、高效化，为人们创造更舒适、安全、可持续的建筑环境。

4.7 建筑人工智能工程师 McTWO

在目前数字化程度仍较低的建筑领域，人工智能将从 BIM 技术、物联网和大数据等方面，逐渐影响和革新行业的建造生产方式，释放行业生产力。德国的工业 4.0、日本的“科技工业联盟”、我国目前提出的工业 4.0 等科技政策，目的都是实现数字化与工业化的深度融合，致力于打造数字化、智能化的发展时代，提高人们的生活质量，我们亦逐渐享受到科技带来的便利。

科技对每个行业的促进发展都是公平的，其同样适用于古老的建筑业。德国 RIB 公司研发的建筑人工智能工程师 McTWO，可连接机器、资源、智能终端与人之间，结合软件和大数据智能分析，共享各流程之间的数据流通，以进一步提高决策和生产效率。

随着技术不断进步，近年来服务机器人、情感陪护机器人的功能更加丰富，智能水平也在升级。McTWO也不例外。在由微软和RIB共同打造的建筑地产行业垂直云MTWO中，McTWO除了是一个聊天机器人之外，还提供大量与建筑相关的深度建议和最佳答案。

人们可通过敲打文字、语音对话等方式与他沟通，比如让它展示数据、记录问题、发起电话/会议、提示检查、按紧急程度分配任务、报告物料运输和定位情况等。现场的工程师、项目经理或施工人员等也可通过AI语音助手，在施工现场跟McTWO进行沟通，以便做各种材料测试、清单和设备检查，实时实地监测性能和质量、记录安全隐患，彻底解放双手。一旦发现问题，McTWO将自动发起电话或会议，协助人们及时与分包商、供应商进行有效沟通。沟通改善后的情况将关联记录到项目进度表，通过云实时同步更新到企业数字化平台，方便各部门人员查看。

人们还可通过佩戴基于微软HoloLens 2混合现实技术的iTWOMR，整合BIM模型和实体建造至企业级云平台MTWO，助力精确检测。当与McTWO进行互动时，不仅能够清晰看见施工场地的地图和目前所在的位置，且动动手指便能从系统中调出过往项目的数据和图表供查看。

延伸阅读

截至2022年年底，全球人工智能代表企业数量27255家，其中我国企业数量4227家，约占全球企业总数的16%。我国人工智能产业已形成长三角、京津冀、珠三角三大集聚发展区。百度、阿里、华为、腾讯、科大讯飞、云从科技、京东等一批AI开放平台初步具备支撑产业快速发展的能力。目前，我国的人工智能专利申请量居世界首位。据中国信通院测算，2013年至2022年11月，全球累计人工智能发明专利申请量达72.9万项，我国累计申请量达38.9万项，占53.4%；全球累计人工智能发明专利授权量达24.4万项，我国累计授权量达10.2万项，占41.7%。

作为数字中国建设的重要一环，人工智能被誉为21世纪三大尖端技术（基因工程、纳米科学、人工智能）之一，也是新一轮科技革命和产业变革的重要驱动力量，在提高工作效率、降低劳动力成本、优化人力资源配置以及促使新的职位需求方面取得了具有革命性意义的成就。

2023年，我国人工智能算力市场规模快速成长壮大，人工智能的蓬勃发展正在为各行各业带来全新赋能。数字经济时代，作为新型基础设施建设底座的人工智能产业已成为推动我国经济发展的新引擎。

思考题

1. 人工智能有哪些特点?
2. 人工智能的研究价值有哪些?
3. 简述人工智能的发展历程。

4. 人工智能有哪些研究成就?
5. 人工智能发展的几个里程碑是什么?
6. 人工智能在建筑工程中有哪些应用?
7. 建筑人工智能工程师 McTWO 有哪些特点?
8. 试述近年来我国人工智能领域的创新与发展。

第5章　机　器　人

5.1　机器人概述

机器人（robot）是一种能够半自主或全自主工作的智能机器。机器人能够通过编程和自动控制来执行诸如作业或移动等任务。历史上最早的机器人见于隋炀帝命工匠按照柳抃形象所营造的木偶机器人，施有机关，有坐、起、拜、伏等能力。机器人具有感知、决策、执行等基本特征，可以辅助甚至替代人类完成危险、繁重、复杂的工作，提高工作效率与质量，服务人类生活，扩大或延伸人的活动及能力范围。2021年，美国1/3的手术是使用机器人系统进行的。2023年，美国亚利桑那州立大学（ASU）科学家研制出了世界上第一个能像人类一样出汗、颤抖和呼吸的户外行走机器人模型。

为了防止机器人伤害人类，1950年科幻作家阿西莫夫（Asimov）在《我是机器人》一书中提出了“机器人三原则”，即机器人必须不伤害人类，也不允许它见人类将受到伤害而袖手旁观；机器人必须服从人类的命令，除非人类的命令与第一条相违背；机器人必须保护自身不受伤害，除非这与上述两条相违背。这三条原则，给机器人社会赋予新的伦理性，为机器人研究人员、设计制造厂家和用户提供十分有意义的指导方针。

1967年日本召开的第一届机器人学术会议上，人们提出了两个有代表性的定义。一是森政弘与合田周平提出的：“机器人是一种具有移动性、个体性、智能性、通用性、半机械半人性、自动性、奴隶性等7个特征的柔性机器。”从这一定义出发，森政弘又提出了用自动性、智能性、个体性、半机械半人性、作业性、通用性、信息性、柔性、有限性、移动性等10个特性来表示机器人的形象。另一个是加藤一郎提出的，具有如下3个条件的机器可以称为机器人，即具有脑、手、脚等三要素的个体；具有非接触传感器（用眼、耳接收远方信息）和接触传感器；具有平衡觉和固有觉的传感器。加藤一郎的定义强调了机器人应当具有仿人的特点，即它靠手进行作业，靠脚实现移动，由脑来完成统一指挥的任务；非接触传感器和接触传感器相当于人的五官，使机器人能够识别外界环境；而平衡觉和固有觉则是机器人感知本身状态所不可缺少的传感器。

国际标准化组织对机器人的定义是“机器人是一种能够通过编程和自动控制来执行诸如作业或移动等任务的机器”。美国机器人工业协会给出的定义是“机器人是一种用于移动各种材料、零件、工具或专用装置，通过可编程动作来执行各种任务，并具有编程能力的多功能操作机”。日本工业机器人协会给出的定义是“机器人是一种带有记忆装

置和末端执行器的、能够通过自动化的动作而代替人类劳动的通用机器”。我国科学家对机器人的定义是“机器人是一种自动化的机器，所不同的是这种机器具备一些与人或生物相似的智能能力，如感知能力、规划能力、动作能力和协同能力，是一种具有高度灵活性的自动化机器”。

随着人们对机器人技术智能化本质认识的加深，机器人技术开始源源不断地向人类活动的各个领域渗透。结合这些领域的应用特点，人们发展了各式各样的具有感知、决策、行动和交互能力的特种机器人和各种智能机器人。机器人是自动执行工作的机器装置，它既可以接受人类指挥，又可以运行预先编排的程序，也可以根据以人工智能技术制定的原则纲领行动。它的任务是协助或替代人类的工作。它是高级整合控制论、机械电子、计算机、材料和仿生学的产物，在工业、医学、农业、服务业、建筑业甚至军事等领域中均有重要用途。

5.2 机器人的分类

关于机器人的分类，国际上没有制定统一的标准，从不同的角度可以有不同的分类。

第一代机器人是示教再现型机器人。1947 年，为了搬运和处理核燃料，美国橡树岭国家实验室研发了世界上第一台遥控的机器人。1962 年美国又成功研制 PUMA 通用示教再现型机器人。这种机器人通过一个计算机来控制一个多自由度的机械，通过示教存储程序和信息，工作时把信息读取出来，然后发出指令，这样，机器人可以重复地根据人当时示教的结果，再现出这种动作。比如汽车的点焊机器人，只要把这个点焊的过程示教完以后，它就会一直重复这一种工作。

第二代机器人是感觉型机器人。示教再现型机器人对于外界的环境没有感知，操作力的大小、工件是否存在、焊接的好与坏，它并不知道。因此，在 20 世纪 70 年代后期，人们开始研究第二代机器人，叫感觉型机器人，这种机器人拥有类似人在某种功能的感觉，如力觉、触觉、滑觉、视觉、听觉等，它能够通过感觉来感受和识别工件的形状、大小、颜色。

第三代机器人是智能型机器人，是 20 世纪 90 年代以来发明的机器人。这种机器人带有多种传感器，可以进行复杂的逻辑推理、判断及决策，在变化的内部状态与外部环境中，自主决定自身的行为。

5.2.1 控制方式分类法

机器人按控制方式可分为以下八类。

1）操作型机器人：能自动控制，可重复编程，多功能，有若干自由度，可固定或运动，用于相关自动化系统中。

2）程控型机器人：按预先要求的顺序及条件，依次控制机器人的机械动作。

3）示教再现型机器人：通过引导或其他方式教会机器人动作，输入工作程序后，机器人自动重复作业。

4）数控型机器人：不必使机器人动作，通过数值、语言等对机器人进行示教，机器

人根据示教的信息进行作业。

5）感觉控制型机器人：利用传感器获取的信息控制机器人的动作。

6）适应控制型机器人：机器人能适应环境的变化，控制其自身的行动。

7）学习控制型机器人：机器人能“体会”工作的经验，具有一定的学习功能，并将所“学”的经验用于工作中。

8）智能机器人：以人工智能决定其行动的机器人。

5.2.2 应用环境分类法

国际上的机器人学者从应用环境出发将机器人分为两类，即制造环境下的工业机器人和非制造环境下的服务与仿人型机器人。我国的机器人专家从应用环境出发，将机器人也分为两大类，即工业机器人和特种机器人，这和国际上的分类是一致的。工业机器人是指面向工业领域的多关节机械手或多自由度机器人。特种机器人则是除工业机器人之外的、用于非制造业并服务于人类的各种先进机器人，包括服务机器人、水下机器人、娱乐机器人、军用机器人、农业机器人等。在特种机器人中，有些分支发展很快，有独立成体系的趋势，如服务机器人、水下机器人、军用机器人、微操作机器人等。

工业机器人按臂部的运动形式分为四种。直角坐标型的臂部可沿三个直角坐标移动；圆柱坐标型的臂部可做升降、回转和伸缩动作；球坐标型的臂部能回转、俯仰和伸缩；关节型的臂部有多个转动关节。

工业机器人按执行机构运动的控制机能，又可分点位型和连续轨迹型。点位型只控制执行机构由一点到另一点的准确定位，适用于机床上下料、点焊和一般搬运、装卸等作业；连续轨迹型可控制执行机构按给定轨迹运动，适用于连续焊接和涂装等作业。

工业机器人按程序输入方式区分有编程输入型和示教输入型两类。编程输入型是将计算机上已编好的作业程序文件，通过RS-232串口或者以太网等通信方式传送到机器人控制柜。示教输入型的示教方法有两种，一种是由操作者用手动控制器（示教操纵盒）将指令信号传给驱动系统，使执行机构按要求的动作顺序和运动轨迹操演一遍；另一种是由操作者直接领动执行机构，按要求的动作顺序和运动轨迹操演一遍。在示教过程的同时，工作程序的信息即自动存入程序存储器中，在机器人自动工作时，控制系统从程序存储器中检出相应信息，将指令信号传给驱动机构，使执行机构再现示教的各种动作。示教输入程序的工业机器人称为示教再现型工业机器人。

5.2.3 运动形式分类法

机器人按运动形式可分为直角坐标型机器人、圆柱坐标型机器人、球（极）坐标型机器人、平面双关节型机器人（selective compliance assembly robot arm，SCARA）、关节型机器人。

5.2.4 移动性分类法

机器人按移动性可分为半移动式机器人（机器人整体固定在某个位置，只有部分可以运动，例如机械手）和移动机器人。随着机器人的不断发展，人们发现固定于某一位置操作的机器人并不能完全满足各方面的需要。因此，20世纪80年代后期，许多国家有计划

地开展了移动机器人技术的研究。所谓的移动机器人，就是一种具有高度自主规划、自行组织、自适应能力，适合在复杂的非结构化环境中工作的机器人，它融合了计算机技术、信息技术、通信技术、微电子技术和机器人技术等。移动机器人具有移动功能，在代替人从事危险、恶劣（如辐射、有毒等）环境下作业和人所不能及的（如宇宙空间、水下等）环境作业方面，比一般机器人有更大的机动性、灵活性。按照机器人的移动方式来分类，可分为轮式移动机器人、步行移动机器人（单腿式、双腿式和多腿式）、履带式移动机器人、爬行机器人、蠕动式机器人和游动式机器人等类型。

5.2.5 作业空间分类法

机器人按照作业空间分类，可分为陆地室内移动机器人、陆地室外移动机器人、水下机器人、无人飞机和空间机器人等。

5.2.6 功能和用途分类法

机器人按照功能和用途来分类，可分为医疗机器人、军用机器人、海洋机器人、助残机器人、清洁机器人和管道检测机器人等。

5.3 机器人的技术参数

技术参数是机器人制造商在产品供货时所提供的技术数据。不同的机器人其技术参数不一样，而且各厂商所提供的技术参数项目和用户的要求也不完全一样。但是，机器人的主要技术参数一般都应有自由度、定位精度和重复定位精度、工作范围、最大工作速度、承载能力、运动速度等。

5.3.1 自由度

自由度是指机器人所具有的独立坐标轴运动的数目，不包括手爪（末端操作器）的开合自由度。在三维空间中描述一个物体的位姿需要 6 个自由度。但是，机器人的自由度是根据其用途而设计的，可能少于 6 个自由度，也可能多于 6 个自由度。例如，A4020 型装配机器人具有 4 个自由度，可以在印制电路板上接插电子器件；PUMA562 型机器人具有 6 个自由度，可以进行复杂空间曲面的弧焊作业。从运动学的观点看，在完成某一特定作业时具有多余自由度的机器人，就叫作冗余自由度机器人，亦可简称冗余度机器人。例如，PUMA562 机器人去执行印制电路板上接插电子器件的作业时，就成为冗余度机器人。利用冗余的自由度可以增加机器人的灵活性、躲避障碍物和改善动力性能。人的手臂（大臂、小臂、手腕）共有 7 个自由度，所以工作起来很灵巧，手部可回避障碍物从不同方向到达同一个目的点。大多数机器人从总体上看是个开链机构，但其中可能包含有局部闭环机构。闭环机构可提高刚性，但限制了关节的活动范围，因而会使工作空间减小。

5.3.2 定位精度和重复定位精度

机器人精度包括定位精度和重复定位精度。定位精度是指机器人手部实际到达位置与

目标位置的差异。重复定位精度是指机器人重复定位其手部于同一目标位置的能力，可以用标准偏差这个统计量来表示。它是衡量一系列误差值的密集度，即重复度。机器人操作臂的定位精度是根据使用要求确定的，而机器人操作臂本身所能达到的定位精度，取决于定位方式、运动速度、控制方式、臂部刚度、驱动方式、缓冲方法等因素。工艺过程的不同，对机器人操作臂重复定位精度的要求也不同。

当机器人操作臂达到所要求的定位精度有困难时，可采用辅助工夹具协助定位的办法，即机器人操作臂把被抓取物体送到工、夹具进行粗定位，然后利用工、夹具的夹紧动作实现工件的最后定位。这种办法既能保证工艺要求，又可降低机器人操作臂的定位要求。

5.3.3　工作范围

工作范围是指机器人操作臂末端或手腕中心所能到达的所有点的集合，也叫作工作区域。因为末端执行器的形状和尺寸是多种多样的，为了真实反映机器人的特征参数，所以工作范围是指不安装末端执行器时的工作区域。工作范围的形状和大小是十分重要的。机器人在执行某一作业时，可能会因为存在手部不能到达的作业死区（dead zone）而不能完成任务。

机器人操作臂的工作范围根据工艺要求和操作运动的轨迹来确定。一个操作运动的轨迹往往是几个动作合成的，在确定工作范围时，可将运动轨迹分解成单个动作，由单个动作的行程确定机器人操作臂的最大行程。为便于调整，可适当加大行程数值。各个动作的最大行程确定之后，机器人操作臂的工作范围也就定下来了。

5.3.4　最大工作速度

最大工作速度通常指机器人操作臂末端的最大速度。提高速度可提高工作效率，因此提高机器人的加速减速能力，保证机器人加速减速过程的平稳性是非常重要的。

5.3.5　承载能力

承载能力是指机器人在工作范围内的任何位姿上所能承受的最大质量。机器人的载荷不仅取决于负载的质量，还与机器人运行的速度和加速度的大小和方向有关。安全起见，承载能力是指高速运行时的承载能力。通常，承载能力不仅要考虑负载，还要考虑机器人末端操作器的质量。

5.3.6　运动速度

机器人或机械手各动作的最大行程确定之后，可根据生产需要的工作节拍分配每个动作的时间，进而确定各动作的运动速度。如一个机器人操作臂要完成某一工件的上料过程，需完成夹紧工件，手臂升降、伸缩、回转等一系列动作，这些动作都应该在工作节拍所规定的时间内完成。至于各动作的时间究竟应如何分配，则取决于很多因素，不是一般的计算所能确定的，要根据各种因素反复考虑，并试做各动作的分配方案，进行比较平衡后，才能确定，节拍较短时，更需仔细考虑。

机器人操作臂的总动作时间应小于或等于工作节拍。如果两个动作同时进行，要按时间较长的计算。一旦确定了最大行程和动作时间，其运动速度也就确定下来了。

分配各动作时间应考虑以下三方面要求：①给定的运动时间应大于电气、液（气）压元件的执行时间。②伸缩运动的速度要大于回转运动的速度，因为回转运动的惯性一般大于伸缩运动的惯性，机器人或机械手升降、回转及伸缩运动的时间要根据实际情况进行分配。如果工作节拍短，上述运动所分配的时间就短，运动速度就一定要提高；但速度不能太高，否则会给设计、制造带来困难；在满足工作节拍要求的条件下，应尽量选取较低的运动速度；机器人或机械手的运动速度与臂力、行程、驱动方式、缓冲方式、定位方式都有很大关系，应根据具体情况加以确定。③在工作节拍短、动作多的情况下，常使几个动作同时进行，为此，驱动系统要采取相应的措施，以保证动作的同步。

5.4 机器人的应用

5.4.1 医疗行业

在医疗行业中，许多疾病都不能只靠口服外敷药物治疗，只有将药物直接作用于病灶上或是切除病灶才能达到治疗的效果，现代医疗手段最常使用的方法就是手术，然而人体生理组织有许多极为复杂精细而又特别脆弱的地方，人的手动操作精度不足以安全地处理这些部位的病变，但是这些部位的疾病都是非常危险的，如果不加以干预，后果是致命的。

随着科技的进展，这些问题逐渐得到解决，微型机器人的问世为这一问题提供了解决的方法。微型机器人由高密度纳米集成电路芯片为主体，拥有不亚于大型机器人的运算能力和工作能力，且可以远程操控，其微小的体积可以进入人的血管，并在不对人体造成损伤的情况下进行治疗和清理病灶，还可以实时地向外界反馈人体内部的情况，方便医生及时做出判断和修订医疗计划。有些疾病的检查和治疗手段会给患者造成大量的痛苦，比如胃镜检查，利用微型机器人就可以在避免增加患者痛苦的前提下完成身体内部的健康检查。

截至 2022 年，制约微型机器人发展的关键因素在于成本，稀有金属替代品的寻找将成为未来发展的重要方向。2021 年，美国 1/3 的手术是使用机器人系统进行的。机器人更常被应用于医院的门诊外科手术中。机器人助手正在被整合到医疗领域，以改善服务质量，提高治疗和护理工作的效率。

5.4.2 军事行业

将机器人最早应用于军事行业始于“二战”时期的美国，为了减少人员的伤亡，作战任务执行前都会先派出侦察无人机到前方打探敌情。在两军作战的时候，能够先一步了解敌人的动向要比单纯增加兵力有用得多。随着科技的进步，战争机器人在军事领域的应用越来越广泛，从最初的侦察探测逐渐拓展到战斗和拆除行动。利用无人机制敌于千里之外成为军事战略的首选，拆弹机器人可以精确地拆弹排弹，避免了拆弹兵在战斗中的伤亡。拥有完备的军事机器人系统逐渐成为一个现代强国必不可少的发展部分。

5.4.3 教育行业

教育机器人是一个新兴的概念。多年来，机器人领域的技术发展研究方向都是如何应用于生活中代替人们完成体力劳动或是危险工作，而教育机器人则是以机器人为媒介，对人进行教育或是对机器人进行编程完成学习目标。教育机器人作为一个新兴产业，发展非常迅速，其主要形式为一些机器人启蒙教育工作室，对儿童到青年不同的人群进行机器人组装调试编程控制等方面的教学。大型的教育机器人公司也会承办一些从小学到大学组的机器人竞赛，通常包含窄足、交叉足场地竞步，体操表演比赛，对机器人的推广有着极为重要的作用。

5.4.4 生产生活

工厂制造业的发展历程十分久远，最初的工厂都是以手工业为主，后来逐渐发展成手工与机床结合的生产方式。现代社会的供给需求对生产力的要求越来越高，工厂对于人力成本方面的问题一直难以攻克，对工作人员的管理和安全保障又是最为难办的问题。对于一些会产生有毒有害气体、粉尘或是有爆炸和触电风险的工作场合，机械臂凭借着良好的仿生学结构可以代替人手完成几乎全部的动作。为了适应大规模的批量生产，零散的机械臂逐渐发展组合成完整的生产流水线，工人只需要进行简单的操作和分拣包装，其余的工作全部都由生产流水线自动完成。

随着技术的成熟，机器人和人们生活的关系越来越密切。智能家居成为当下非常热门的话题，扫地机器人算是智能家居推广的先行者，将机器人技术引入住宅使生活更加安全舒心，尤其是家里有老人和儿童的，智能的家居和家政机器人可以起到自动操作调整模式并保障安全的作用。

5.5 机器人产业与研究进展

上海机器人产业规模已超过百亿人民币，在全国名列第一。国际上机器人领域排名前四的 ABB、FANUC、KUKA、安川等均在上海设有机构。ABB 机器人事业总部已落户上海，KUKA 在松江设有工厂。上海将拓展机器人系统集成应用，使上海发展成为我国最大的机器人产业基地、机器人核心技术研发中心、高端制造中心、服务中心和应用中心。

2021 年，美国的研究团队创造了一种有史以来首次可以自我繁殖的异形机器人（Xenobots 3.0），《美国国家科学院院刊》发表了这一研究结果。2022 年 9 月，美国康奈尔大学的研究人员在 100～250μm 大小的太阳能机器人上安装了比蚂蚁头还小的电子“大脑”，这样它们就可以在不受外部控制的情况下自主行走，该论文发表在 9 月 21 日的《科学 · 机器人》杂志上。2023 年，美国亚利桑那州立大学（ASU）科学家研制出了世界上第一个能像人类一样出汗、颤抖和呼吸的户外行走机器人模型，这一测试机器人名为“Andi”。

2022 年 6 月 27 日，在第二十四届中国科协年会闭幕式上，中国科协发布 10 个对产业发展具有引领作用的产业技术问题，其中包括“如何通过标准化设计、自动化生产、机器人施工和装配式建造系统性解决建筑工业化和高能耗问题”。

5.6 我国机器人行业的发展现状

工业机器人是广泛用于工业领域的多关节机械手或多自由度的机器装置，具有一定的自动性，可依靠自身的动力能源和控制能力实现各种工业加工制造功能。

20 世纪 50 年代末，工业机器人最早开始投入使用。20 世纪 60 年代，工业机器人的发展迎来黎明期，机器人的功能得到了进一步的发展。自 20 世纪 60 年代中期开始，美国麻省理工学院、斯坦福大学，英国爱丁堡大学等陆续成立了机器人实验室。20 世纪 70 年代，随着计算机和人工智能技术的发展，机器人进入了实用化时代。20 世纪 70 年代末，由美国 Unimation 公司推出 PUMA 系列机器人，标志着工业机器人技术已经完全成熟。20 世纪 80 年代，机器人进入了普及期。制造业的发展，使工业机器人在发达国家走向普及，并向高速、高精度、轻量化、成套系列化和智能化发展，以满足多品种、小批量的需要。到了 20 世纪 90 年代，随着计算机技术、智能技术的进步和发展，第二代具有一定感觉功能的机器人已经实用化并开始推广，具有视觉、触觉、高灵巧手指、能行走的第三代智能机器人相继出现并开始走向应用。

在我国，工业机器人尚属新生物种。我国第一台工业机器人诞生于 1982 年。中国科学院沈阳自动化所研制的国内第一台工业机器人，拉开了中国机器人产业化的序幕。之后的十年来，国内工业机器人没有出现厚积薄发的一幕，仍然局限在产业化摸索和科研阶段，主要原因在于 20 世纪 80 年代，我国的制造业基础还非常薄弱，且当时国内高端人才供给严重不足，难以满足工业机器人的科研需求。

进入 21 世纪，随着我国经济发展进入高速轨道，制造业迎来黄金时期，工业机器人也因此得到国家广泛关注。2006 年 2 月，国务院发布《国家中长期科学和技术发展规划纲要（2006—2020 年）》，首次将机器人列入长期发展规划。2017 年 7 月《新一代人工智能发展规划》提出研制智能工业机器人、智能服务，实现大规模应用并进入国际市场，在智能机器人领域形成龙头企业。2021 年 12 月《“十四五”智能制造发展规划》提出实施智能制造装备创新发展行动，发展百科智能立/卧式五轴加工中心、车铁复合加工中心高精度数控磨床等工作母机，智能焊接机器人、智能移动机器人、半导体（洁净）机器人等工业机器人。

在政策利好下，我国工业机器人行业加速发展。从产销量看，2016—2022 年，我国工业机器人产量由 7.24 万台增长至 44.31 万台，工业机器人销量由 8.5 万台增长至 30.3 万台。从安装量看，2021 年我国工业机器人安装量达 26.82 万台，为全球第一，占全球产量 51.88%。

在良好市场环境下，工业机器人本土企业相继涌现，同时，由于我国制造业巨大的发展潜力也吸引着海外工业机器人巨头进入国内市场，使我国工业机器人行业竞争加剧。但由于起步较晚，部分本土企业技术水平和规模有限，只能从中低端市场谋求突破，高端市场主要被海外企业占据。

国内工业机器人落后国外 20 年的差距，是本土企业的压力，也是追赶的动力。在模仿和组装的过程中，国产工业机器人技术水平不断向国外一流水平靠拢，在关键零部件方面也打破了海外垄断。叠加价格和售后优势，埃斯顿、汇川技术、绿的谐波等本土企业正逐渐崛起。根据数据，2017—2021年，我国工业机器人国产化率由24.2%提升至32.8%。我国工业机器人企业主要分布在长三角经济圈，2022年上半年占全国36.62%，远超其他地区。环渤海经济圈工业机器人企业数量排名第二位，占全国19.69%。此外，珠三角经济圈、成渝经济圈工业机器人企业占比分别为10.07%、3.82%。

延伸阅读

2021年12月21日，工业和信息化部等15个部门联合印发的《“十四五”机器人产业发展规划》指出，到2035年，我国机器人产业综合实力达到国际领先水平，机器人成为经济发展、人民生活、社会治理的重要组成部分。

据《经济参考报》报道，“十四五”时期，面对制造业、采矿业、建筑业、农业等行业发展，以及家庭服务、公共服务、医疗健康、养老助残、特殊环境作业等领域需求，我们将重点推进工业机器人、服务机器人、特种机器人重点产品的创新及应用，推动产品高端化智能化发展。

《中国机器人技术与产业发展报告（2023年）》指出，当前，我国机器人产业总体发展水平稳步提升，应用场景显著扩展，核心零部件国产化进程不断加快，协作机器人、物流机器人、特种机器人等产品优势不断增强，创新型企业大量涌现。

如今，我们已经能看到机器人在各行各业陆续“上岗”。或许在不久的将来，会有更多的“机器人伙伴”融入大众生活，为人们的生活和工作带来更多的新奇改变。

思考题

1. 机器人的特点有哪些？
2. 简述机器人的分类情况。
3. 机器人的技术参数有哪些？
4. 简述机器人的应用情况。
5. 简述机器人产业状况与研究进展。
6. 常见的建筑施工机器人有哪些？特点是什么？
7. 试述近年来我国机器人领域的创新与发展。

第6章　大　数　据

6.1　大数据概述

大数据（big data），或称巨量资料，指的是所涉及的资料量规模巨大到无法通过主流软件工具，在合理时间内达到撷取、管理、处理并整理成为帮助企业经营决策更积极目的的资讯，如图 6-1-1 所示。在维克托·迈尔-舍恩伯格及肯尼斯·库克耶编写的《大数据时代》中，大数据指不用随机分析法（抽样调查）这种捷径，而采用所有数据进行分析处理。大数据的 5V 特点（IBM 提出）是指 volume（大量）、velocity（高速）、variety（多样）、value（低价值密度）、veracity（真实性）。“大数据”一词被商务印书馆推出的《汉语新词语词典（2000—2020）》列为中国这 20 年生命活力指数最高的十大“时代新词”。

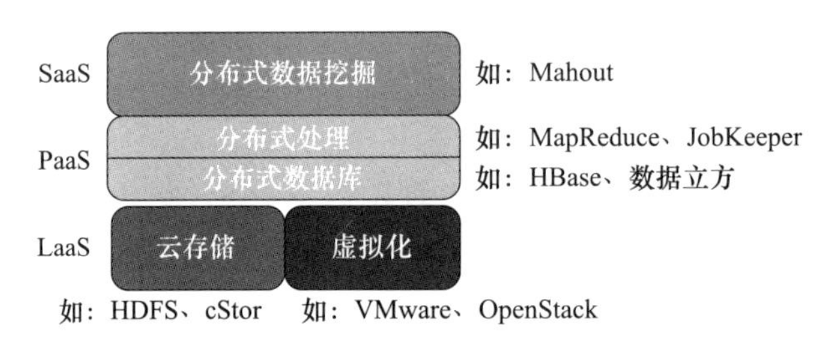

图 6-1-1　大数据与云计算的关系

对于“大数据”，研究机构 Gartner 给出了这样的定义，即大数据是需要新处理模式才能具有更强的决策力、洞察发现力和流程优化能力来适应海量、高增长率和多样化的信息资产。麦肯锡全球研究所给出的定义是“一种规模大到在获取、存储、管理、分析方面大大超出了传统数据库软件工具能力范围的数据集合，具有海量的数据规模、快速的数据流转、多样的数据类型和价值密度低四大特征”。

大数据技术的战略意义不在于掌握庞大的数据信息，而在于对这些含有意义的数据进行专业化处理。换而言之，如果把大数据比作一种产业，那么这种产业实现盈利的关键，在于提高对数据的“加工能力”，通过“加工”实现数据的“增值”。

从技术上看，大数据与云计算的关系就像一枚硬币的正反面一样密不可分。大数据必然无法用单台的计算机进行处理，必须采用分布式架构。它的特色在于对海量数据进行分布式数据挖掘。但它必须依托云计算的分布式处理、分布式数据库和云存储、虚拟化技术。

随着云时代的来临，大数据也吸引了越来越多的关注。有人认为，大数据通常用来形容一个公司创造的大量非结构化数据和半结构化数据，这些数据在下载到关系型数据库用于分析时会花费过多时间和金钱。大数据分析常和云计算联系到一起，因为实时的大型数据集分析需要像 MapReduce（编程模型）一样的框架来向数十、数百甚至数千的电脑分配工作。

大数据需要特殊的技术，以有效地处理大量的容忍经过时间内的数据。适用于大数据的技术包括大规模并行处理（MPP）数据库、数据挖掘、分布式文件系统、分布式数据库、云计算平台、互联网和可扩展的存储系统。

大数据最小的基本单位是 bit，所有单位由小到大依：bit、Byte、KB、MB、GB、TB、PB、EB、ZB、YB、BB、NB、DB。它们按照进率 1024（2 的十次方）来计算，即：

1Byte＝8bit

1KB＝1024Bytes＝8192bit

1MB＝1024KB＝1048576Bytes

1GB＝1024MB＝1048576KB

1TB＝1024GB＝1048576MB

1PB＝1024TB＝1048576GB

1EB＝1024PB＝1048576TB

1ZB＝1024EB＝1048576PB

1YB＝1024ZB＝1048576EB

1BB＝1024YB＝1048576ZB

1NB＝1024BB＝1048576YB

1DB＝1024NB＝1048576BB

大数据的特征可以用以下 7 个参数表达。容量（volume）是指数据的大小决定所考虑的数据的价值和潜在的信息；种类（variety）是指数据类型的多样性；速度（velocity）是指获得数据的速度；可变性（variability）是指妨碍了处理和有效地管理数据的过程；真实性（veracity）是指数据的质量；复杂性（complexity）是指数据量巨大，来源多渠道；价值（value）是指合理运用大数据，以低成本创造高价值。

6.2　大数据的结构

大数据包括结构化、半结构化和非结构化数据，非结构化数据越来越成为数据的主要部分。国际数据集团（IDC）的调查报告显示：企业中 80％的数据都是非结构化数据，这些数据每年都按指数增长 60％。大数据只是互联网发展到现今阶段的一种表象或特征而已，没有必要神话它，在以云计算为代表的技术创新大幕的衬托下，这些原本看起来很难收集和使用的数据开始容易被利用起来，通过各行各业的不断创新，会逐步为人类创造更多的价值。想要系统地认知大数据，必须要全面而细致地分解它，可从三个层面来展开（图 6-2-1）。

第一层面是理论，理论是认知的必经途径，也是被广泛认同和传播的基础。从大数据的特征定义可反映行业对大数据的整体描绘和定性；从对大数据价值的探讨可发现大数据的珍贵所在，洞悉大数据的发展趋势；从大数据隐私这个特别而重要的视角可审视人和数据之间的长久博弈。第二层面是技术，技术是大数据价值体现的手段和前进的基石。云计算、分布式处理技术、存储技术和感知技术的发展可展示大数据从采集、处理、存储到形成结果的整个过程。第三层面是实践，实践是大数据的最终价值体现。互联网的大数据、政府的大数据、企业的大数据和个人的大数据足以展现大数据已经呈现的美好景象及即将实现的蓝图。

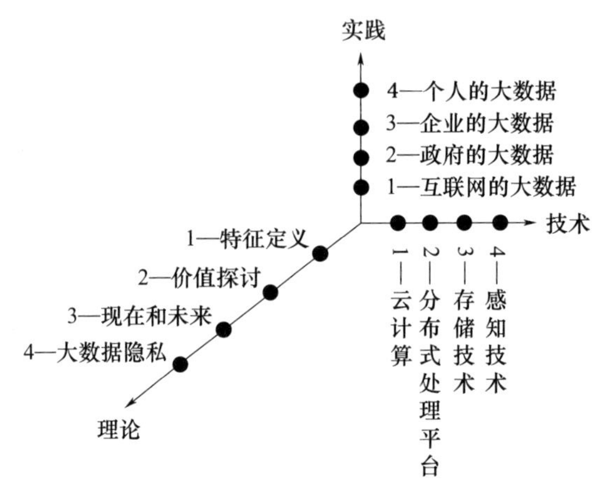

图 6-2-1　大数据的结构

6.3　大数据的意义

现在的社会是一个高速发展的社会，科技发达，信息畅通，人们之间的交流越来越密切，生活也越来越方便，大数据就是这个高科技时代的产物。阿里巴巴创办人马云在演讲中就提到，未来的时代将不是IT时代，而是DT的时代，DT就是data technology（数据科技），显示大数据对于阿里巴巴集团来说举足轻重。

有人把数据比喻为蕴藏能量的煤矿。煤炭按照性质有焦煤、无烟煤、肥煤、贫煤等分类，而露天煤矿、深山煤矿的挖掘成本又不一样。与此类似，大数据并不在“大”，而在于“有用”。价值含量、挖掘成本比数量更为重要。对于很多行业而言，如何利用这些大规模数据是赢得竞争的关键。

大数据的价值体现在以下三个方面：①对大量消费者提供产品或服务的企业可以利用大数据进行精准营销；②做小而美模式的中小微企业可以利用大数据做服务转型；③面临互联网压力之下必须转型的传统企业需要与时俱进充分利用大数据的价值。

不过，“大数据”在经济发展中的巨大意义并不代表其能取代一切对于社会问题的理性思考，科学发展的逻辑不能被湮没在海量数据中。著名经济学家路德维希·冯·米塞斯曾提醒过：“就今日言，有很多人忙碌于资料的无益累积，以致对问题的说明与解决，丧失了其对特殊的经济意义的了解。”这确实是需要警惕的。

在这个快速发展的智能硬件时代，困扰应用开发者的一个重要问题就是如何在功率、覆盖范围、传输速率和成本之间找到那个微妙的平衡点。企业组织利用相关数据和分析可以帮助它们降低成本、提高效率、开发新产品、做出更明智的业务决策等。例如，通过结合大数据和高性能的分析，下面这 6 类对企业有益的情况都可能会发生，即及时解析故障、问题和缺陷的根源，每年可能为企业节省数十亿美元；为成千上万的快递车辆规划实时交通路线，躲避拥堵；分析所有最小存货单位（SKU），以利润最大化为目标来定价和清理库存；根据客户的购买习惯，为其推送他可能感兴趣的优惠信息；从大量客户中快速识别出金牌客户；使用点击流分析和数据挖掘来规避欺诈行为。

6.4　大数据的发展方向

1）数据的资源化。资源化是指大数据成为企业和社会关注的重要战略资源，并已成为大家争相抢夺的新焦点。因而，企业必须要提前制订大数据营销战略计划，抢占市场先机。

2）与云计算的深度结合。大数据离不开云处理，云处理为大数据提供了弹性可拓展的基础设备，是产生大数据的平台之一。自 2013 年开始，大数据技术已开始和云计算技术紧密结合，预计未来两者关系将更为密切。除此之外，物联网、移动互联网等新兴计算形态，也将助力大数据革命，让大数据营销发挥出更大的影响力。

3）科学理论的突破。随着大数据的快速发展，就像计算机和互联网一样，大数据很有可能是新一轮的技术革命。随之兴起的数据挖掘、机器学习和人工智能等相关技术，可能会改变数据世界里的很多算法和基础理论，实现科学技术上的突破。

4）数据科学和数据联盟的成立。未来，数据科学将成为一门专门的学科，被越来越多的人所认知。各大高校将设立专门的数据科学类专业，也会催生一批与之相关的新的就业岗位。与此同时，基于数据这个基础平台，也将建立起跨领域的数据共享平台，之后，数据共享将扩展到企业层面，并且成为未来产业的核心一环。

5）数据的安全保障。未来几年数据泄露事件的增长率也许会达到 100%，除非数据在其源头就能够得到安全保障。可以说，在未来，每个财富 500 强企业都会面临数据攻击，无论他们是否已经做好安全防范。而所有企业，无论规模大小，都需要重新审视今天的安全定义。在财富 500 强企业中，超过 50%将会设置首席信息安全官这一职位。企业需要从新的角度来确保自身以及客户数据，所有数据在创建之初便需要获得安全保障，而并非在数据保存的最后一个环节，仅仅加强后者的安全措施已被证明于事无补。

6）数据管理。数据管理成为核心竞争力，直接影响财务表现。当“数据资产是企业核心资产”的概念深入人心之后，企业对数据管理便有了更清晰的界定，将数据管理作为企业核心竞争力，持续发展，战略性规划与运用数据资产成为企业数据管理的核心。数据资产管理效率与主营业务收入增长率、销售收入增长率显著正相关；此外，对于具有互联网思维的企业而言，数据资产竞争力所占比重为 36.8%，数据资产的管理效果将直接影响企业的财务表现。

7）数据质量。采用自助式商业智能（BI）工具进行大数据处理的企业将会脱颖而出。其中要面临的一个挑战是，很多数据源会带来大量低质量数据。想要成功，企业需要理解原始数据与数据分析之间的差距，从而消除低质量数据并通过 BI 获得更佳决策。

8）数据生态系统。大数据的世界不只是一个单一的、巨大的计算机网络，而是一个

由大量活动构件与多元参与者元素所构成的生态系统，终端设备提供商、基础设施提供商、网络服务提供商、网络接入服务提供商、数据服务使能者、数据服务提供商、触点服务、数据服务零售商等一系列的参与者共同构建的生态系统。如今，这样一套数据生态系统的基本雏形已然形成，接下来的发展将趋向于系统内部角色的细分，也就是市场的细分；系统机制的调整，也就是商业模式的创新；系统结构的调整，也就是竞争环境的调整等，从而使得数据生态系统复合化程度逐渐增强。

6.5 大数据在建筑行业中的应用

随着科技的飞速发展和数字化趋势的加速，大数据在各个领域中的应用也更加深入。在建筑行业中，大数据也可以起到很大的作用。BIM 技术在建筑行业中已经得到了广泛应用，这项技术将建筑设计、施工、运营过程中的所有数据进行数字化存储、可视化操作，实现全生命周期的统一性和互通性，提高了生产效率；而在大数据应用场景中，BIM 技术可以发挥更大的效益，通过将 BIM 数据中的建筑模型等资料传输、整合至大数据平台，实现数据分析、挖掘，对重要性能指标进行监控预警、预测模拟等，使施工方能够更好地规划工期，提高现场管理能力。

一个建筑工地拥有大量的人员和机器设备，管控混乱，需要花费大量的心思和精力。智慧工地管理平台应运而生，利用大数据技术，可以对工人、物资、设备及环境保护等方面进行实时数据采集、传输和处理，建立相应的数据分析模型、预测模型，为工地管理决策提供有力的支持。在建筑施工中，质量是重中之重。不过，传统的质量监控方法所采集的数据过于有限，而且存在很多不稳定因素，无法保证数据的真实准确。但是，利用大数据技术，可以对施工中的各个环节进行精细化数据采集和分析，从而更快、更准确地获取质量信息，提高质量管理水平。

大数据对建筑行业的变革发挥了重要影响，为该行业的转型提供了现实可行的推动方法。然而，建筑行业由于其特殊性质，使得大数据在应用时存在多重挑战和难点。

为了适应时代的发展，很多地方开始建立建筑大数据监管平台，旨在通过科技手段提升建筑行业的监管效率和质量。所谓建筑大数据监管平台，是将多种数据整合到一个平台上，通过数据的收集、分析和应用，实现对建筑行业的监督管理，其中涵盖了建筑行业各个环节的信息，比如施工、监理、质量监测等，可以实现对建筑企业的全方位监控。大数据技术不仅可以应用于商业领域和市政治理等方面，同样也能够在建筑领域得到应用。

通过大数据技术的应用，人们能够对建筑行业的监管进行更加科学、有效、规范的管理。通过建筑大数据监管平台，相关人员可以快速了解项目进展、工期情况、质量情况等，并可以对施工质量、环保情况、安全情况进行实时监管。同时，对于建筑行业涉及的各种行业规范和标准，大数据技术可以方便工作人员进行梳理、管理、分析和优化，实现规范化的管理。

大数据监管平台可以在建筑行业中发挥重要作用，其应用可以提高建筑行业效率，保障施工质量，减少安全事故，并有助于严格实施行业标准。对于建筑企业而言，其可以通过建筑大数据监管平台进行自我监督和自我规范，提高自身的管理和服务质量。而对于政

府部门而言，大数据监管平台可以实现对整个行业的全面监管，减少违法违规行为和不合格的建筑产品。同时，政府部门也可以通过数据监管平台及时了解企业的情况，做好风险防范。建筑行业在大数据时代得到了更加科学、快速的发展，大数据监管平台也为实现建筑行业的快速发展提供了强有力的支撑。

6.6 我国大数据行业的发展现状

当前，数据正在成为重组全球要素资源、重塑全球经济结构、改变全球竞争力的关键力量。推动以数据为基础的战略转型成为各个国家和地区抢占全球竞争制高点的重要战略选择。统计数据显示，2020 年全球大数据储量约为 47ZB，在数据储量不断增长和应用驱动创新的推动下，大数据产业蓬勃发展。根据 IDC 数据，2020—2024 年全球大数据市场规模在五年内约实现 10.4%的复合增长率，预计 2024 年全球大数据市场规模约为 2983 亿美元。全球大数据中心主要集中在美国、中国及日本，截至 2020 年年底，美国、中国和日本大数据中心数量占全球的比例分别为 39%、10%、6%。

统计显示，截至 2021 年年底，我国大数据市场规模达到 7512 亿元，增速为 17.6%，预计未来增速仍可保持在 15%以上，到 2025 年规模将超 1 万亿元。我国完成入库的全国大数据企业共 16565 家，其中北京市大数据企业最多，达 3531 家；广东省排名第二，企业数量 2745 家；上海市排名第三，企业数量 1651 家。排名前三地区的大数据企业数量总计 7927 家，接近全国大数据企业总量的一半。从具体行业来看，互联网、政府、金融和电信引领大数据融合产业发展，合计规模占比为 77.6%。互联网、金融和电信三个行业由于信息化水平高，研发力量雄厚，在业务数字化转型方面处于领先地位；政府大数据是近年来政府信息化建设的关键环节。此外，工业大数据和健康医疗大数据作为新兴领域，数据量大、产业链延展性高，未来市场增长潜力大。

大数据产业链分为基础支撑、大数据服务、大数据应用这三大块。在上游领域，基础设施层是整个大数据产业的引擎和基础，它涵盖了网络、存储和计算等硬件基础设施；在中游大数据服务领域，随着 5G 商用的全面推广，数据采集和预处理需求将快速上升，提供第三方数据分析、可视化和安全服务的市场也将持续壮大；在下游应用市场，我国大数据应用正在快速扩张，除发展较早的政务大数据、交通大数据外，在工业、金融、健康医疗等众多领域大数据应用均初见成效。由于大数据产业链涉及范围极广，以下产业链分析过程中主要关注大数据采集与汇聚及大数据分析、运行维护相关内容。

1）大数据采集与汇聚。伴随着人工智能、5G 等新一代信息技术的快速发展，市场中数据需求量逐步增加；数据中心成为新基建的一部分、建设全国一体化大数据中心等政策信号传递出大数据采集与汇聚具有广阔的市场前景。2020 年，全国大数据采集与汇聚市场规模实现进一步增长，达到 834 亿元。

数据采集与标注需求增长。随着人工智能商业化在算力、算法和技术方面基本达到阶段性成熟，以及人工智能细分场景、专业垂直的赋能需求日益增长，数据采集与数据标注趋向于精细化、场景化、专业化。

数据中心的需求进一步加强。2020 年，国家全面部署新基建，数据中心正式纳入新基建范畴，会更广泛地动员政府、资本等各方面的投入，形成新一轮的投资热点和建设热潮；同时，国家提出构建全国一体化大数据中心，优化数据中心建设布局，推动算力、算法、数据、应用资源集约化和服务化创新。随着5G商用提速，工业互联网、产业互联网的海量数据被挖掘，数据资源云化持续推动数据中心加速扩张升级。2020年，我国数据中心数量约为7.4万个，占全球数据中心总量的23%；在用数据中心机架规模达到265.8万架，同比增长28.7%。

2）大数据分析。数据分析是数据处理流程的核心，但“大数据分析”在国内的发展却仍处于初期阶段。从行业实践的角度看，只有少数几个行业的部分企业能够对大数据进行基本分析和运用，并在业务决策中以数据分析结果为依据。从技术发展的角度看，一些已经较为成熟的数据分析处理技术，例如商业智能技术和数据挖掘技术，已经在多个行业领域里得到广泛和深入的应用。

大数据分析领域，代表企业有久其软件、拓尔思、美林数据、广联达、创意信息等。以久其软件为例，1997年，久其软件创建于北京中关村，主要从事报表管理软件、电子政务软件、ERP软件、商业智能软件等管理软件的研究和开发，为政府部门和企业集团提供咨询及信息化管理解决方案。久其软件主要是以商业智能软件产品著称。久其的商业智能（BI）是一套集合了数据采集、数据挖掘和智能分析等功能的大数据解决方案，包含“数据采集—数据存储—数据分析—分析展示”一系列的数据处理过程。

3）运行维护。随着5G的全面商用，IT运维成为企业技术管理的重中之重。在下游需求端中，电信、政府机构、金融、电力和互联网等行业成为IT运维管理的重要客户。长远来看，在大数据背景下，IT运维管理有着良好的发展前景。就政府机构来说，相比其他行业，政府机构对运维的安全保障有着更高的要求。

为顺应软硬件产品国产化的紧迫需要，第三方运维服务商加大对国产产品的研发投入，以支持国产化政府数据中心的运维管理。以软通智慧为例，软通智慧在数字政府、智慧园区、数字交通、能源管理、环保水务、公共安全等城市治理的各类场景中通过数字孪生技术推动智慧城市建设。软通智慧依托City Twins数字孪生及City Sim城市仿真能力，通过城市海量数据的管理与智能分析服务，释放数据在场景应用中的价值，全面提升城市治理现代化水平。

延伸阅读

如今，我国大数据产业发展正在助力中国社会的全面发展，正在呈现以中心城市为极核、周边城市梯度发展的整体格局。

据统计，截至2023年年底，全国共有29个城市已经建立或正在建立数据交易场所，已建成的包括北京国际大数据交易所、北方大数据交易中心（天津）、上海数据交易所、贵阳大数据交易所等在内的一批数据交易平台，有效促进数据要素资源市场化流通配置。武汉、杭州等城市落地了不止一个数据交易所。还有城市根据地缘特点深入细分领域，比如青岛提出建立青岛国际航运大数据交易中心。

伴随我国数据基础制度体系日益建立健全，数据要素将更加开放流通，数据价值将进一步释放，推动大数据产业持续规范化、规模化发展。

思考题

1. 大数据的特点是什么？
2. 简述大数据的结构。
3. 大数据的意义体现在哪些方面？
4. 简述大数据的发展方向。
5. 我国大数据事业发展的特点是什么？
6. 大数据在建筑行业中有哪些应用？
7. 试述近年来我国大数据领域的创新与发展。

第7章 云 计 算

7.1 云计算概述

云计算（cloud computing）是分布式计算的一种，指的是通过网络“云”将巨大的数据计算处理程序分解成无数个小程序，然后，通过多部服务器组成的系统处理和分析这些小程序，并将得到的结果返回给用户。

云计算早期，简单地说，就是简单的分布式计算，进行任务分发，并进行计算结果的合并。因而，云计算又称为网格计算。通过这项技术，可以在很短的时间（几秒钟）内完成对数以万计的数据的处理，从而实现强大的网络服务。

现阶段所说的云服务已经不单单是一种分布式计算，而是分布式计算、效用计算、负载均衡、并行计算、网络存储、热备份冗余和虚拟化等计算机技术混合演进并跃升的结果。云计算指通过计算机网络（多指因特网）形成的计算能力极强的系统，可存储、集合相关资源并可按需配置，向用户提供个性化服务。

“云”实质上就是一个网络，狭义上讲，云计算就是一种提供资源的网络，使用者可以随时获取“云”上的资源，按需求量使用，并且可以看成是无限扩展的，只要按使用量付费就可以。“云”就像自来水厂一样，人们可以随时接水，并且不限量，按照自己家的用水量，付费给自来水厂就可以。

从广义上说，云计算是与信息技术、软件、互联网相关的一种服务，这种计算资源共享池叫作“云”，云计算把许多计算资源集合起来，通过软件实现自动化管理，只需要很少的人参与，就能让资源被快速提供。也就是说，计算能力作为一种商品，可以在互联网上流通，就像水、电、煤气一样，可以方便地取用，且价格较为低廉。

总之，云计算不是一种全新的网络技术，而是一种全新的网络应用概念，云计算的核心概念就是以互联网为中心，在网站上提供快速且安全的云计算服务与数据存储，让每一个使用互联网的人都可以使用网络上的庞大计算资源与数据中心。

云计算是继互联网、计算机后在信息时代又一种新的革新，云计算是信息时代的一个大飞跃，未来的时代可能是云计算的时代。虽然目前有关云计算的定义有很多，但总体上来说，云计算的基本含义是一致的，即云计算具有很强的扩展性和需要性，可以为用户提供一种全新的体验。云计算的核心是可以将很多的计算机资源协调在一起，因此，使用户通过网络就可以获取到无限的资源，同时获取的资源不受时间和空间的限制。

7.2　云计算的缘起

互联网自1960年开始兴起，主要用于军方、大型企业等之间的纯文字电子邮件或新闻集群组服务，直到1990年才开始进入普通家庭。随着web网站与电子商务的发展，网络已经成为目前人们离不开的生活必需品之一。云计算这个概念首次在2006年8月的搜索引擎会议上被提出，掀起互联网的第三次革命。云计算也正在成为信息技术产业发展的战略重点，全球的信息技术企业都在纷纷向云计算转型。举例来说，每家公司都需要做数据信息化，存储相关的运营数据，进行产品管理、人员管理、财务管理等，而进行这些数据管理的基本设备就是计算机。

对于一家企业来说，一台计算机的运算能力是远远无法满足数据运算需求的，那么公司就要购置一台运算能力更强的计算机，也就是服务器。而对于规模比较大的企业来说，一台服务器的运算能力显然还是不够的，那就需要购置多台服务器，甚至演变成为一个具有多台服务器的数据中心，而且服务器的数量会直接影响这个数据中心的业务处理能力。除了高额的初期建设成本之外，计算机的运营支出中花费在电费上的金钱要比投资成本高得多，再加上计算机和网络的维护支出，这些总的费用是中小型企业难以承担的，于是云计算的概念便应运而生了。

7.3　云计算的发展历程

现如今，云计算被视为计算机网络领域的一次革命，因为它的出现，社会的工作方式和商业模式也在发生巨大的改变。追溯云计算的根源，它的产生和发展与之前所提及的并行计算、分布式计算等计算机技术密切相关，都促进着云计算的成长。但云计算的历史，可以追溯到1956年克里斯托弗·斯特雷奇（Christopher Strachey）发表的一篇有关虚拟化的论文，正式提出了虚拟化的概念。虚拟化是今天云计算基础架构的核心，是云计算发展的基础。而后随着网络技术的发展，逐渐孕育了云计算的萌芽。

20世纪90年代，计算机网络出现大爆炸，涌现了以思科为代表的一系列公司，随即网络进入泡沫时代。2004年，Web 2.0会议举行，Web 2.0成为当时的热点，这也标志着互联网泡沫破灭，计算机网络发展进入了一个新的阶段。在此阶段，让更多的用户方便快捷地使用网络服务成为互联网发展亟待解决的问题，与此同时，一些大型公司也开始致力于开发具有大型计算能力的技术，为用户提供更加强大的计算处理服务。

2006年8月9日，Google首席执行官埃里克·施密特（Eric Schmidt）在搜索引擎大会（SES San Jose 2006）上首次提出“云计算”的概念。这是云计算发展史上第一次正式地提出这一概念，有着重大的历史意义。

2007年以来，“云计算”成为计算机领域最令人关注的话题之一，同样也是大型企业、互联网建设着力研究的重要方向。因为云计算的提出，互联网技术和IT服务出现了新的模式，引发了一场变革。

2008 年，微软发布其公共云计算平台（Windows Azure Platform），由此拉开了微软的云计算大幕。同样，云计算在国内也掀起一场风波，许多大型网络公司纷纷加入云计算的阵列。2009 年 1 月，阿里软件在江苏南京建立首个“电子商务云计算中心”。同年 11 月，中国移动云计算平台“大云”计划启动。到现阶段，云计算已经发展到较为成熟的阶段。

2019 年 8 月 17 日，北京互联网法院发布《互联网技术司法应用白皮书》，发布会上，北京互联网法院互联网技术司法应用中心揭牌成立。2020 年，我国云计算市场规模达到 1781 亿元，其中，公有云市场规模达到 990.6 亿元，同比增长 43.7%；私有云市场规模达 791.2 亿元，同比增长 22.6%。

7.4 云计算的优势

云计算的可贵之处在于高灵活性、可扩展性和高性价比等。与传统的网络应用模式相比，其具有以下七方面优势。

1）虚拟化技术。虚拟化突破了时间、空间的界限，是云计算最为显著的特点。虚拟化技术包括应用虚拟和资源虚拟两种。众所周知，物理平台与应用部署的环境在空间上是没有任何联系的，它们正是通过虚拟平台，对相应终端操作完成数据备份、迁移和扩展等。

2）动态可扩展。云计算具有高效的运算能力，在原有服务器基础上增加云计算功能能够使计算速度迅速提高，最终实现动态扩展虚拟化的层次，达到对应用进行扩展的目的。

3）按需部署。计算机包含了许多应用、程序软件等，不同的应用对应的数据资源库不同，所以用户运行不同的应用需要较强的计算能力对资源进行部署，而云计算平台能够根据用户的需求快速配备计算能力及资源。

4）灵活性高。目前市场上大多数 IT 资源、软件、硬件都支持虚拟化，比如存储网络、操作系统和开发软、硬件等。虚拟化要素统一放在云系统资源虚拟池当中进行管理，可见云计算的兼容性非常强，不仅可以兼容低配置机器、不同厂商的硬件产品，还能够通过外设获得更高性能计算。

5）可靠性高。即使服务器故障也不影响计算与应用的正常运行。因为单点服务器出现故障，可以通过虚拟化技术将分布在不同物理服务器上面的应用进行恢复或利用动态扩展功能部署新的服务器进行计算。

6）性价比高。将资源放在虚拟资源池中统一管理在一定程度上优化了物理资源，用户不再需要昂贵、存储空间大的主机，可以选择相对廉价的 PC 组成云，一方面减少费用，另一方面计算性能不逊于大型主机。

7）可扩展性。用户可以利用应用软件的快速部署条件来更为简单快捷地将自身所需的已有业务以及新业务进行扩展。例如，计算机云计算系统中出现设备的故障，对于用户来说，无论是在计算机层面上，抑或是在具体运用上均不会受到阻碍，可以利用计算机云计算具有的动态扩展功能来对其他服务器开展有效扩展，这样一来就能够确保任务得以有序完成，在对虚拟化资源进行动态扩展的同时，能够高效扩展应用，提高计算机云计算的操作水平。

7.5　云计算的服务类型

通常，云计算的服务类型分为三类，即基础设施级服务（IaaS）、平台级服务（PaaS）和软件级服务（SaaS）。这三种云计算服务有时称为云计算堆栈。

1）基础设施级服务（IaaS）。基础设施级服务是主要的服务类别之一，它向云计算提供商的个人或组织提供虚拟化计算资源，如虚拟机、存储、网络和操作系统。

2）平台级服务（PaaS）。平台级服务是一种服务类别，为开发人员提供通过全球互联网构建应用程序和服务的平台。PaaS 为开发、测试和管理软件应用程序提供按需开发环境。

3）软件级服务（SaaS）。软件级服务也是服务的一类，通过互联网提供按需软件付费应用程序、云计算提供商托管和管理软件应用程序，允许其用户连接到应用程序并通过全球互联网访问应用程序。

7.6　实现云计算的关键技术

7.6.1　体系结构

实现计算机云计算需要创造一定的环境与条件，尤其是体系结构必须具备以下关键特征。第一，要求系统必须智能化，具有自治能力，减少人工作业的前提下实现自动化，且处理平台能够智慧地响应要求，因此云系统应内嵌有自动化技术；第二，面对变化信号或需求信号，云系统要有敏捷的反应能力，所以对云计算的架构有一定的敏捷要求。与此同时，随着服务级别和增长速度的快速变化，云计算同样面临巨大挑战，而内嵌集群化技术与虚拟化技术能够应对此类变化。

云计算平台的体系结构由用户界面、服务目录、管理系统、部署工具、监控和服务器集群组成。用户界面主要用于云用户传递信息，是双方互动的界面。服务目录，顾名思义是提供用户选择的列表。管理系统指的是主要对应用价值较高的资源进行管理。部署工具能够根据用户请求对资源进行有效的部署与匹配。监控主要对云系统上的资源进行管理与控制并制定措施。服务器集群包括虚拟服务器与物理服务器，隶属管理系统。

7.6.2　资源监控

云系统上的资源数据十分庞大，同时资源信息更新速度快，想要精准、可靠的动态信息需要有效途径确保信息的快捷性。而云系统能够对动态信息进行有效部署，同时兼备资源监控功能，有利于对资源的负载、使用情况进行管理。其次，资源监控作为资源管理的“血液”，对整体系统性能起关键作用，一旦系统资源监管不到位、信息缺乏可靠性，其他子系统引用了错误的信息，必然对系统资源的分配造成不利影响。因此贯彻落实资源监控工作刻不容缓。

资源监控过程中，只要在各个云服务器上部署 Agent 代理程序便可进行配置与监管活动，比如通过一个监视服务器连接各个云资源服务器，然后以周期为单位将资源的使用情况发送至数据库，由监视服务器综合数据库有效信息对所有资源进行分析，评估资源的可用性，最大限度提高资源信息的有效性。

7.6.3 自动化部署

科学技术的发展倾向于半自动化操作，实现了出厂即用或简易安装使用。在此基础上，计算资源的可用状态也发生了转变，逐渐向自动化部署。对云资源进行自动化部署指的是基于脚本调节实现不同厂商对设备工具的自动配置，用以减少人机交互比例、提高应变效率，避免超负荷人工操作等现象的发生，最终推进智能部署进程。

自动化部署主要指的是通过自动安装与部署来实现计算资源由原始状态变成可用状态。其在计算中表现为能够划分、部署与安装虚拟资源池中的资源，能够为用户提供各类应用于服务的过程，包括存储、网络、软件以及硬件等。系统资源的部署步骤较多，自动化部署主要是利用脚本调用来自动配置、部署与配置各个厂商设备管理工具，保证在实际调用环节能够采取静默的方式来实现，避免了繁杂的人际交互，让部署过程不再依赖人工操作。除此之外，数据模型与工作流引擎是自动化部署管理工具的重要部分，不容小觑。

一般情况下，对于数据模型的管理就是将具体的软硬件定义在数据模型当中即可。而工作流引擎指的是触发、调用工作流，以提高智能化部署为目的，善于将不同的脚本流程在较为集中与重复使用率高的工作流数据库当中应用，有利于减轻服务器工作量。

7.7 实现云计算的形式

云计算是建立在先进互联网技术基础之上的，其实现形式众多，主要通过以下六种形式完成：

1）软件级服务。通常用户发出服务需求，云系统通过浏览器向用户提供资源和程序等。利用浏览器应用传递服务信息不花费任何费用，供应商亦是如此，只要做好应用程序的维护工作即可。

2）网络服务。开发者能够在应用程序编程接口（API）的基础上不断改进、开发出新的应用产品，大大提高单机程序中的操作性能。

3）平台服务。此类形式中，程序员一般服务于开发环境，协助中间商对程序进行升级与研发，同时完善用户下载功能，用户可通过互联网下载，具有快捷、高效的特点。

4）互联网整合。利用互联网发出指令时，也许同类服务众多，云系统会根据终端用户需求匹配相适应的服务。

5）商业服务平台。构建商业服务平台的目的是给用户和提供商提供一个沟通平台，从而需要管理服务和软件即服务搭配应用。

6）管理服务提供商。此种应用模式并不陌生，常服务于 IT 行业，常见服务内容有扫描邮件病毒、监控应用程序环境等。

7.8　云计算面临的安全威胁

1）云计算中隐私被窃取。现今，随着时代的发展，人们运用网络进行交易或购物，网上交易在云计算的虚拟环境下进行，交易双方会在网络平台上进行信息之间的沟通与交流。而网络交易存在很大的安全隐患，不法分子可以通过云计算对网络用户的信息进行窃取，同时还可以在用户与商家进行网络交易时窃取用户和商家的信息，有企图的不法分子在云计算的平台中窃取信息后，就会采用一些技术手段对信息进行破解，同时对信息进行分析，以此发现用户更多的隐私信息。

2）云计算中资源被冒用。云计算的环境有着虚拟的特性，而用户通过云计算在网络交易时，需要在保障双方网络信息都安全时才会进行网络的操作，但是云计算中储存的信息很多，同时云计算中的环境也比较复杂，云计算中的数据会出现滥用的现象，这样会影响用户的信息安全，同时造成一些不法分子利用被盗用的信息进行欺骗用户亲人的行为，还会有一些不法分子利用这些在云计算中盗用的信息进行违法的交易，以此造成云计算中用户的经济遭到损失。这些都是云计算信息被冒用所引起的，严重威胁了云计算的安全。

3）云计算中容易受到黑客攻击。黑客攻击指的是利用一些非法的手段进入云计算的安全系统，给云计算的安全网络带来一定破坏的行为。黑客入侵到云计算后，给云计算的操作带来未知性，且造成的损失无法预测，所以黑客入侵给云计算带来的危害大于病毒给云计算带来的危害。此外，黑客入侵的速度远大于安全评估和安全系统的更新速度，使得当今黑客入侵到计算机后，给云计算带来巨大的损失，同时技术也无法对黑客攻击进行预防，这也是造成当今云计算不安全的问题之一。

4）云计算中容易出现病毒。大量的用户通过云计算将数据存储到其中，当云计算出现异常时，就会出现一些病毒，这些病毒的出现会导致以云计算为载体的计算机无法正常工作；同时这些病毒还能进行复制，并通过一些途径进行传播，就会导致以云计算为载体的计算机出现死机的现象；而且因为互联网的传播速度很快，导致云计算或计算机一旦出现病毒，就会很快地进行传播，这样会产生很大的攻击力。

7.9　云计算的应用

较为简单的云计算技术已经普遍服务于现如今的互联网服务中，最为常见的就是网络搜索引擎和网络邮箱。在任何时刻，人们只要用过移动终端就可以在搜索引擎上搜索任何自己想要的资源，通过云端共享数据资源，而网络邮箱也是如此。在过去，寄写一封邮件是一件比较麻烦的事情，同时也是很慢的过程，而在云计算技术和网络技术的推动下，电子邮箱成为社会生活中的一部分，只要在网络环境下，就可以实现实时的邮件寄发。云计算技术已经融入现今的社会生活。

1）存储云。存储云又称云存储，是在云计算技术上发展起来的一种新型存储技术。云存储是一个以数据存储和管理为核心的云计算系统。用户可以将本地的资源上传至云端

上，可以在任何地方连入互联网来获取云上的资源。大家所熟知的谷歌、微软等大型网络公司均有云存储的服务。在国内，百度云和微云则是市场占有量最大的存储云。存储云向用户提供了存储容器服务、备份服务、归档服务和记录管理服务等，大大方便了使用者对资源的管理。

2）医疗云。医疗云是指在云计算、移动技术、多媒体、4G 通信、5G 通信、大数据，以及物联网等新技术基础上，结合医疗技术，使用“云计算”来创建医疗健康服务云平台，实现了医疗资源的共享和医疗范围的扩大。因为云计算技术的运用与结合，医疗云提高了医疗机构的效率，方便了居民就医，像现在医院的预约挂号、电子病历、医保等都是云计算与医疗领域结合的产物，医疗云还具有数据安全、信息共享、动态扩展、布局全国的优势。

3）金融云。金融云是指利用云计算的模型，将信息、金融和服务等功能分散到庞大分支机构构成的互联网“云”中，旨在为银行、保险和基金等金融机构提供互联网处理和运行服务，同时共享互联网资源，从而解决现有问题并且达到高效、低成本的目标。2013 年 11 月27 日，阿里云整合阿里巴巴旗下资源并推出阿里金融云服务。其实，这就是现在基本普及了的快捷支付，因为金融与云计算的结合，现在只需要在手机上简单操作，就可以完成银行存款、购买保险和基金买卖。目前，不仅仅阿里巴巴推出了金融云服务，像苏宁金融、腾讯等企业均推出了自己的金融云服务。

4）教育云。教育云实质上是教育信息化的一种发展。具体地，教育云可以将所需要的任何教育硬件资源虚拟化，然后将其传入互联网中，以向教育机构和老师学生提供一个方便快捷的平台。现在流行的慕课就是教育云的一种应用。慕课（MOOC）指的是大规模开放的在线课程。现阶段慕课的三大优秀平台为 Coursera、edX 以及 Udacity，在国内，“中国大学 MOOC”也是非常好的平台。2013 年 10 月 10 日，清华大学推出 MOOC 平台——学堂在线，许多大学现已使用学堂在线开设了一些课程的 MOOC。

7.10 云计算发展应关注的问题

7.10.1 存在的问题

1）访问的权限问题。用户可以在云计算服务提供商处上传自己的数据资料，相比于传统的利用自己计算机或硬盘的存储方式，此时需要建立账号和密码完成虚拟信息的存储和获取。这种方式虽然为用户的信息资源获取和存储提供了方便，但用户失去了对数据资源的控制，而服务商则可能存在对资源的越权访问现象，从而造成信息资料的安全难以保障。

2）技术保密性问题。信息保密性是云计算技术的首要问题，也是当前云计算技术的主要问题。比如，用户的资源被一些企业进行资源共享，网络环境的特殊性使得人们可以自由地浏览相关资源，信息资源泄露是难以避免的，如果技术保密性不足就可能严重影响到信息资源的所有者。

3）数据完整性问题。在云计算技术的使用中，用户的数据被分散地存储于云计算数据中心的不同位置，而不是某个单一的系统中，数据资源的整体性受到影响，使其作用难以有效发挥。另一种情况就是，服务商没有妥善、有效地管理用户的数据信息，从而造成数据存储的完整性受到影响，信息应用的作用难以被发挥。

4）法律法规不完善。云计算技术相关的法律法规不完善也是主要的问题。想要实现云计算技术作用的有效发挥，就必须对其相关的法律法规进行完善。目前来看，法律法规尚不完善，云计算技术作用的发挥仍然受到制约。就当前云计算技术在计算机网络中的应用来看，其缺乏完善的安全性标准，缺乏完善的服务等级协议管理标准，没有明确的责任人承担安全问题的法律责任。另外，缺乏完善的云计算安全管理的损失计算机制和责任评估机制也制约了各种活动的开展，计算机网络的云计算安全性难以得到保障。

7.10.2　完善措施

1）合理设置访问权限，保障用户信息安全。当前，云计算服务由供应商提供，为保障信息安全，供应商应针对用户端的需求情况设置相应的访问权限，进而保障信息资源的安全分享。在开放式的互联网环境之下，供应商一方面要做好访问权限的设置工作，强化资源的合理分享及应用；另一方面，要做好加密工作，从供应商到用户都应强化信息安全防护，注意网络安全构建，有效保障用户安全。因此，云计算技术的发展，应强化安全技术体系的构建，在访问权限的合理设置中提高信息防护水平。

2）强化数据信息的完整性，推进存储技术发展。存储技术是计算机云计算技术的核心，如何强化数据信息的完整性是云计算技术发展的重要方面。首先，云计算资源以离散的方式分布于云系统之中，要强化对云系统中数据资源的安全保护，并确保数据的完整性，这有助于提高信息资源的应用价值；其次，加快存储技术发展，特别是大数据时代，云计算技术的发展，应注重存储技术的创新构建；再次，要优化计算机网络云技术的发展环境，通过技术创新、理念创新，进一步适应新的发展环境，提高技术的应用价值，这是新时期计算机网络云计算技术的发展重点。

3）建立健全法律法规，提高用户安全意识。随着网络信息技术的不断发展，云计算应用的领域日益广泛。建立完善的法律法规，是为了更好地规范市场发展，强化对供应商、用户等行为的规范及管理，为计算机网络云计算技术的发展提供良好条件。此外，用户端要提高安全防护意识，能够在信息资源的获取中遵守法律法规，规范操作，避免信息安全问题造成严重的经济损失。因此，新时期计算机网络云计算技术的发展，要从实际出发，通过法律法规的不断完善，为云计算技术发展提供良好环境。

7.11　云计算在建筑行业的应用

随着建筑业走向数字化变革新时代，未来建筑的想象空间变得无比巨大。而当前，像造汽车一样造房子的梦想在数字技术的支撑下也开始走向实践。建筑业的数字化洪流早已势不可挡。以互联网交互、云计算和大数据为代表的新技术日渐深入地影响着建筑领域，实现了建筑智能系统和信息系统的互联互通，并将物联技术和社交平台等日益应用到物业管理和机房运营领域，大大提升了建筑的智慧程度。

随着科技智能越来越广泛地应用于社会生活中，数字建筑迎来了绝佳发展时机，智慧

建筑未来将成为主要建筑形式，也是“智慧城市”的落地发展方向之一。“数字建筑”包含了建筑全过程的数字化、在线化、智能化，并通过新建造、新运维，形成数字建筑平台生态新体系，重构建筑业的生产体系。

综观近期的建筑业动态，施工领域工程总承包、基础设施 PPP（政府和社会资本合作）项目、智慧城市、装配式建筑、信息化进程等较为火热，越来越多的施工企业参与其中。

现有的建筑设备行业存在海量异构的智能设备和子系统，甚至有大量的系统是封闭的，即使不封闭，也使用不同形式的 API 和通信协议。据不完全统计，这些通信协议或者 API 接口可达到数万种有余。如何才能将其接入到智慧建筑综合管理系统？随着云计算、大数据技术的发展，结合建筑业的 BIM 技术，人们看到了曙光。

首先，“云＋数”把行业数据集中在“平台”处理，并建立了相关业务数据模型，使原本杂乱无章的数据得到梳理，实现数据互通、业务整合。其次，“云＋数”与人工智能及物联网等结合，实现了“人、机、料、法、环”的在线监测与实时管理，解决了建筑业过程信息不透明、难以管理等问题。最后，“云＋数”实现了供给需求的高效对接，实现了个性化产品的规模化定制，使得建筑业市场更加多元丰富与健康。“云＋数”可提高建筑业管理水平，形成数字化、在线化、智能化的行业管理与市场监管业务场景，还可实现项目管理和工地的智能化。

智慧建筑正在从概念逐渐走向落地，用科技加持基础设施建设，从而达到节能、减排、绿色、舒适的目标，为人类提供一个安全、舒适、绿色、高效的生活环境，进而推动智慧城市的最终实现。

7.12　我国云计算行业的发展现状

全球迎来了新一波数字化转型高峰。随着经济回暖，全球云计算市场所受影响逐步减弱，至 2021 年已基本恢复到疫情前增长水平。目前，全球云计算市场仍以公有云市场为主导，占比超过七成，全球公有云市场中，SaaS 占比约四成。根据 Gartner 的统计，2021 年以 IaaS、PaaS、SaaS 为代表的全球公有云市场规模达到 3307 亿美元，增速 32.5%，结束了 2020 年增速急剧滑坡的态势。美国是全球云计算市场的领导者，市场规模占全球整体超过四成。与美国相比，我国不论从规模、技术还是应用等方面都存在较大差距。工信部 2022 年公布的数据显示，从细分领域来看，我国云计算产业年均增速超 30%，全球市场占比达 14.6%。

中国是全球第二大云服务市场，也是增速最快的市场之一。在经过数十年发展之后，已经从最初的概念进入到了普及适用阶段，尤其是新冠肺炎疫情暴发以来，远程办公、在线教育等需求的爆发式增长进一步推动了国内云计算市场的快速发展。2021 年，中国云计算总体处于快速发展阶段，市场规模达 3229 亿元，较 2020 年增长 54.4%。目前，国内云计算市场以公有云为主导，占比超六成。公有云中 IaaS 占比接近 3/4，近几年增速均超 80%；而公有云市场中 SaaS 占比不到两成，年增长率保持在 30%～40%；PaaS 占比不到一成，保持各细分市场中最高的增长速度，2021 年同比增长 90.7%，达 196 亿元。结合各城市云计算发展水平来看，粤港澳大湾区、长三角、京津冀三大城市群云计算规模

占比分别为29.2%、31.7%、7.1%，三者合计占全国的68%。

云计算产业链主要包括云计算基础设施提供商、云计算应用与服务和云计算延伸产业及增值服务。而产业链的核心是云计算服务行业，包括三个层次的服务：基础设施即服务(IaaS)，平台即服务（PaaS）和软件即服务（SaaS），由云服务厂商提供。海内外主要的厂商有亚马逊、微软、谷歌、Facebook、苹果、阿里、腾讯等互联网转型企业，提供弹性计算、网络、存储、应用等服务。

在厂商份额方面，据中国信息通信研究院调查统计，阿里云、天翼云、腾讯云、华为云、移动云占据中国公有云IaaS市场份额前五，分别为34.3%、14%、11.2%、10%、8.4%；公有云PaaS方面，阿里云、华为云、腾讯云、百度云处于领先地位。阿里云作为国内云计算的佼佼者，提供的云产品和服务多达几百款，从分类上来说主要分为弹性计算、数据库、存储、网络、大数据、人工智能、云安全、互联网中间件、云分析、管理与监控、应用服务、视频服务、移动服务、云通信、域名与网站、行业解决方案等；从技术发展方面看，阿里云“城市大脑”总体架构包含四大平台——应用支撑平台、智能平台、数据资源平台、一体化计算平台；从应用落地方面看，阿里云“城市大脑”目前已在杭州、苏州、上海、衢州、澳门、马来西亚等城市和国家地区落地，覆盖交通、平安、市政建设、城市规划等领域，是目前全球最大规模的人工智能公共系统之一。

从行业角度来看，当前，我国云计算的主要用户集中在互联网、金融、政府等领域。其中，互联网相关行业仍然是云计算产业的主流应用行业，占比约为1/3；在政策驱动下，我国的政务云近年来实现高增长，占比约为29%。

延伸阅读

2019年6月6日，我国发放第一张5G牌照。如今，我国已建成全球规模最大、覆盖广泛、技术领先的移动通信网络。智能家居、刷脸支付、VR/AR设备、4K/8K高清显示……除了在消费领域带来改变之外，5G还有一个在诞生之初就被寄予厚望的主战场——工业互联网。

过去4年多来，围绕“5G＋工业互联网”，一场发生在中国这个全球制造业规模最大国家的产业实践，正驱动着传统制造向智能制造的蝶变。

家电家居个性化定制、食品质量追溯、服装数字化设计……在诸多领域，小到一袋牛奶，大到C919客机，背后都有“5G＋工业互联网”的影子。我国有超过60%的5G流量，奔跑在工业互联网上。

——节选于《科技日报》(2023年12月21日)《这里，是5G被寄予厚望的主战场》

思考题

1. 云计算的特点是什么？
2. 简述云计算的由来。

3. 简述云计算的发展历程。
4. 云计算有哪些优势?
5. 云计算的服务类型有哪些?
6. 实现云计算的关键技术有哪些?
7. 简述云计算的实现形式。
8. 云计算面临的安全威胁有哪些?
9. 简述云计算的应用情况。
10. 云计算发展应关注哪些问题?
11. 云计算在建筑行业有哪些应用?
12. 试述近年来我国云计算领域的创新与发展。

第8章　自动化技术

8.1　自动化概述

自动化（automation）是指机器设备、系统或过程（生产、管理过程）在没有人或较少人的直接参与下，按照人的要求，经过自动检测、信息处理、分析判断、操纵控制，实现预期的目标的过程。自动化技术广泛用于工业、农业、军事、科学研究、交通运输、商业、医疗、服务和家庭等方面。采用自动化技术不仅可以把人从繁重的体力劳动、部分脑力劳动以及恶劣、危险的工作环境中解放出来，而且能扩展人的器官功能，极大地提高劳动生产率，增强人类认识世界和改造世界的能力。因此，自动化是工业、农业、国防和科学技术现代化的重要条件和显著标志。

1946年，美国福特公司的机械工程师D. S. 哈德最先提出“自动化”一词，并用来描述发动机汽缸的自动传送和加工的过程。20世纪50年代，自动调节器和经典控制理论的发展，使自动化进入以单变量自动调节系统为主的局部自动化阶段。20世纪60年代，随着现代控制理论的出现和电子计算机的推广应用，自动控制与信息处理结合起来，使自动化进入到生产过程的最优控制与管理的综合自动化阶段。20世纪70年代，自动化的对象变为大规模、复杂的工程和非工程系统，涉及许多用现代控制理论难以解决的问题。这些问题的研究，促进了自动化的理论、方法和手段的革新，于是出现了大系统的系统控制和复杂系统的智能控制，出现了综合利用计算机、通信技术、系统工程和人工智能等成果的高级自动化系统，如柔性制造系统、办公自动化、智能机器人、专家系统、决策支持系统、计算机集成制造系统等。

8.2　自动化技术的发展历程

自动装置的出现和应用始于18世纪。自动化技术的形成时期是在18世纪末至20世纪30年代。1788年英国机械师瓦特发明离心式调速器（又称飞球调速器），并把它与蒸汽机的阀门连接起来，构成蒸汽机转速的闭环自动控制系统。瓦特的这项发明开创了近代自动调节装置应用的新纪元，对第一次工业革命及后来控制理论的发展有重要影响。人们开始采用自动调节装置来对付工业生产中提出的控制问题。这些调节器都是一些跟踪给定值的装置，使一些物理量保持在给定值附近。自动调节器的应用标志着自动化技术进入新的历史时期。

进入20世纪以后，工业生产中广泛应用各种自动调节装置，促进了对调节系统进行分析和综合的研究工作。这一时期虽然在自动调节器中已广泛应用反馈控制的结构，但从理论上研究反馈控制的原理则是从20世纪20年代开始的。1833年，英国数学家C. 巴贝奇在设计分析机时首先提出程序控制的原理。1939年，世界上第一批系统与控制的专业研究机构成立，为20世纪40年代形成经典控制理论和发展局部自动化做了理论上和组织上的准备。

20世纪40年代至50年代是局部自动化时期。第二次世界大战时期形成的经典控制理论对战后发展局部自动化起了重要的促进作用。利用经典控制理论设计出各种精密的自动调节装置，开创了系统和控制这一新的科学领域。这一新的学科当时在美国被称为伺服机构理论，在苏联被称为自动调整理论，主要是解决单变量的控制问题。经典控制理论这个名称是1960年在第一届全美联合自动控制会议上提出来的。1945年后由于战时出版禁令的解除，出现了系统阐述经典控制理论的著作。1945年，美国数学家维纳把反馈的概念推广到一切控制系统。20世纪50年代以后，经典控制理论有了许多新的发展，经典控制理论的方法基本上能满足第二次世界大战中军事技术上的需要和战后工业发展上的需要。但是到了20世纪50年代末，人们就发现把经典控制理论的方法推广到多变量系统时会得出错误的结论。经典控制理论的方法有其局限性。

20世纪40年代中期，电子数字计算机ENIAC和EDVAC的制造成功，开创了电子数字程序控制的新纪元。电子数字计算机的发明为20世纪60年代至70年代在控制系统中广泛应用程序控制和逻辑控制，以及广泛应用电子数字计算机直接控制生产过程奠定了基础。

20世纪50年代末期至今是综合自动化时期。这一时期空间技术迅速发展，迫切需要解决多变量系统的最优控制问题，于是诞生了现代控制理论。现代控制理论的形成和发展为综合自动化奠定了理论基础。同时微电子技术有了新的突破。1958年出现晶体管计算机，1965年出现集成电路计算机，1971年出现单片微处理机。微处理机的出现对控制技术产生了重大影响，控制工程师可以很方便地利用微处理机来实现各种复杂的控制，使综合自动化成为现实。“自动化”是美国人哈德于1936年提出的，他认为在一个生产过程中，机器之间的零件转移不用人去搬运就是“自动化”。

自动化的概念是一个动态发展过程。过去，人们对自动化的理解或者说自动化的功能目标是以机械的动作代替人力操作，自动地完成特定的作业。这实质上是自动化代替人的体力劳动的观点。后来随着电子和信息技术的发展，特别是随着计算机的出现和广泛应用，自动化的概念已扩展为用机器（包括计算机）不仅代替人的体力劳动，而且还代替或辅助脑力劳动，以自动地完成特定的作业。

自动化的广义内涵至少包括以下几点：在形式方面，制造自动化有三个方面的含义，即代替人的体力劳动，代替或辅助人的脑力劳动，制造系统中人机及整个系统的协调、管理、控制和优化；在功能方面，自动化代替人的体力劳动或脑力劳动仅仅是自动化功能目标体系的一部分。自动化的功能目标是多方面的，已形成一个有机体系；在范围方面，制造自动化不仅涉及具体生产制造过程，而是涉及产品生命周期所有过程。

8.3 自动化技术的研究内容

自动化是一门涉及学科较多、应用广泛的综合性科学技术。作为一个系统工程，它由

5个单元组成，即程序单元、作用单元、传感单元、制定单元、控制单元。自动化技术的研究内容主要有以下几方面。

1）过程自动化。石油炼制和化工等工业中流体或粉体的化学处理自动化，一般采用由检测仪表、调节器和计算机等组成的过程控制系统，对加热炉、精馏塔等设备或整个工厂进行最优控制。采用的主要控制方式有反馈控制、前馈控制和最优控制等。

2）机械制造自动化。这是机械化、电气化与自动控制相结合的结果，处理的对象是离散工件。早期的机械制造自动化是采用机械或电气部件的单机自动化或是简单的自动生产线。20世纪60年代以后，由于电子计算机的应用，出现了数控机床、加工中心、机器人、计算机辅助设计、计算机辅助制造、自动化仓库等；研制出适应多品种、小批量生产形式的柔性制造系统（FMS）。以柔性制造系统为基础的自动化车间，加上信息管理、生产管理自动化，便形成了采用计算机集成制造系统（CIMS）的工厂自动化。

3）管理自动化。工厂或事业单位的人、财、物、生产、办公等业务管理自动化，是以信息处理为核心的综合性技术，涉及电子计算机、通信系统与控制等学科，一般由多台具有高速处理大量信息能力的计算机和各种终端组成的局部网络组成。人们如今已在管理信息系统的基础上研制出决策支持系统（DSS），为高层管理人员决策提供备选的方案。

自动化是新的技术革命的一个重要方面。自动化技术的研究、应用和推广，对人类的生产、生活等方式将产生深远影响。生产过程自动化和办公室自动化可极大地提高社会生产率和工作效率，节约能源和原材料消耗，保证产品质量，改善劳动条件，改进生产工艺和管理体制，加速社会的产业结构的变革和社会信息化的进程。

自动化实施的时机包括记录生产过程；进行增值分析，把那些非增值性的操作项目鉴定出来，把非增值性操作尽可能多地消除掉；评估“新的经过该站”的过程，对在该过程汇总应用自动化进行成本效益分析，如果效益大于成本，或者能取得显著的质量效益，则实行自动化。

现代生产和科学技术的发展，对自动化技术提出越来越高的要求，同时也为自动化技术的革新提供了必要条件。20世纪70年代以后，自动化开始向复杂的系统控制和高级的智能控制发展，并广泛地应用到国防、科学研究和经济等各个领域，实现更大规模的自动化，例如大型企业的综合自动化系统、全国铁路自动调度系统、国家电力网自动调度系统、空中交通管制系统、城市交通控制系统、自动化指挥系统、国民经济管理系统等。自动化的应用正从工程领域向非工程领域扩展，如医疗自动化、人口控制、经济管理自动化等。自动化将在更大程度上模仿人的智能，机器人已在工业生产、海洋开发和宇宙探测等领域得到应用，专家系统在医疗诊断、地质勘探等方面取得了显著效果。工厂自动化、办公自动化、家庭自动化和农业自动化将成为新技术革命的重要内容，并得到迅速发展。

8.4　自动化技术的发展现状

国外自动化技术的发展趋势是系统化、柔性化、集成化和智能化。自动化技术不断提高光电子、自动化控制系统、传统制造等行业的技术水平和市场竞争力，它与光电子、计算机、信息技术的融合和创新，不断创造和形成新的行业经济增长点，同时不断提供新的

行业发展的管理战略哲理，如并行工程（CE）、敏捷制造（AM）等数控技术的模块化、网络化、多媒体和智能化。自动控制内容发展到对产品质量的在线监测与控制，设备运行状态的动态监测、诊断和事故处理、生产状态的监控和设备之间的协调控制与联锁保护，以及厂级管理决策与控制等。自动化控制产品正向着成套化、系列化、多品种方向发展，以自动控制技术、数据通信技术、图像显示技术为一体的综合性系统装置成为国外工业过程控制的主导产品，现场总线成为自动化控制技术发展的第一热点。可编程控制器（PLC）与工业控制系统（DCS）的实现功能越来越接近，价格也逐步接近，国外自动控制与仪器仪表领域的前沿厂商已推出了类似 PCS（process control system，过程控制系统）的产品。世界自动化产业发展势头迅猛，传感器技术、开放式工业过程自动化系统、现场总线技术等自动化技术已形成一定的产业规模，传感器市场广阔。

8.5 应用自动化技术的常见场景

8.5.1 全集成自动化

无论是针对过程工业还是生产工业，也无论处于哪个领域，全集成自动化都是实现完全符合各种具体需要的自动化解决方案的唯一基础。全集成自动化的优势体现在以下四个方面。

1）安装和调试。在工厂范围内使用相同的通信标准（如 PROFIBUS 和 PROFINET），将接口需求降至最低，同时简化了安装与调试过程。即使是结构十分复杂的工厂，实现起来也不费吹灰之力。

2）运行。集成通信可以在整个工厂范围内最大限度地提高透明性。这表明，在需求变更时工厂可以更快速灵活地做出响应，并采取十分有效的诊断措施。通过这种方法可以将计划外停车事故降至最低。全集成自动化还意味着无论是直接操作控制系统还是通过操作面板，对所有站都可进行统一操作。

3）维护。智能维护策略使客户能够更快地检测、分析和消除可能的错误源，甚至在使用远程维护的情况下也是如此。在许多系统操作过程中都可以更换模块。组件的统一也减轻了维修工程师的负担。

4）现代化和扩展。现有工厂很轻松地适应不断变化的要求，通常不用中断运行。产品和系统的不断深入开发具有持续性，从而避免了系统中诸多不必要的变更，因此在最大程度上确保了生产安全。

8.5.2 银行办公

在银行的经营管理中，凭借先进的计算机手段进行组织协调、指挥调度、监督调控、辅助决策，以提高银行的现代化管理水平和工作效率，已经越来越引起人们的关心和重视。银行的各项业务和各类工作都是相互联系、互为依存的，是一个有机的整体，不能割裂分开。因此，在金融电子化的进程中，在办公自动化系统的设计上，要通盘考虑，统筹规划，不能顾此失彼，畸重畸轻。银行办公自动化应是业务处理、综合管理、通信连接三

位一体，主要有四个方面的内容。

1）管理决策环节。该部分为领导层提供阅批公文、查询信息、辅助决策、发布政令、指挥调度等全方位计算机服务。

2）业务处理。按专业建立数据库、信息库、情报库、文档库积累资料，为数据共享、系统查询提供信息来源。

3）信息加工。专业数据库的信息资料多带有原始、零星的痕迹，因此，要按照一定的数学模型、格式标准、统计口径进行采集、加工、整理，使其条理化、系统化、规范化，再以表格、图形、曲线、文字等直观方式进行显示，为领导层分析研究、预测监控、制定政策提供依据和参考。

4）网络传导。打破条块分割，解决传输滞后、流通不畅的瓶颈问题，实现计算机群的一体化、网络化，沟通业务与管理方面的联系，使通信系统四通八达，畅通无阻，信息传递“瞬间”完成。

如图 8-5-1 所示，银行办公自动化系统还有一些特殊功能。特殊功能是因办公需要，在开发中要重点考虑的。一是对领导同志的原稿、手迹、批示、签名如何采集，如何保存。二是大量文件、资料、数据如何进入计算机，如何由纸张信息转换为电子信息。三是信息的存储，办公自动化系统涉及全行各个部门，信息量十分庞大。无论是暂时存放还是长年保存，系统都要提供足够的存储空间。四是高效率的邮件处理功能。这是行长与各部门联系的桥梁和纽带，是行长发布政令、通知、讲话，行使组织管理职能的主要手段，也是部门负责人请示、汇报的信息载体。在开发中采用了以下手段，即电子笔手写方式、多媒体语音功能、公文信息原稿扫描技术、键盘录入、大容量光盘存储、激光打印机输出。这些技术的综合运用，较好地满足了以上各类功能的需要。

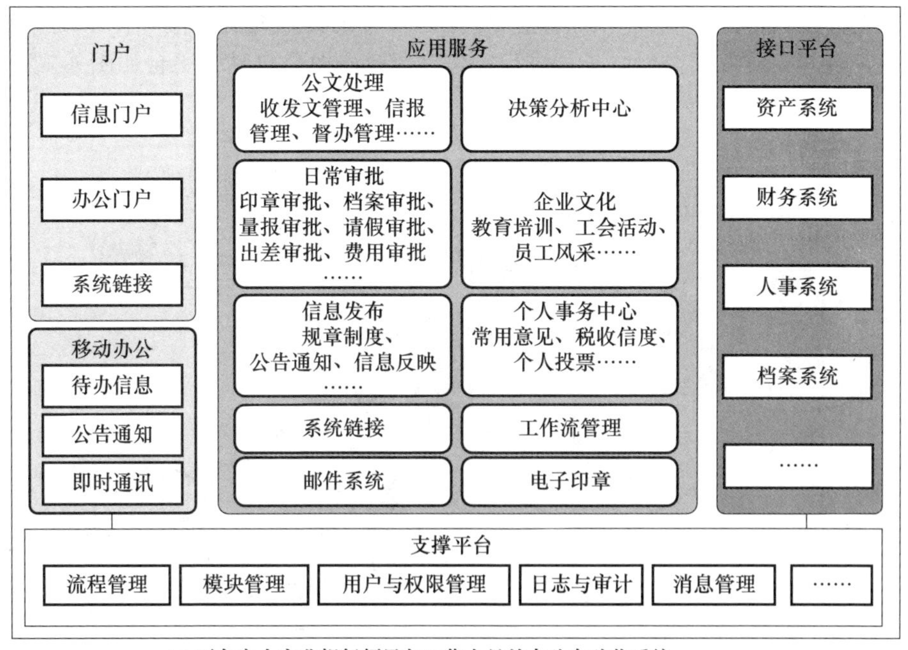

(a) 面向中小商业银行领导与工作人员的办公自动化系统

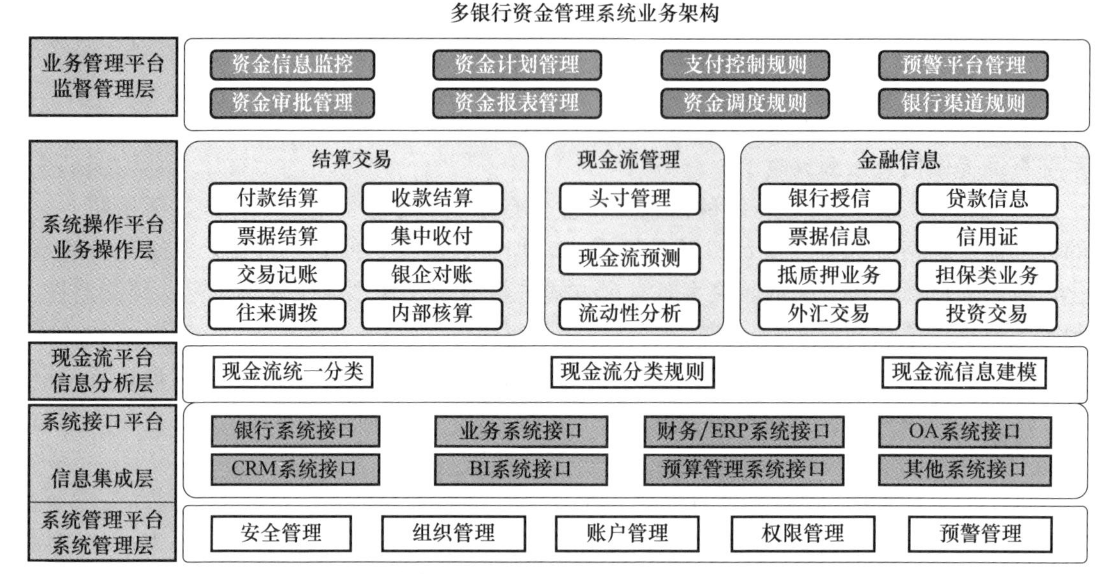

(b) 银行办公自动化 (OA-Office Automation)系统

图 8-5-1　办公自动化系统

办公自动化系统是一个综合项目，涉及面广、耗资量大、建设周期长。在开发中以分步实施、逐步推进为宜，这样可以少走弯路，避免浪费。在总体设计、设备选择、组建网络、软件配置上要从长远考虑，力求一次投资长期受益；在程序开发上要分段进行，先易后难，滚动前进，预留接口，以备扩充。系统的设计要立足现有条件，尽量利用已有技术设备，不能一味追求高档次、高投入。微机联网具有投资省、开发周期短、软硬件选择余地大、扩充方便的特点。微机网络的优点可保证已有机具的充分利用，使系统分步投资、逐步扩展，最终完成基层全面电子化进程。典型的政府办公自动化平台如图 8-5-2 所示。

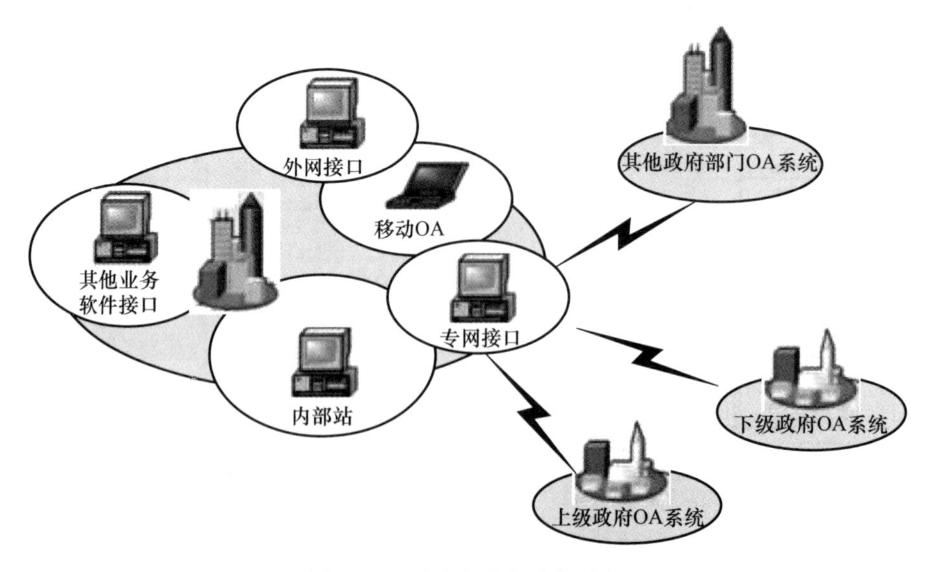

图 8-5-2　政府办公自动化平台

8.5.3　卫生管理

公共场所是人类社会的重要组成部分，改善和提高公共场所环境卫生质量是直接关系到人民群众身体健康的大事，因此，寻找一种集监测、监督于一体的公共场所卫生的自动化管理体系势在必行。公共场所卫生的整个自动化管理系统由三大部分组成，即处于卫生监督部门的中央处理控制机构、工作于公共场所现场的分机测控机构和通信网络等。

由于分机是工作于不同区域、环境、地点、距离的智能化测控设备，这就提出了计算机通信网络问题，而计算机通信又离不开通信线路（信道），卫生监督部门要想在所辖区域内建立起自己的专用通信网，无论是从经济上还是从技术上讲都是不现实的，因此，利用现成的公众网（邮电网）作为中继传输设备是最佳选择。这不但能极大降低建设自动化管理系统的成本投资，而且具有设备（中继传输设备）技术维护的保障性和可靠性。

公共场所卫生自动化管理系统中，主机（IBM PC）是整个系统的核心部分，也是整个系统的控制和管理中心。它不但负责卫生监督部门的所有管理工作，还负责控制其他分机的任务，也是所有场所的监督中心和监督数据的处理、分析、管理中心。由于 IBM PC 的数据处理和管理事务的工作量很大，并承担着随时与所有分机的通信任务，这两者之间就产生很大的矛盾，前端机正是为解决这一矛盾而设置的，即前端机分担一部分 IBM PC 的工作任务，保证计算机有足够的时间来处理自己的事务，使整个系统工作在可靠而良好的状态。MODEM 的主要作用是实现远距离的多机通信；自动转换开关的作用是实现租用中继线路的电话通信和计算机通信的双重作用，提高中继线路的利用率。

分机是集现场卫生指标的测试、卫生指标超标自动报警、通信和电脑时钟显示于一体的智能化测控设备。当有卫生指标超标时，自动定时或实时启动报警器，使之发出代表相应卫生指标超标的可闻或可见信号，提醒场所现场管理人员及时查明原因并进行改进，同时，MCS-51 将数据送往中央处理控制机构，报警直至卫生指标合格或达标为止。

CPU 与外设或计算机之间的信息交换（通信）有查询和中断两种方式，根据公共场所卫生管理要求和系统组成的特点，应选择中断方式，这不但能提高 CPU 的效率和保证主机有足够的时间来处理管理事务，还具有相对较好的实时响应性能。

分机程序的设计，除遵循上述基本原则外，主要考虑实时响应速率，即采用汇编语言，这是因为分机一旦在现场调测好，就没有必要像主机那样进行复杂而又经常性的事务操作。在分机上对于一些日常而又必要的事务操作，总体来说是比较简单的，这只要合理设置相应事务处理的特殊功能键即可达到同样的目的。典型的环境绿化与卫生管理自动化系统如图 8-5-3 所示，典型的卫生管理自动化系统如图 8-5-4 所示。

8.5.4　电力系统

按照电能的生产和分配过程，电力系统自动化包括电网调度自动化、火力发电厂自动化、水力发电站综合自动化、电力系统信息自动传输系统、电力系统反事故自动装置、供电系统自动化、电力工业管理系统的自动化等七个方面，并形成一个分层分级的自动化系统。区域调度中心、区域变电站和区域性电厂组成最低层次；中间层次由省（市）调度中心、枢纽变电站和直属电厂组成；由总调度中心构成最高层次。而在每个层次中，电厂、变电站、配电网络等又构成多级控制。

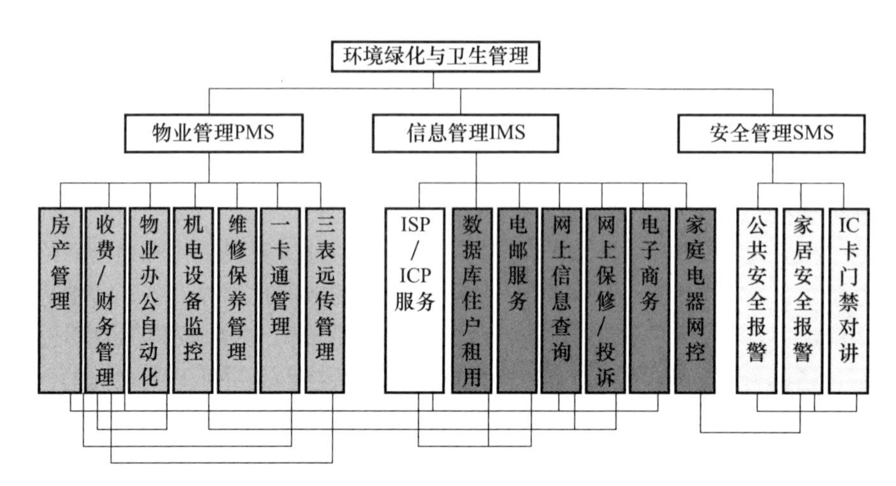

图 8-5-3　环境绿化与卫生管理自动化系统

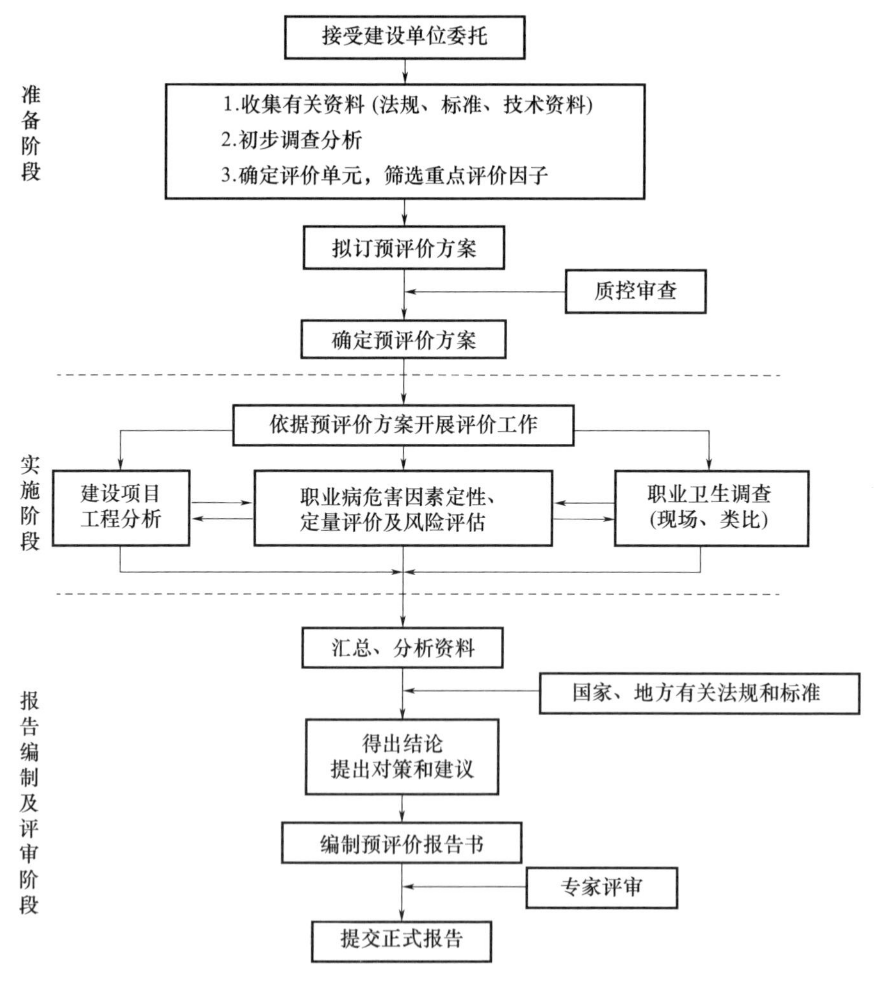

图 8-5-4　卫生管理自动化系统

1）电网调度。现代的电网自动化调度系统是以计算机为核心的控制系统，包括实时信息收集和显示系统，以及供实时计算、分析、控制用的软件系统。信息收集和显示系统具有数据采集、屏幕显示、安全检测、运行工况计算分析和实时控制的功能。在发电厂和变电站的收集信息部分称为远动端，依托 VarSuv 节能自动化计算位于调度中心的部分称为调度端。软件系统由静态状态估计、自动发电控制、最优潮流、自动电压与无功控制、负荷预测、最优机组开停计划、安全监视与安全分析、紧急控制和电路恢复等程序组成。

2）火力发电厂。火力发电厂的自动化项目包括以下五部分内容：①厂内机、炉、电运行设备的安全检测，包括数据采集、状态监视、屏幕显示、越限报警、故障检出等；②计算机实时控制，实现由点火至并网的全部自动启动过程；③有功负荷的经济分配和自动增减；④母线电压控制和无功功率的自动增减；⑤稳定监视和控制，采用的控制方式有两种形式，一种是计算机输出通过外围设备去调整常规模拟式调节器的设定值而实现监督控制，另一种是用计算机输出外围设备直接控制生产过程而实现直接数字控制。

3）水力发电站。需要实施自动化的项目包括大坝监护、水库调度和电站运行三个方面。大坝计算机自动监控系统包括数据采集、计算分析、越限报警和提供维护方案等。水库水文信息的自动监控系统包括雨量和水文信息的自动收集、水库调度计划的制订，以及拦洪和蓄洪控制方案的选择等。厂内计算机自动监控系统包括全厂机电运行设备的安全监测、发电机组的自动控制、优化运行和经济负荷分配、稳定监视和控制等。

4）供电系统。包括地区调度实时监控、变电站自动化和负荷控制三个方面。地区调度的实时监控系统通常由小型或微型计算机组成，功能与中心调度的监控系统相仿，但稍简单。变电站自动化发展方向是无人值班，其远动装置采用微型机可编程序的方式。供电系统的负荷控制常采用工频或声频控制方式。

5）水库管理。水库管理系统是现代化水库的核心部分，是水库效能发挥的重要部分。洪水时水库闸门的操作是以不造成下游灾害为基础制定的操作规则。为了确保正确的信息流动，需把握和监视入库流量和工程状况，按实际情况来推测水库的运行，找出相应的对策方案。对于水库群，所有水库的状况及各个水库的情况都要予以考虑。

8.5.5 气象观测

为落实地面气象观测自动化业务综合试点工作任务，中国气象局组织制定了《地面气象观测自动化业务综合试点工作方案》。根据方案要求，气象部门将在北京、上海宝山、江苏东山、杭州、安徽休宁、武汉、广州和重庆沙坪坝等 8 个国家级地面气象观测台站开展地面气象观测自动化和业务流程科学化试点工作，建设云、能见度、天气现象等自动观测系统，优化调整地面气象观测、数据传输、运行监控和数据质控业务流程及任务，建立与观测自动化相适应的观测规范、规章制度和岗位职责。

同时，本着尽快发挥效益的原则，在率先基本实现气象现代化省（市）的国家级台站，推广技术比较成熟的能见度自动观测业务。据悉，地面气象观测自动化业务综合试点是对地面气象观测自动化设备、业务流程、观测规范、岗位职责、规章制度等进行综合试点的工作，也是为全面推进地面气象观测自动化和基层台站综合改革奠定基础、积累经验和提供示范的重要工作。

试点工作的主要任务包括完善地面气象自动观测系统的顶层设计，制定试点台站自动观测系统建设指南、地面气象观测自动化总体技术方案、试点台站运行方案和评估方案，检验评估云能天等自动观测技术装备和地面综合集成业务软件系统的业务适用性，推广能

见度自动观测业务，开展云能天自动观测资料的应用和评估，建立并试验综合集约的地面气象观测业务流程，同时，在试点站开展优化岗位设置，试行云、天等自动观测规范和自动观测业务运行规定等配套工作。

8.5.6 照明系统

为了配合各种形态光的场景，创造舒适环境，减少光污染和节约电力能源，照明自动化系统的诞生解决了日常生活中的诸多问题。其硬件特点体现在以下八个方面：①采用分散控制方式，确保系统的稳定性；②各控制盘内装有处理器（CPU），可维持稳定的系统运营；③通过自检功能，易于保养和管理，且所有机件为插入式模组，发生故障时可轻易地换装；④具有 20A 自锁继电器，具有自锁功能，该继电器在动作时才消耗电能，其余时间不消耗电能，对突然停电可继续保持原来的状态，确保系统的稳定性；⑤可在中央监控中心与现场控制盘之间上载或下载程序，且必要时，亦可通过网络电脑在现场直接修改程序；⑥以其极佳的兼容性，可组合系统的多种网络；⑦具有独立操作功能并适合于多种用途的 DDC 功能，实现与其他系统的联动控制；⑧采用了可与 IBS 网络（Windows/TCP/IP Protocol）直接联动的 Windows 软件。

其主要控制功能有以下 13 个：①容量是可容纳 24000 个继电器的回路。②电源为 220V/50Hz。③通信为双线通信 19200bps，基本传送距离为 1.2km，扩大时达 9.6km。④自检功能具备对内存、输出输入卡、继电器，以及传送装置等工作状态的自诊断功能。⑤时钟功能可显示分、时、日、周、月、年的工作状态的记录；闰年的自动识别；自动设定北京（标准）时间。⑥定时控制（日程安排）包括各继电器执行 24 小时日程安排表；用鼠标可任意设定要控制的（区域的）所需时间段；任意设定休息日、假日的自动操作；自动识别并控制日出、日落时间段；预报闭灯时间（瞬间熄灯方式）5 分钟前。⑦延时控制功能包括各继电器自动延时开关。⑧工作人员操作范围设定（提供各级别段密码）。⑨网上控制可在互联网上监控，也可在互联网上进行维护及客户服务。⑩局域网能够对大厦内的各办公室的电脑进行监控。⑪电话控制可通过使用普通电话机对照明区域进行控制。⑫日报、月报功能可记忆什么时间，用什么方式，对哪个区域，进行多少次控制的记录。⑬模拟图像监控（模拟现场监控）用模拟图像对全区域进行全范围的监控。

安装效果体现在以下六个方面：①节能效果能够有效利用上/下班、中午，打扫时间段的照明使用效率，提供最适合的工作环境和节能方案。②节约运营管理费用，不需要多数的管理人员，操作简便。③创造舒适的工作环境，采用对照明控制系统最适合操作软件，自动分析各种资料。④系统的稳定性采用 STAND-ALONE 功能的分散控制方式，监控中心和现场控制器之间进行互相上/下载所有资料，并且适用控制 20A 的自锁继电器。⑤有效进行维修保养，适用自己诊断功能，随时监视各机器的状态，发生故障时会迅速处理。⑥系统的开放性，采用国际标准的 C 语言和微软的 Windows，与其他系统容易联动。

8.5.7 微机综合

微机综合自动化系统就是将变电站的二次设备（包括仪表、信号系统、继电保护、自动装置和远动装置）经过功能的组合和优化设计，利用先进的计算机技术、现代电子技术和通信设备及信号处理技术，实现对全变电站的主要设备和输配电线路的自动监视、测

量、自动控制和微机保护以及与调度通信等综合性的自动化功能。

综合自动化实现的原则主要有两个：一是中低压变电站采用自动化系统，以便更好地实施无人值班，达到减人增效的目的。二是对高压变电站（220kV及以上）的建设和设计来说，要求用先进的控制方式，解决各专业在技术上分散、自成系统、重复投资甚至影响运行可靠性。

8.5.8　变电站综合

变电站综合自动化系统是利用先进的计算机技术、现代电子技术、通信技术和信息处理技术等实现对变电站二次设备（包括继电保护、控制、测量、信号、故障录波、自动装置及远动装置等）的功能进行重新组合、优化设计，对变电站全部设备的运行情况进行监视、测量、控制和协调的一种综合性的自动化系统。通过变电站综合自动化系统内各设备间相互交换信息、数据共享，完成变电站运行监视和控制任务。变电站综合自动化替代了变电站常规二次设备，简化了变电站二次接线。变电站综合自动化是提高变电站安全稳定运行水平、降低运行维护成本、提高经济效益、向用户提供高质量电能的一项重要技术措施。

功能的综合是其区别于常规变电站的最大特点，它以计算机技术为基础，以数据通信为手段，以信息共享为目标。其基本特征体现在以下七个方面：

1）功能实现综合化。变电站综合自动化技术是在微机技术、数据通信技术、自动化技术基础上发展起来的。它综合了变电站内除一次设备和交、直流电源以外的全部二次设备。

2）系统构成模块化。保护、控制、测量装置的数字化（采用微机实现，并具有数字化通信能力）利于把各功能模块通过通信网络连接起来，便于接口功能模块的扩充及信息的共享。另外，模块化的构成，方便变电站实现综合自动化系统模块的组态，以适应工程的集中式、分部分散式和分布式结构集中式组屏等方式。

3）结构分布、分层、分散化。综合自动化系统是一个分布式系统，其中微机保护、数据采集和控制以及其他智能设备等子系统都是按分布式结构设计的，每个子系统可能有多个CPU分别完成不同的功能，由庞大的CPU群构成了一个完整的、高度协调的有机综合系统。

4）操作监视屏幕化。变电站实现综合自动化后，无论是有人值班还是无人值班，操作人员不是在变电站内就是在主控站或调度室内，面对彩色屏幕显示器，对变电站的设备和输电线路进行全方位的监视和操作。

5）通信局域网络化、光缆化。计算机局域网络技术和光纤通信技术在综合自动化系统中得到普遍应用。

6）运行管理智能化。智能化不仅表现在常规自动化功能上，还表现在能够在线自诊断，并将诊断结果送往远方主控端。

7）测量显示数字化。采用微机监控系统，常规指针式仪表被CRT显示器代替，人工抄写记录由打印机代替。

8.6　自动化技术在智能建筑中的应用

智能建筑的优点有很多，包括其便捷、舒适、安全、节约能源等，都受到了很多人的

欢迎，建筑智能化为工作效率以及本身的实用效果带来了非常大的帮助，节省了运行费用，已经成为整个建筑事业的发展倾向。

1）办公自动化。自动化的办公是使用非常先进的信息技术，将计算机作为办公重点工具，使用各种先进工具来进行办公，提高办公效率，促进办公水平以及办公品质的提升，改变办公环境以及条件，减少办公时长，降低劳动的强度，最终促进更好更快地进行办公工作，降低由于人的失误导致的错误。自动化办公技术将办公手段推向了数字化发展方向，最后达到无纸化办公的效果。

使用自动化办公系统可以促进办公人员便捷地分享工作内容、工作消息，可以更团结地工作，促进办公效率的提升。通过使用邮件、数据库信息管理、复制粘贴、目录、群组的协同工作技术来作铺垫，实现团队工作，将之前没有实现自动化办公时的信息不流通，变成了信息分享及时，更好地实现了各个方面的信息可以自动化管理；将以前比较困难、无聊的手工办公手段进行了淘汰，非常快速地达到了全方位的信息处理工作的效果，给企业各个方面的管理以及做出决定带来了合理有效的根据。

总体来说，办公室的自动化提供了以下功能：内部通信平台；信息平台；实现工作流程的自动化；实现文档管理的自动化；辅助办公；信息集成；实现分布式办公。

我国国内大多数小有规模的公司都使用了OA（办公自动化）系统来实现自动化办公。在进行新开发和设计楼盘的时候要更好地使用自动化办公，更好地实现信息资源共享的功能，由于智能建筑并不是很铺张，所以，国内还需要更努力地做好这一工作。

2）楼宇自动化。楼宇自动化是智能建筑中的一部分，楼宇自动化中智能建筑的主要功能是建筑物中的各个设施以及建筑环境的总体监督和管理，给使用人员一个安全舒适、高效率、快捷的生活环境。

楼宇自动化系统给整个建筑的每一个公用机电设备，包含建筑中的中央空调体系、给排水、供配电、照明、电梯等系统，要集体进行监督管理和控制，以此来促进建筑管理水准，将设备的整体损伤概率降到最小，降低维修管理成本。

楼宇自动化体系关联整个建筑中的通风、空调、电力、照明、防灾、安全、给排水、车库管理等各个设备以及体系，其整体的设计水准以及建设品质对智能建筑成为现实有着非常明显的影响。

楼宇自动化体系最终的目标就是将建筑中每一个机电设备的信息进行分析归类，使用最优秀的控制方法，对设备进行集体的控制和管理，使设备可以更好的状态运行，可以将工作环境创造得更加舒适便捷，节约能源以及管理成本，促进智能建筑的整个现代化管理工作以及服务水准。

3）消防自动化。高层建筑中非常多的就是智能建筑，内部设备非常繁复，造成火灾的原因就会比一般的建筑多，一旦出现火灾，就要立刻进行救援工作，要求智能建筑有非常特别的防火功能，所以智能建筑中消防自动化非常关键。

在建筑物内不同楼层中合理布置消防自动化系统和烟火控制装置，确保火情发生后能够迅速报警，同时能够迅速开启火灾联动系统，包括关闭空调、开启排烟器械、使用消防专用梯等内容，由此降低生命危险。

当前智能建筑中使用的自动消防系统有自动喷水灭火系统、自动气体灭火系统、火灾事故广播系统、安全疏散系统、消防电梯管理系统。

4）保安自动化。智能建筑中最重要的一项工作就是安全防范工作，传统的管理措施主要是依靠人工来完成的，但是从以往的经验可以发现使用人工进行安全防范有很多的漏洞，现代化的智能小区最先进的一项就是使用电子设备对小区进行安全防范，保证居住者的安全。

在现代化的智能建筑中，可以使用实时监控系统监控小区内的动向，如果发现非法闯入者，系统就会自动向控制中心发出警报，并启动相应的电气设备进入应急联动状态，实施主动防范。在现代化的智能建筑中最常见的防范设备有门禁管理系统、防盗报警系统、对讲与防盗门控等，这些设备都是使用自动化控制为中心基础，对建筑实施监控，从而保证人们的安全。

5）通信自动化。智能建筑设计工作中的通信网络系统技术的应用就是要监理一个综合的布线网络体系，要使用非常科学的双绞线以及光缆技术来进行信息资源共享功能的实现，可以实现客户之间自由地视频语音。这个系统技术要使用语音和数据通信设备、交换机以及各种信息管理系统来联系在一起，构成一个完整的开放系统。这个系统要在网络接入的整个前提下完成各种功能的实现。

综合布线系统的通信功能使用到智能建筑中是由六个不同的系统组成的：工作站区子系统、水平干线子系统、管理区子系统、垂直干线子系统、设备间子系统和建筑群子系统。这六个独立的子系统分工协作，可以促进系统快速运转。

8.7　我国自动化技术的发展现状

工业自动化是指将自动化技术运用在机械工业制造环节中，实现自动加工和连续生产，提高机械生产效率和质量，释放生产力的作业手段。工业自动化的发展依赖于信息技术、计算机技术和通信技术的深度融合，自动化技术在很大程度上扭转了传统作业模式，加速了传统工业技术改造。工业自动化技术现已广泛应用于工业企业的生产、控制、管理环节，有效提高了工业企业日常运作效率以及工业生产的科学性。

工业自动化的应用核心是各类工业自动化控制设备和系统，主要产品包括人机界面、控制器、变频器、伺服系统、步进系统、传感器及相关仪器仪表等。工业自动化控制产品作为高端装备的重要组成部分，是发展先进制造技术和实现现代工业自动化、数字化、网络化和智能化的关键，广泛应用于机床、纺织、风电、起重、塑料、包装、电梯、食品、汽车制造等国民经济领域。产品按功能可划分为控制层、驱动层和执行层传感类。工业自动化控制产品主要分类见表 8-7-1。

表 8-7-1　工业自动化控制产品主要分类

产品类别	主要产品
控制层	PLC、HM1、运动控制器、工业互联网、PID 调节器等
驱动层	变频器、伺服驱动器、行业一体化专机、步进驱动等
执行层传感类	伺服电机、永磁同步电机、DDR 电机（直驱电机）、编码器、阀门、气动或液压元件等

工业革命是自动化发展的主要动力，前三次的工业革命促使全球工业自动化水平大幅提升。进入21世纪以来，以人工智能、机器人技术、电子信息技术等为代表的第四次工业革命进一步整合机械和电子系统，工业自动化水平进一步提升，与之相应的工业自动化设备需求也不断增长。据统计，2019年全球工业自动化设备市场规模达到2147亿美元，同比增长1.1%。随着行业的快速发展，市场竞争也越发激烈，目前以西门子、ABB、松下、安川为代表的跨国巨头主导着全球工业自动化市场，其凭借技术先进、功能齐全的产品，拥有庞大的客户群和较高的市场知名度。

我国工业自动化是伴随着改革开放起步的，从发展路径上看，大部分企业是在引进成套设备和各种工业自动化系统的同时进行消化吸收，然后进行二次开发和应用；也有一部分企业通过引进国外技术，与外商合作合资生产工控自动化产品。经过多年的技术积累和应用实践，我国工业自动化控制技术、产业和应用有了很大发展。2019年，我国工业自动化产品+服务市场规模达到1865亿元，同比增长1.9%。伴随供给侧结构性改革进入后周期，2020年之后市场需求逐步回调企稳，2022年市场规模达到了2087亿元。

近些年，国产品牌凭借快速响应、成本、服务等本土化优势，不断缩小与国际著名品牌在产品性能、技术水平等方面的差距，市场份额自2009年的24.8%逐渐增长到2022年的46.9%。工业自动化控制产品应用范围广泛，几乎遍及所有工业领域，在制造业转型升级大背景下，我国传统工业技术改造、工厂自动化和企业信息化均需要大量工业自动化系统，市场潜力巨大。

影响工业自动化行业发展的有利因素包括：国家政策大力支持；人口红利消失，劳动力成本上涨；核心技术日益成熟；下游市场持续快速发展。

工业自动化行业服务于下游众多领域的制造业，是国民经济的战略性产业，受到各国的高度重视。在“工业4.0”的时代背景下，我国政府出台了一系列产业政策和规划，引导和推动行业的健康、持续发展。

国务院发布的《“十三五”国家战略性新兴产业发展规划》提出“推动具有自主知识产权的机器人自动化生产线、数字化车间、智能工厂建设，提供重点行业整体解决方案，推进传统制造业智能化改造”；工业和信息化部、财政部提出“大力推进制造业发展水平较好的地区率先实现优势产业智能转型，积极促进制造业欠发达地区结合实际，加快制造业自动化、数字化改造，逐步向智能化发展”。国家政策大力支持制造业升级改造，向自动化和智能化方向发展，为工业自动化相关产业的快速发展提供了良好的政策环境。

随着我国劳动人口数量的下降，人口红利逐步消失，劳动力成本快速上升，低成本的人力优势逐步减弱，劳动密集型的生产企业人力成本日益增加，以自动化设备代替人工的需求迫切。

国家统计局数据显示，2013年开始中国15～64岁人口数量开始出现下降，并且连续四年减少，减少总量高达753万人，劳动力市场呈现招工难、招工贵的特点，企业为降低用工成本，弥补劳动力高成本带来的短板，必须加快生产制造升级的速度，工业自动化行业市场将会迎来快速增长时期。

目前，我国自动化设备制造商的技术水平和国外企业存在一定差距，但通过不断加大技术研发，我国厂商逐步积累了自动化设备设计和生产所需的相关核心技术，在整机设备、核心部件、控制系统、基础材料和软件系统等方面的技术日益成熟，国际竞争力逐渐

增强，技术附加值逐步提升，为我国自动化设备制造业的快速发展提供了重要的技术支持。

自动化测试设备和自动化组装设备主要应用于消费电子、医疗电子、汽车电子和工业电子等行业。近年来由于移动互联网的推动，5G通信网络升级、数字信息与大数据时代的到来，移动智能终端等新兴消费电子产品市场需求呈现较快增长，促使电子产品制造商加大生产线自动化设备的投入，有效地推动了自动化设备制造行业的发展。

影响工业自动化行业发展的不利因素包括：行业基础薄弱；专业技术人才短缺；产业配套落后，部分核心部件国产化程度低。

与德国、美国、日本等工业发达国家相比，我国的自动化设备行业起步较晚，生产规模、产品档次、技术水平仍与世界知名企业存在一定差距。我国自动化设备行业虽然发展迅速，出现了众多自动化设备厂商，但大多规模偏小，技术力量薄弱，能够为下游客户提供全过程综合解决方案的企业较少，薄弱的产业基础降低了我国自动化设备制造商的竞争力，对行业发展产生了不利影响。

自动化设备的设计和研发涉及机械、电子、材料、软件等多方面知识，技术集成度高，开发难度大，要求研发人员具有跨学科、跨专业和跨领域的知识和经验积累，对研发人员的综合素质要求较高。我国工业自动化产业起步较晚，高素质复合型人才较为匮乏，从一定程度上限制了本行业的发展。

自动化设备制造业属于技术密集型产业，技术综合性较强，行业整体水平的提升既需要厂商自身具备较强的研发及制造能力，也需要相关基础配套行业提供有力支撑。

虽然我国的基础材料及精密零部件等产业发展取得了一定成效，但由于国内相关产业发展时间短、高端人才不足、自主创新能力较弱，部分高端精密零配件的配套能力比较薄弱，对进口依赖较大。如果国内厂商不能在核心部件的技术水平上取得突破，高昂的采购成本可能会制约自动化设备制造业的发展。

延伸阅读

目前，我国自动化行业已成长为一棵根基深厚、枝繁叶茂的参天大树，孕育产生了许多新兴学科，在空天科技、深地深海前沿领域、轨道交通、生物医疗、智慧农业、社会治理等方面发挥着不可替代的作用，取得了重要突破。

我国在科技领域的成就正变得越来越多，甚至在部分领域成为先驱者、领导者及全球后时代新科技的引领者。在自动化行业，我国创新技术在某些领域正在实现赶超。例如，我国已完全具备人工智能芯片的自主研发的能力，在多个领域创新实现零的突破；在数字化赖以生存的通信行业，我国在5G领域标准、专利及基础建设上已遥遥领先；我国更是作为量子通信技术开拓者角色，始终处于世界前列。

思考题

1. 自动化的特点是什么？

2. 简述自动化技术的发展历程。
3. 自动化技术的研究内容有哪些?
4. 简述自动化技术的发展现状。
5. 自动化技术的常见应用场景有哪些?
6. 简述自动化技术在智能建筑中的应用情况。
7. 试述近年来我国自动化领域的创新与发展。

第9章　流　水　线

9.1　流水线概述

流水线又称装配线，是工业上的一种生产方式，指每一个生产单位只专注处理某一个片段的工作，以提高工作效率及产量。流水线按照输送方式，大体可以分为皮带流水装配线、板链线、倍速链、插件线、网带线、悬挂线及滚筒流水线七类。流水线一般由牵引件、承载构件、驱动装置、张紧装置、改向装置和支承件等组成。

流水线的可扩展性高，可按需求设计输送量、输送速度、装配工位、辅助部件（包括快速接头、风扇、电灯、插座、工艺看板、置物台、24V 电源、风批）等，因此广受企业欢迎。

流水线是人和机器的有效组合，充分体现设备的灵活性，它将输送系统、随行夹具和在线专机、检测设备有机地组合，以满足多品种产品的输送要求。输送线的传输方式有同步传输（强制式），也有非同步传输（柔性式），根据配置的选择可以实现装配和输送的要求。输送线在企业批量生产中不可或缺。

1769 年，英国人乔赛亚·韦奇伍德开办埃特鲁利亚陶瓷工厂，在场内实行精细的劳动分工，他把原来由一个人从头到尾完成的制陶流程分成几十道专门工序，分别由专人完成。这样一来，原来意义上的“制陶工”就不复存在了，存在的只是挖泥工、运泥工、拌土工、制坯工等，制陶工匠变成了制陶工厂的工人，他们必须按固定的工作节奏劳动，服从统一的劳动管理。

流水线的优势体现在以下三个方面：①整合生产工艺，可在流水线上布置多种工位，满足生产需求；②可扩展性高，可根据工厂需求设计符合产品生产需求的流水线；③节约工厂生产成本，可在一定程度上节约生产工人数量，实现一定程度的自动化生产，前期投入不大，回报率高。

流水线的特征可归纳为以下四点：①工作地专业化程度高；②工艺过程是封闭的，工作地按工艺顺序排列，劳动对象在工序间做单向移动；③每道工序的加工时间同各道工序的工作地数量比例相一致；④每道工序都按统一的节拍进行生产，节拍是指相邻两件制品的出产时间间隔。

流水线的形式多种多样，按生产对象是否移动，可分为固定流水生产线和移动流水生产线；按生产品种数量的多少，可分为单一品种流水生产线和多品种流水生产线；按生产

连续程度，可分为连续流水生产线和间断流水生产线；按实现节奏的方式，可分为强制节拍流水生产线和自由节拍流水生产线；按机械化程度，可分为手工、机械化和自动化三种流水生产线。

9.2 流水线的优化

流水线在工业生产中扮演着重要的角色，直接关系着产品的质量和生产的效率，因此成为企业不得不关注的话题。

1）优化流水线第一站的作业时间及多久放一个原料，此为满足生产计划量而必须投入的时间。但实际上，瓶颈站的作业时间必然大于第一站，第一站一定不是瓶颈站，所以第一站不一定会完全依要求的时间去投入，因为瓶颈站已拖慢它的速度，故从管理的角度来看，要求第一站作业者依规定速度投入。流水线的输送带速度也可反推算出日产量，输送带速度的公式为：

输送带的时间＝整日的上班时间/［日产量×（1＋不良率）］

输送带的速度＝记号间隔距离/输送带的时间

所谓记号间隔距离，是指在流水线的皮带上所做的记号间的距离，希望作业者依记号流经的速度完成作业并放置在皮带线上；但链条线并没有做记号，就以板子的长度当作记号间隔距离。为何要用输送带？除了运送物品外，其还有半强制作业者依计划完成作业的功能，速度应依上述公式去计算求得。

2）观察流水线上哪一站是瓶颈站。要点有3个，即永远忙个不停的站；总将半成品往回拉的站；从该站开始，两个半成品中间出现了间隔。上面三点是目视就可察觉的，此外就是用秒表量，作业时间是所有站中最长的。瓶颈站的作业时间就变成了整条流水线实际产出的时间，而日产量公式则为：

日产量＝整日的上班时间/实际时间

故现场人员只要减少其作业时间，就可明显提升产量，如将零件拿出一些给别站做、使用治工具以节省动作、改善作业域的配置等。但在解决瓶颈站后，可能会出现新的瓶颈站，所以又要对此新的瓶颈站进行优化。因此持续盯着瓶颈站改善，整条流水线的效率就会日日提升。

3）观察流水线最后一站收成品的时间，也就是实际产出的时间，此站的时间必相等于瓶颈站。从此站可推算出这条流水线的效率如何，公式为：

效率＝投入时间/实际时间＝第一站的作业时间/最后一站的作业时间

当然也可用瓶颈站的作业时间来算，不过观察最后一站总是较简单、实际的。

流水线上的在制品数量＝（最后一站的作业时间－第一站的作业时间）
×（整日的上班时间/最后一站的作业时间）

4）稼动率的观察。

稼动率＝在作业的时间/整日的上班时间

稼动就是流水线上有效的工作，作业者坐在位子上并不表示他在工作，在工作才能做出产品来，所以要观察作业者在作业的时间。但实际上，不可能全天对每个作业者进行测量，所以用抽查工作的方法来仿真测量，其实就是不时去看作业者在做什么。

5）流水线作业者坐在位子上并不表示他在认真工作，所以最后就是观察每一个作业者的作业速度。速度是一个很抽象的概念，仅从目视很难来比较和量化，所以在心里建立起一个标准速度，快过它就算好，动作精简、固定而有节奏地进行，往往有较好的作业速度，反之不佳，如此来观察就比较简单。

流水线作业不是快就是好，其动作必须是有附加价值的，所以还要看其动作是否简单扼要，故要遵循动作经济原则的观念。简单地说，人类手部的动作可分为移动、握取、放开、前置、组立、使用、分解，还有一种心理的精神作用，严格来说，其中只有两种动作有附加价值——组立、使用，所以在能满足生产要求的条件下，尽量排除或简化其他的动作。其原则有如下六个：①移动，使物料自动到达所要的位置、缩短移动距离、减少需移动物品的质量、移动路径周围避免有东西妨碍移动、让料盒斜置以缩短绕过边缘的距离等；②握取，料盒里的物料尽可能整齐排放，不要杂乱堆积，不方便拿取的东西先预留握取的空间等；③前置，同握取一样，料盒里的物料尽可能整齐排放，不要杂乱堆积等；④组立，以治工具代替手作业等；⑤使用，使机械全自动化等；⑥精神作用，利用机械取代人为判断，减少作业者目光的移动等。

流水线安装的注意事项为：流水线的平面设计应当保证零件的运输路线最短，生产工人操作方便，辅助服务部门工作便利，最有效地利用生产面积，并考虑流水线安装之间的相互衔接。为满足这些要求，在流水线平面布置时应考虑流水线的形式、流水线安装工作地的排列方法等问题。流水线安装时工作地的排列要符合工艺路线，当工序具有两个以上工作地时，要考虑同一工序工作地的排列方法；一般当有两个或两个以上偶数个同类工作地时，要考虑采用双列布置，将它们分列在运输路线的两侧；但当一个工人看管多台设备时，要考虑使工人移动的距离尽可能短。

9.3　流水线的特点及操作注意事项

链式流水线是以链条作为牵引和承载体输送物料，链条可以采用普通的套筒滚子输送链，也可采用其他各种特种链条。其输送能力大，可承载较大的载荷；输送速度准确稳定，能保证精确的同步输送；易于实现积放输送，可用作装配生产线或作为物料的储存输送；可在各种恶劣的环境（高温、粉尘）下工作，性能可靠；采用特制铝型材制作，易于安装；结构美观、实用、噪声低；多功能，自动化程度高。

生产流水线的特征是每一道工序都由特定的人去完成，一步一步地加工，每个人做一个特定的工作。其优点是生产起来会比较快，因为每个人只需要做一件事，对自己所做的事都非常熟悉；缺点是工作的人会觉得很乏味。

板链式装配流水线承载的产品比较重，和生产线同步运行，可以实现产品的爬坡；生产的节拍不是很快；以链板面作为承载，可以实现产品的平稳输送。

滚筒式流水线承载的产品类型广泛，所受限制少；与阻挡器配合使用，可以实现产品的连续、节拍运行以及积放的功能；采用顶升平移装置，可以实现产品的离线返修或检测而不影响整个流水线的运行。

皮带式流水线承载的产品比较轻，形状限制少；和生产线同步运行，可以实现产品的爬坡转向；以皮带作为载体和输送，可以实现产品的平稳输送，噪声小；可以实现轻型物料或产品较长距离的输送。

差速输送流水线采用倍速链牵引，工装板可以自由传送，采用阻挡器定位使工件自由运动或停止，工件在两端可以自动顶升，横移过渡，还可以在线体上或线体旁安装旋转（90°、180°……）、专机、检测设备、机械手等装置。

单件流水线又叫单元同步流水线。单件流水是把人员、设备、物流进行综合有效利用，有组织、有计划、有目标地安排每个单元协调均衡地进行生产。在生产活动中，生产批量以一个为批量，前后工序间无停滞，每完成一道工序自检一道工序、传递一个的生产方式称为一个流的生产方式，简称单件流。

单件流水线的特点可归纳为以下四个方面：①目标管理，产能目标化，由工业工程人员把产品的每个单元（工序）进行目标产能设定。②时间管理，时间定量化，由工业工程人员把产品的每个单元（工序）进行目标操作时间的设定。③成品出产快，质量问题反应迅速，零批量品质事故。④前推后拉式。它与传统生产方式不同，传统生产方式是生产线处于被动，只能等待前部门的物料、开裁、绣花、印花来决定生产的正常运作，而单件流水生产是处于主动，前工序必须满足生产线，一切为了生产而谋定。前推，不只是流水上的前推，它包括订单、物料供应、产品再加工；后拉，是为了满足客户需求，拉动整个生产与供应链。

流水线设备操作人员必须熟练掌握各种机械的构造、性能和操作、维护方法，做到专人使用、专人负责。操作木工机械时，应穿戴好工作服，扎紧袖口，女同志必须戴好工作帽，辫子放入帽内，不许戴手套、围巾等进行操作。机械开始工作前必须先试车，各部件运转正常后方能开始工作。（注意：若一两次点火不行，最好把燃烧机风机空开一会儿把炉膛内的瓦斯气体排放完毕才能第二次试机。）设备上的轴、链条、皮带轮、皮带及其他运转部分都应设置防护罩和防护板。机械运转中如有不正常情况或发生其他故障，应立即切断电源，停车检修。设备周边多为易燃品，应严禁烟火。调试维护设备时，必须切断总电源。勿带儿童在流水线附近玩耍。

9.4 流水线在建筑工程中的应用

流水线在建筑工程中的典型应用就是流水施工技术。流水施工技术的优点有很多，它不仅能够将机械化运作与科学化结合，而且能够最大化利用流水施工技术相关资源。流水施工技术在全部施工环节都采取了高效率的处理方式，从而确保任何一个施工环节都能经过专业的施工团队的专业指导，因此也会提高施工效率。

流水线作业是传统的施工技术，其本身就是较为传统的工艺，这项工艺一般都是采取按部就班的规矩来开展的，还有一些是根据施工的环节步骤进行的，不仅慢，而且逻辑性差，如果其中一个模块出现了漏洞，那么势必会引起整个建筑工程时间的延迟。

流水施工的建筑模式各个工序关联度高，可以减少安全隐患，有效地缩短施工时间。流水施工作业分工明确，每个施工队伍都可以明确自身的施工职责，各个施工模块能更加

协调有序并良好地衔接在一起，大大提高了建筑施工效率。

流水施工技术有很多亮点，其中最大的亮点就是将施工过程合理科学地布局，不同施工团队完成其各自专业范围内的工程。工程项目需要多种多样的施工工艺，流水节拍的确定需要专业的施工人员与施工的建筑环境之间更加和谐地配合。

流水施工的技术参数一般包括工艺参数、空间参数和时间参数。工艺参数是流水施工过程中用来代表流水施工的施工工艺完成状态的参数。空间参数是指流水施工环节中的空间布置。时间参数是在流水施工作业的过程中对于时间的安排的相关参数。

流水施工技术在实际应用中要根据具体建筑施工对象采取一定的措施，不仅要保障工程新技术的更新频次，还要完善新工艺，搜集新材料，扩大新设备的使用范围。

合理科学地安排建筑布局，同时及时跟进施工进度，不仅会使各施工过程能够在确保连续施工的前提下，最大化地完善搭接施工作业，而且降低了误工风险，更好地利用了施工的时间和空间。

工业时代已经过去，现阶段经济的高速前进使流水施工工程逐步加速。流水施工的模式由于自身较为强大的关联性，不仅可以缩短建筑时效间隔，而且可以间接高效率地缩短工期；不仅能够提高工效，也能够节省建筑原料，从而使得资源的损耗降到最低。

9.5　全自动化流水线

全自动化流水线是指在生产过程中，通过运用自动化设备、机器人等先进技术，实现各生产环节的智能化、连续化、高效化。与传统流水线相比，全自动化流水线具有四方面优势，即提高生产效率、降低成本、提高产品质量、促进创新。全自动化流水线可以实现24小时不间断生产，大大提高了生产效率；全自动化流水线可以减少人力成本，提高生产效益；全自动化流水线可以保证生产过程的稳定性和一致性，从而提高产品质量；全自动化流水线为生产过程中的实验和创新提供了可能，有助于企业开发新产品。

全自动化流水线在制造业、物流业等领域有着广泛的应用前景。随着全球制造业的快速发展，企业对全自动化流水线的需求将持续增长。据预测，到2025年，全球全自动化流水线的市场规模将达到数百亿美元。同时，随着劳动力成本的不断提高，越来越多的企业开始关注全自动化流水线，尝试通过引入先进的生产技术来降低成本、提高竞争力。此外，随着机器人技术的不断发展，全自动化流水线的设备成本也在逐渐降低，这将进一步推动全自动化流水线的普及和应用。

汽车制造企业通过引入全自动化流水线，实现了汽车发动机的智能化生产；在生产过程中，机器人和自动化设备完成了从零部件加工到产品检验的所有环节，大大提高了生产效率和产品质量。快递公司通过运用全自动化流水线，实现了包裹的分拣和装载：在流水线上配备了智能识别系统和机械臂，可以快速、准确地完成包裹的分拣和装载，大大提高了物流效率和准确性。

全自动化流水线的引入对企业有着深远的影响。首先，可以提高企业的生产效率和产品质量，从而增强企业的竞争力。其次，可以降低生产成本，提高企业的盈利能力。此外，全自动化流水线还可以帮助企业实现数字化转型，从而更好地满足客户需求，实现可持续发展。

全自动化流水线的未来发展趋势是智能化、柔性化、集成化、绿色化。随着人工智能技术的不断发展，未来的全自动化流水线将更加智能化，能够根据生产数据自动调整生产过程，提高生产效率。未来的全自动化流水线将更加注重设备的灵活性和适应性，能够满足不同生产需求。未来的全自动化流水线将与企业的信息系统实现更加紧密的集成，从而实现数据的无缝传输和共享。未来的全自动化流水线将更加注重环保和节能，采用更加环保的技术和设备，降低能源消耗和碳排放。

延伸阅读

工业史上有三大“时代巨人”——爱迪生、福特、乔布斯，他们都极具创新精神，不只发明了很多新产品，更是开辟了一个个新产业，全面、系统地改变了世界产业格局。

爱迪生发明留声机、电影放映机、电灯，开辟了商业音乐产业、电影产业、商业照明产业；福特最先发明流水线和规模化生产，现代工业由此出现；乔布斯使人们理解手机除了是通信工具，更是“个人移动应用平台”。其中，福特开创的大规模流水线生产，更是具有承上启下的历史意义。稻盛和夫甚至直言：“在规模化的工业流水线中，真正的制造成本可能只有梅子核一样小。”

在流水线生产的百年进化史中，最大的改变是“人机角力”。人机角力的上半场核心是“将人当机器用，还是将机器当人用”，下半场核心是“人机融合”。

思考题

1. 流水线的概念是什么?
2. 流水线的优化包括哪些内容?
3. 流水线的有哪些?
4. 流水线在建筑工程中有哪些应用?
5. 试述近年来我国流水线技术领域的创新与发展。

第10章 物 联 网

10.1 物联网概述

物联网（internet of things，IoT）是指通过各种信息传感器、射频识别技术、全球定位系统、红外感应器、激光扫描器等各种装置与技术，实时采集任何需要监控、连接、互动的物体或过程，采集其声、光、热、电、力学、化学、生物、位置等各种需要的信息，通过各类可能的网络接入，实现物与物、物与人的广泛连接，实现对物品和过程的智能化感知、识别和管理。物联网是一个基于互联网、传统电信网等的信息承载体，它让所有能够被独立寻址的普通物理对象形成互联互通的网络。

物联网是新一代信息技术的重要组成部分，IT 行业又叫泛互联，意指物物相连、万物万联。由此，物联网就是“物物相连的互联网”。其有两层意思：第一，物联网的核心和基础仍然是互联网，是在互联网基础上的延伸和扩展的网络；第二，其用户端延伸和扩展到了任何物品与物品之间进行信息交换和通信。

从通信对象和过程来看，物与物、人与物之间的信息交互是物联网的核心。物联网的基本特征可概括为整体感知、可靠传输和智能处理。

整体感知即利用射频识别、二维码、智能传感器等感知设备感知获取物体的各类信息。

可靠传输通过对互联网、无线网络的融合，将物体的信息实时、准确地传送，以便信息交流、分享。

智能处理是使用各种智能技术，对感知和传送来的数据、信息进行分析处理，实现监测与控制的智能化。

根据物联网的以上特征，结合信息科学的观点，围绕信息的流动过程，可以归纳出物联网处理信息的四大功能。

第一个是获取信息的功能，主要是信息的感知、识别。信息的感知是指对事物属性状态及其变化方式的知觉和敏感；信息的识别指能把所感受到的事物状态用一定方式表示出来。

第二个是传送信息的功能，主要是信息发送、传输、接收等环节，最后把获取的事物状态信息及其变化的方式从时间（或空间）上的一点传送到另一点，这就是常说的通信过程。

第三个是处理信息的功能，是指信息的加工过程，利用已有的信息或感知的信息产生新的信息，实际是制定决策的过程。

第四个是施效信息的功能，指信息最终发挥效用的过程，有很多的表现形式，比较重要的是通过调节对象事物的状态及其变换方式，始终使对象处于预先设计的状态。

10.2　物联网的发展历程

“物联网”的概念最早出现于比尔·盖茨1995年的《未来之路》一书。在《未来之路》中，比尔·盖茨已经提及物联网概念，只是当时受限于无线网络、硬件及传感设备的发展，并未引起世人的重视。

1998年，美国麻省理工学院创造性地提出了当时被称作EPC系统的“物联网”的构想。

1999年，美国Auto-ID首先提出“物联网”的概念，主要是建立在物品编码、RFID技术和互联网的基础上。

过去，物联网在我国被称为传感网。中国科学院早在1999年就启动了传感网的研究，并取得了一些科研成果，建立了一些适用的传感网。同年，在美国召开的移动计算和网络国际会议提出了“传感网是下一个世纪人类面临的又一个发展机遇”的观点。

2003年，美国《技术评论》认为传感网络技术将是未来改变人们生活的十大技术之首。

2005年11月17日，在突尼斯举行的信息社会世界峰会（WSIS）上，国际电信联盟（ITU）发布了《ITU互联网报告2005：物联网》，正式提出了“物联网”的概念。报告指出，无所不在的“物联网”通信时代即将来临，世界上所有的物体从轮胎到牙刷、从房屋到纸巾都可以通过互联网主动进行交换；射频识别技术（RFID）、传感器技术、纳米技术、智能嵌入技术将得到更加广泛的应用和关注。

2021年7月13日，中国互联网协会发布了《中国互联网发展报告（2021）》，物联网市场规模达1.7万亿元，人工智能市场规模达3031亿元。

2021年9月，工业和信息化部等八部门印发《物联网新型基础设施建设三年行动计划（2021—2023年）》，明确到2023年年底，在国内主要城市初步建成物联网新型基础设施，社会现代化治理、产业数字化转型和民生消费升级的基础更加稳固。

10.3　物联网的关键技术

1）射频识别技术。谈到物联网，就不得不提到物联网发展中备受关注的射频识别技术（radio frequency identification，简称RFID）。RFID是一种简单的无线系统，由一个询问器（或阅读器）和很多应答器（或标签）组成。

标签由耦合元件及芯片组成，每个标签具有扩展词条唯一的电子编码，附着在物体上标识目标对象，它通过天线将射频信息传递给阅读器，阅读器就是读取信息的设备。

RFID技术让物品能够“开口说话”。这就赋予了物联网一个特性即可跟踪性，就是说人们可以随时掌握物品的准确位置及其周边环境。

据Sanford C. Bernstein公司的零售业分析师估计，关于物联网RFID带来的这一特性，可使沃尔玛每年节省83.5亿美元，其中大部分是因为不需要人工查看进货的条码而节省的劳动力成本。RFID帮助零售业解决了商品断货和损耗（因盗窃和供应链被搅乱而损失的产品）两大难题，仅盗窃一项，沃尔玛一年的损失就达近20亿美元。

2）传感网。MEMS是微机电系统（micro-electro-mechanical systems）的英文缩写。它是由微传感器、微执行器、信号处理和控制电路、通信接口和电源等部件组成的一体化的微型器件系统。其目标是把信息的获取、处理和执行集成在一起，组成具有多功能的微型系统，集成于大尺寸系统中，从而大幅度地提高系统的自动化、智能化和可靠性水平。它是比较通用的传感器。

因为MEMS赋予了普通物体新的生命，它们有了属于自己的数据传输通路，有了存储功能、操作系统和专门的应用程序，从而形成一个庞大的传感网。这让物联网能够通过物品来实现对人的监控与保护。

例如，遇到酒后驾车的情况，如果在汽车和汽车点火钥匙上都植入微型感应器，那么当喝了酒的司机掏出汽车钥匙时，钥匙能通过气味感应器察觉到一股酒气，然后通过无线信号立即通知汽车“暂停发动”，同时“命令”司机的手机给他的亲朋好友发短信，告知司机所在位置，提醒亲友尽快来处理。

不仅如此，未来衣服可以“告诉”洗衣机放多少水和洗衣粉最经济；文件夹会“检查”人们忘带了什么重要文件；食品蔬菜的标签会向顾客的手机介绍“自己”是否真正“绿色安全”。这就是物联网世界中被“物”化的结果。

3）M2M系统框架。M2M是machine-to-machine/man的简称，是一种以机器终端智能交互为核心的、网络化的应用与服务，它将使对象实现智能化的控制。M2M技术涉及五个重要的技术部分，即机器、M2M硬件、通信网络、中间件、应用。

基于云计算平台和智能网络，可以依据传感器网络获取的数据进行决策，通过改变对象的行为进行控制和反馈。

以智能停车场为例，当该车辆驶入或离开天线通信区时，天线以微波通信的方式与电子识别卡进行双向数据交换，从电子车卡上读取车辆的相关信息，在司机卡上读取司机的相关信息，自动识别电子车卡和司机卡，并判断电子车卡是否有效和司机卡的合法性，核对车道控制电脑显示与该电子车卡和司机卡一一对应的车牌号码及驾驶员等资料信息；车道控制电脑自动将通过时间、车辆和驾驶员的有关信息存入数据库中，车道控制电脑根据读到的数据判断是正常卡、未授权卡、无卡还是非法卡，据此做出相应的回应和提示。

另外，家中老人戴上嵌入智能传感器的手表，在外地的子女可以随时通过手机查询父母的血压、心跳是否稳定；智能化的住宅在主人上班时，传感器自动关闭水电气和门窗，定时向主人的手机发送消息，汇报安全情况。

4）云计算。云计算旨在通过网络把多个成本相对较低的计算实体整合成一个具有强大计算能力的完美系统，并借助先进的商业模式让终端用户可以得到这些强大计算能力的服务。

如果将计算能力比作发电能力，那么从大家习惯的单机计算模式转向云计算模式，就好比从古老的单机发电模式转向现代电厂集中供电的模式，而“云”就好比发电厂，具有单机所不能比拟的强大计算能力。这意味着计算能力也可以作为一种商品进行流通，就像煤气、水、电一样，取用方便、费用低廉，以至于用户无须自己配备。

与电力是通过电网传输不同，计算能力是通过各种有线、无线网络传输的。因此，云计算的一个核心理念就是通过不断提高“云”的处理能力，不断减少用户终端的处理负担，最终使其简化成一个单纯的输入输出设备，并能按需享受“云”强大的计算处理能力。

物联网感知层获取大量数据信息，在经过网络层传输以后，放到一个标准平台上，再利用高性能的云计算对其进行处理，赋予这些数据智能，才能最终转换成对终端用户有用的信息。

10.4　物联网的应用

物联网的应用领域涉及方方面面，在工业、农业、环境、交通、物流、安保等基础设施领域的应用，有效地推动了这些方面的智能化发展，使得有限的资源更加合理地使用分配，从而提高了行业效率、效益。

物联网在家居、医疗健康、教育、金融与服务业、旅游业等与生活息息相关的领域的应用，从服务范围、服务方式到服务质量等方面都有了极大的改进，大大提高了人们的生活质量。

在涉及国防军事领域方面，虽然还处在研究探索阶段，但物联网应用带来的影响也不可小觑，大到卫星、导弹、飞机、潜艇等装备系统，小到单兵作战装备，物联网技术的嵌入有效提升了军事领域的智能化、信息化、精准化发展，极大提高了军事战斗力，是未来军事变革的关键。

1）智能交通。物联网技术在道路交通方面的应用比较成熟。随着社会车辆越来越普及，交通拥堵甚至瘫痪已成为城市的一大问题。对道路交通状况实时监控并将信息及时传递给驾驶人，让驾驶人及时做出出行调整，有效缓解了交通压力；高速路口设置道路自动收费系统（ETC），免去进出口取卡、还卡的时间，提升车辆的通行效率；公交车上安装定位系统，能及时了解公交车行驶路线及到站时间，乘客可以根据搭乘路线确定出行，免去不必要的时间浪费。社会车辆增多，除了会带来交通压力外，停车难也日益成为一个突出问题，不少城市推出了智慧路边停车管理系统，该系统基于云计算平台，结合物联网技术与移动支付技术，共享车位资源，提高了车位利用率和用户的方便程度。该系统可以兼容手机模式和射频识别模式，通过手机软件可以实现及时了解车位信息、车位位置，提前做好预定并实现交费等操作，很大程度上解决了“停车难、难停车”的问题。

2）智能家居。智能家居就是物联网在家庭中的基础应用，随着宽带业务的普及，智能家居产品涉及方方面面。家中无人，可利用手机等产品客户端远程操作智能空调，调节室温，甚至还可以学习用户的使用习惯，从而实现全自动的温控操作，使用户在炎炎夏季回家就能享受到冰爽带来的惬意；通过客户端实现智能灯泡的开关、调控灯泡的亮度和颜色等；插座内置 Wi-Fi，可实现遥控插座定时通断电流，甚至可以监测设备用电情况，生

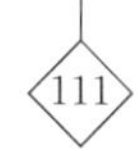

成用电图表让你对用电情况一目了然，安排资源使用及开支预算；智能体重秤可以监测运动效果；内置可以监测血压、脂肪量的先进传感器，内定程序根据身体状态提出健康建议；智能牙刷与客户端相连，提供刷牙时间、刷牙位置提醒，可根据刷牙的数据生成图表，反映口腔的健康状况；智能摄像头、窗户传感器、智能门铃、烟雾探测器、智能报警器等都是家庭不可少的安全监控设备，即使出门在外，也可以在任意时间、地点查看家中任何一角的实时状况。看似烦琐的种种家居生活因为物联网变得更加轻松、美好。

3）公共安全。近年来全球气候异常情况频发，灾害的突发性和危害性进一步加大，互联网可以实时监测环境的不安全情况，提前预防、实时预警、及时采取应对措施，降低灾害对人类生命财产的威胁。美国布法罗大学早在2013年就提出研究深海互联网项目，通过特殊处理的感应装置置于深海处，分析水下相关情况，海洋污染的防治、海底资源的探测，甚至对海啸也可以提供更加可靠的预警。该项目在当地湖水中进行试验，获得成功，为进一步扩大使用范围提供了基础。利用物联网技术可以智能感知大气、土壤、森林、水资源等方面各指标数据，对改善人类生活环境发挥巨大作用。

10.5　物联网面临的挑战

虽然物联网近年来的发展已经渐成规模，各国都投入了巨大的人力、物力、财力来进行研究和开发。但是在技术、管理、成本、政策、安全等方面仍然存在许多需要攻克的难题。

1）技术标准的统一与协调。传统互联网的标准并不适合物联网。物联网感知层的数据多源异构，不同的设备有不同的接口、不同的技术标准；网络层、应用层也由于使用的网络类型不同、行业的应用方向不同而存在不同的网络协议和体系结构。建立统一的物联网体系架构、统一的技术标准是物联网正在面对的难题。

2）管理平台问题。物联网自身就是一个复杂的网络体系，加之应用领域遍及各行各业，不可避免地存在很大的交叉性。如果这个网络体系没有一个专门的综合平台对信息进行分类管理，就会出现大量信息冗余、重复工作、重复建设造成资源浪费的状况。每个行业的应用各自独立，成本高、效率低，体现不出物联网的优势，势必会影响物联网的推广。物联网现急需一个能整合各行业资源的统一管理平台，使其能形成一个完整的产业链模式。

3）成本问题。各国对物联网都积极支持，在看似百花齐放的背后，能够真正投入并大规模使用的物联网项目少之又少。譬如，实现RFID技术最基本的电子标签及读卡器，其成本价格一直无法达到企业的预期，性价比不高；传感网络是一种多跳自组织网络，极易遭到环境因素或人为因素的破坏，若要保证网络通畅，并能实时安全传送可靠信息，网络的维护成本高。如果成本没有达到普遍可以接受的范围内，物联网的发展只能是空谈。

4）安全性问题。传统的互联网发展成熟、应用广泛，尚存在安全漏洞。物联网作为新兴产物，体系结构更复杂，没有统一标准，各方面的安全问题更加突出。其关键实现技术是传感网络。传感器暴露的自然环境下，特别是一些放置在恶劣环境中的传感器，如何长期维持网络的完整性，对传感技术提出了新的要求，传感网络必须有自愈的功能。这不

仅仅受环境因素影响，人为因素的影响更严峻。RFID是其另一关键实现技术，就是事先将电子标签置入物品中以达到实时监控的状态，这对于部分标签物的所有者势必会造成一些个人隐私的暴露，个人信息的安全存在问题。不仅仅是个人信息安全，如今企业之间、国家之间合作都相当普遍，一旦网络遭到攻击，后果将不堪设想。如何在使用物联网的过程中做到信息化和安全化的平衡至关重要。

10.6 物联网在建筑工程中的应用

建筑行业正在将实时信息带入已有数百年历史的流程中。物联网设备和传感器正在以比以前想象得更实惠、更高效和更有效的方式收集工作现场数据。物联网能够改变行业、自动化流程和提高投资回报率。

物联网具有提高生产力、现场安全和运营效率的潜力。通过部署低功耗传感器，管理人员可以实时提高项目各个阶段的工地可视性，从规划到施工，甚至施工后的运营。

虽然建筑行业正在快速变化，但采用技术成功解决常见工作场所问题并简化流程的建筑公司正受益于效率的提高和对行业日益增长的需求的响应能力的提高。生产力持平、利润率下降、工期超限和竞争加剧是建筑公司应考虑采用物联网技术和数字化的一些明显原因。数据现在已成为企业的重要资产，而明智的决策只能由数据驱动。

一般来说，生产率、维护、安全保障等似乎是建筑行业采用物联网的主要驱动因素。

1）生产率。建筑行业受截止日期和目标的制约，必须避免积压，因为它们会导致预算增加。物联网可以实现更多的准备和效率，从而提高生产力。物联网让人们减少了琐碎的工作；相反，他们分配了更多的时间与项目所有者以及他们之间进行互动，从而产生新的想法来改善项目交付和客户满意度。施工需要充足的材料供应，以确保项目的顺利进行。但是，由于人为错误导致调度不力，现场经常发生材料供应延迟。通过物联网，供应单元配备了合适的传感器，可以自动确定数量并自动下订单或发出警报。

2）维护。如果不积极管理，电力和燃料消耗将导致浪费，这将影响项目的整体成本。通过实时信息的可用性，可以了解每项资产的状态，安排维护、停止或关闭闲置设备。此外，现场传感器有助于防止问题发生，从而减少保修索赔、化解矛盾并使客户满意。除了库存减少通知之外，传感器还可用于监控材料状况，如物品/环境的温度或湿度的适宜性、处理问题、损坏和过期。设备供应商不得不从单纯的供应商转变为持续监控和维护设备的合作伙伴，让客户专注于他们的核心业务。

3）安全保障。在建筑工地遇到的最大挑战是盗窃和安全。安全人员不足以正确监控一个巨大的站点。使用支持物联网的标签，任何材料或物品盗窃都可以轻松解决，因为这些传感器会通知材料或物品的当前位置，不再需要派遣人工代理来检查所有内容。物联网允许创建数字实时工作现场地图以及与工程相关的更新风险，并在接近任何风险或进入危险环境时通知每个工人。例如，监测封闭空间内的空气质量对工作场所安全至关重要。物联网技术不仅可以防止员工暴露在危险环境中，还可以在这些情况发生之前或发生时对其进行检测。借助实时物联网数据，工作人员能够更好地预测工作现场问题，并预防可能导致安全事故和时间损失的情况。操作设备和机械时间过长也可能导致工人感到疲劳，进而影

响他们的注意力和生产力。物联网使监测异常心率、海拔和用户位置等危难迹象成为可能。

4）废物管理和结构健康监测。废物管理是现代建筑工地的一个重要考虑因素，尤其是在如今人们越来越关注建筑过程的碳足迹的情况下。立即清理工作现场的垃圾以创造空间并减少危险也很重要。必须在一定时间内监控清除垃圾水平。还必须采取适当的废物处理方法。可以通过物联网跟踪器以经济高效的方式监控废物处理箱或车辆。未能正确处理废物可能会导致管理部门对承包商进行处罚。物联网还用于结构健康监测，以检测施工期间和施工后关键建筑构件和土木结构的振动、裂缝等状况。

5）可穿戴设备。物联网使可穿戴设备变得智能。在任何机器或物体上安装传感器以通过连接监控性能水平、操作条件、物理状态或其他数据的能力是推动物联网的动力。当无生命的物体可以连接到互联网时，它们就会启用新的功能。可穿戴设备是任何可以穿戴在身体上以通过连接向用户提供附加信息的物品。可穿戴设备的一个例子是智能眼镜上提供的平视显示器，连接到增强现实（AR）、虚拟现实（VR）和混合现实（MR）技术，如谷歌眼镜、微软 HoloLens，这些技术目前正应用于规划和建模。智能眼镜可用于模拟包含所有家具的完整套房地板。该模型可以逐层剥离，以研究和规划墙后工作的复杂性。客户还可以使用智能眼镜进行销售，以便居民能够身临其境地了解他们的新设施的感觉和外观。员工还可以在工作现场内外获得授权，因为通过连接的智能眼镜，他们可以在执行特定任务时查看工作说明，从而有可能提高他们的绩效。其他可穿戴技术包括 DAQRI 智能头盔、SolePower Workboot 和 Case 的 SiteWatch。

6）BIM 优化和数字孪生。信息请求和变更单是建筑行业的标准。机器学习就像一个智能助手，可以检查海量数据并提醒项目经理注意需要他们注意的关键事项。建筑信息模型可以采用衍生式设计，可以借助相应的功能预测成本超支，通过识别工作现场的最大风险因素来降低风险，可以将强化学习应用于项目规划，可以对自动和半自动车辆进行优化管理，可以调配优化劳动力，还可以监控异地施工及后期施工。

来自物联网传感器的持续实时数据流与来自其他项目的历史数据相结合，不仅可以用于监控当前工作现场，还可以提供不断增加的数据集，可用于机器学习进行预测分析，让施工更智能。

BIM 加上现场传感器等于数字孪生。对于建筑而言，使用数字孪生意味着始终可以访问不断实时同步的竣工和设计模型。这使企业能够根据 4D BIM 模型中制定的时间表持续监控进度。数字孪生本质上是现实世界对象与虚拟对象之间的链接，虚拟对象源自不断更新的、来自传感器的数据。数字表示随后用于可视化、建模、分析、模拟和进一步规划。数字孪生在建筑中的应用包括自动化进度监控、资源规划、物流、安全监控。从 BIM 模型过渡，或者说适应数字孪生模型，应确保通过传感器将实时数据整合到模型中以创建真实世界的模拟。

10.7　物联网技术的发展趋势

物联网作为信息技术的重要组成部分，已经在各个领域得到了广泛应用。它将传感器、设备、网络和云计算等技术融合，实现了万物互联，给我们的生活和工作带来了巨大的变革。

目前，物联网应用涵盖了智能家居、智慧城市、工业自动化、医疗保健、农业等多个领域。智能家居设备如智能音箱、智能灯泡和智能家电已经成为许多家庭的标配。在智慧城市方面，传感器和网络技术的应用使得城市管理更加高效，包括交通管理、环境监测和智能能源管理等方面取得了重大突破。在工业自动化领域，物联网的应用使得设备能够实时监测和交互，提高了生产效率和质量。医疗保健方面，物联网技术为远程医疗、智能医疗设备和健康监测等提供了支持。在农业领域，物联网应用有助于实时监测土壤湿度、温度和气象条件，提高农作物的产量和质量。

物联网的未来趋势可概括为以下五点：巨大的连接性、安全和隐私保护、边缘计算的兴起、产业融合与跨界合作、环境可持续性。

未来物联网将连接更多的设备和物体。预计到 2025 年，全球联网设备数量将超过 1000 亿，这将促进各行业的数字化转型，为人们提供更多的便利和智能化服务。人工智能将与物联网相结合，为物联网提供更加智能的能力。通过利用机器学习和深度学习算法，物联网设备可以分析和处理大量的数据，并做出智能决策。这将推动物联网应用的智能化水平进一步提升，为用户提供个性化的体验和服务。

随着物联网的普及，安全和隐私问题也变得尤为重要。未来，物联网将加强对数据的保护和对隐私的管理，采取加密技术、身份认证和访问控制等安全措施，以确保物联网设备和数据的安全性。同时，政府层面应加强隐私保护法律法规的制定和执行，保护用户的个人信息和隐私权。

边缘计算是指在物联网设备本地进行数据处理和存储，而不是依赖于远程云服务器。未来，边缘计算将得到更广泛的应用，它可以减少数据传输延迟，提高响应速度，同时减轻云端的负担。边缘计算还能增强数据的安全性，因为敏感数据可以在本地进行处理，而不必通过网络传输。

物联网的发展将促进不同行业之间的融合与合作。传统行业如制造业、交通运输和能源等将与信息技术相结合，实现更高效的生产和管理。跨界合作将推动创新和技术进步，为各行业带来更多的机遇和发展空间。

未来物联网将越来越注重环境的可持续性。通过物联网技术，可以实现能源管理的智能化，提高能源利用效率，减少能源浪费和环境污染。同时，物联网可以应用于环境监测和资源管理，提供数据支持，帮助实现可持续发展目标。

物联网的发展前景广阔，其作为一项重要的信息技术，已经在各个领域取得了显著的成果。未来，随着技术的不断进步和应用的扩大，物联网将继续发展并呈现出更加智能、安全和可持续的趋势。同时，从业者需要关注安全和隐私保护等问题，加强合作与创新，推动物联网的健康发展，为人们的生活和工作带来更多的便利和智能化服务。

延伸阅读

自 2022 年 8 月我国率先迈入“物超人”时代以来，“物联”接棒连接“领导力”，发展速度越来越快，我国在物联网基础建设、产业应用、创新发展等方面走在世界前列。我

国物联网连接数的持续增长和产业的发展壮大，是市场需求和技术进步的共同结果。由此带来的海量数据为大数据、人工智能提供了丰富资源，正有力推动我国数字经济发展。

物联网能力底座的不断夯实，得益于我国高水平5G基础设施的持续领跑。截至2023年11月末，我国5G基站总数达到328.2万个，5G行业应用在广度和深度上双管齐下，目前已覆盖97个国民经济大类中的67个。

思考题

1. 物联网的特点有哪些?
2. 简述物联网的发展历程。
3. 物联网的关键技术有哪些?
4. 简述物联网的应用情况。
5. 物联网面临的挑战有哪些?
6. 物联网在建筑工程中有哪些应用?
7. 试述近年来我国物联网技术领域的创新与发展。

第11章　传　感　器

11.1　传感器概述

传感器（transducer/sensor）是能感受到被测量的信息，并能将感受到的信息按一定规律变换成为电信号或其他所需形式的信息输出，以满足信息的传输、处理、存储、显示、记录和控制等要求的检测装置。传感器的存在和发展，让物体有了触觉、味觉和嗅觉等感官，让物体“活”了起来，传感器是人类五官的延伸。传感器具有微型化、数字化、智能化、多功能化、系统化、网络化等特点，它是实现自动检测和自动控制的首要环节。新型氮化铝传感器可以在高达900℃的高温下工作。

我国国家标准对传感器的定义是“能感受规定的被测量并按照一定的规律（数学函数法则）转换成可用信号的器件或装置，通常由敏感元件和转换元件组成”。“传感器”在新韦氏大词典中被定义为“从一个系统接受功率，通常以另一种形式将功率送到第二个系统中的器件”。

传感器一般由敏感元件、转换元件、变换电路和辅助电源四部分组成，如图 11-1-1所示。敏感元件直接感受被测量，并输出与被测量有确定关系的物理量信号；转换元件将敏感元件输出的物理量信号转换为电信号；变换电路负责对转换元件输出的电信号进行放大调制；转换元件和变换电路一般还需要辅助电源供电。

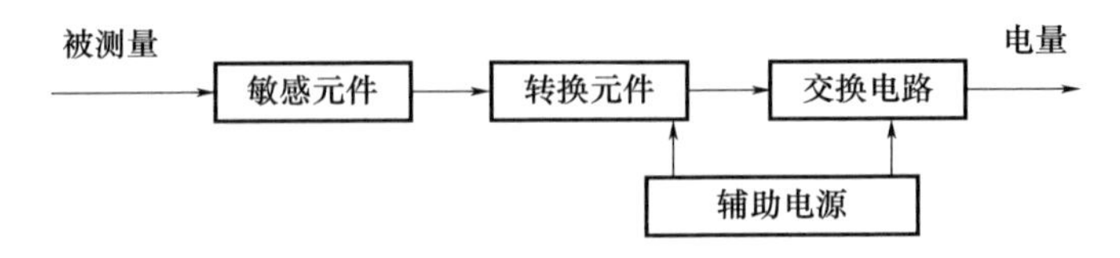

图 11-1-1　传感器的组成

人们常将传感器的功能与人类五大感觉器官相比拟，即光敏传感器相当于视觉；声敏传感器相当于听觉；气敏传感器相当于嗅觉；化学传感器相当于味觉；压敏、温敏、流体传感器相当于触觉。

敏感元件可大致分为三类：物理类是基于力、热、光、电、磁和声等物理效应的；化学类是基于化学反应原理的；生物类是基于酶、抗体和激素等分子识别功能的。通常根据其基本感知功能可分为热敏元件、光敏元件、气敏元件、力敏元件、磁敏元件、湿敏元件、声敏元件、放射线敏感元件、色敏元件和味敏元件等 10 大类（还有人曾将敏感元件

分为46类)。

传感器的特点是微型化、数字化、智能化、多功能化、系统化、网络化，它不仅促进了传统产业的改造和更新换代，而且还可能建立新型工业，从而成为21世纪新的经济增长点。微型化是建立在微电子机械系统（MEMS）技术基础上的，已成功应用在硅器件上做成硅压力传感器。

玻璃封装连接器可广泛应用于露点仪、电力设备、物联网设备、航空航天连接器、煤炭开采和石油勘探设备，实现数据的采集和传输。其常温常压下，泄漏率$\leqslant 1\times 10^{-9}$ Pa·m^3/s (He)；绝缘电阻大于1000MΩ/500V DC；玻璃绝缘子与底座间耐压强度大于300MPa；焊接性能良好。

11.2 传感器的主要作用

人们为了从外界获取信息，必须借助于感觉器官，而在研究自然现象和规律以及生产活动中，它们的功能就远远不够了。为适应这种情况，就需要传感器。因此可以说，传感器是人类五官的延长，又称之为“电五官”。新技术革命的到来，世界开始进入信息时代。在利用信息的过程中，首先要解决的就是获取准确可靠的信息，而传感器是获取自然和生产领域中信息的主要途径与手段。在现代工业生产尤其是自动化生产过程中，要用各种传感器来监视和控制生产过程中的各个参数，使设备工作在正常状态或最佳状态，并使产品达到最好的质量。没有众多的优良的传感器，现代化生产也就失去了基础。

在基础学科研究中，传感器具有突出的地位。现代科学技术的发展，进入了许多新领域，在宏观上要观察上千光年的茫茫宇宙，微观上要观察小到飞米（fm）的粒子世界，纵向上要观察长达数十万年的天体演化，短到秒的瞬间反应。此外，还出现了对深化物质认识、开拓新能源和新材料等具有重要作用的各种极端技术研究，如超高温、超低温、超高压、超高真空、超强磁场、超弱磁场等。显然，要获取大量人类感官无法直接获取的信息，没有相适应的传感器是不可能的。许多基础科学研究的障碍，首先就在于对象信息的获取存在困难，而一些新机理和高灵敏度的检测传感器的出现，往往会导致该领域内的突破。一些传感器的发展，往往是一些边缘学科开发的先驱。

传感器早已渗透到诸如工业生产、宇宙开发、海洋探测、环境保护、资源调查、医学诊断、生物工程，甚至文物保护等极其之泛的领域。可以毫不夸张地说，从茫茫的太空，到浩瀚的海洋，以至各种复杂的工程系统，几乎每一个现代化项目，都离不开各种各样的传感器。

由此可见，传感器技术在发展经济、推动社会进步方面的重要作用是十分明显的。世界各国都十分重视这一领域的发展。相信不久的将来，传感器技术将会出现一个飞跃，达到与其重要地位相称的新水平。

11.3 传感器的常见种类

1）电阻式传感器。电阻式传感器是将被测量，如位移、形变、力、加速度、湿度、

温度等这些物理量转换成电阻值的一种器件。主要有压阻式、热电阻、热敏、气敏、湿敏等电阻式传感器件。

2）电阻应变式传感器。传感器中的电阻应变片具有金属的应变效应，即在外力作用下产生机械形变，从而使电阻值随之发生相应的变化。电阻应变片主要有金属和半导体两类。金属应变片有金属丝式、箔式、薄膜式之分；半导体应变片具有灵敏度高（通常是丝式、箔式的几十倍）、横向效应小等优点。

3）压阻式传感器。压阻式传感器是根据半导体材料的压阻效应在半导体材料的基片上经扩散电阻而制成的器件。其基片可直接作为测量传感元件，扩散电阻在基片内接成电桥形式。当基片受到外力作用而产生形变时，各电阻值将发生变化，电桥就会产生相应的不平衡输出。

用作压阻式传感器的基片（或称膜片）材料主要为硅片和锗片，以硅片为敏感材料而制成的硅压阻传感器越来越受到人们的重视，尤其是以测量压力和速度的固态压阻式传感器的应用最为普遍。

4）热电阻传感器。热电阻测温是基于金属导体的电阻值随温度的增加而增加这一特性来进行温度测量的。热电阻大都由纯金属材料制成，应用最多的是铂和铜，此外，已开始采用镍、锰和铑等材料制造热电阻。

热电阻传感器主要是利用电阻值随温度变化而变化这一特性来测量温度及与温度有关的参数。在温度检测精度要求比较高的场合，这种传感器比较适用。较为广泛的热电阻材料为铂、铜、镍等，它们具有电阻温度系数大、线性好、性能稳定、使用温度范围宽、加工容易等特点。用于测量－200～＋500℃范围内的温度。

热电阻传感器分为两类：第一类是 NTC 热电阻传感器，该类传感器为负温度系数传感器，即传感器阻值随温度的升高而减小；第二类是 PTC 热电阻传感器，该类传感器为正温度系数传感器，即传感器阻值随温度的升高而增大。

5）激光传感器。激光传感器是利用激光技术进行测量的传感器。它由激光器、激光检测器和测量电路组成。激光传感器是新型测量仪表，它的优点是能实现无接触远距离测量，速度快，精度高，量程大，抗光、电干扰能力强等。

激光传感器工作时，先由激光发射二极管对准目标发射激光脉冲，经目标反射后激光向各方向散射，部分散射光返回到传感器接收器，被光学系统接收后成像到雪崩光电二极管上。雪崩光电二极管是一种内部具有放大功能的光学传感器，因此它能检测极其微弱的光信号，并将其转化为相应的电信号。

利用激光的高方向性、高单色性和高亮度等特点可实现无接触远距离测量。激光传感器常用于长度、距离、振动、速度、方位等物理量的测量，还可用于探伤和大气污染物的监测等。

6）霍尔传感器。霍尔传感器是根据霍尔效应制作的一种磁场传感器，广泛地应用于工业自动化技术、检测技术及信息处理等方面。霍尔效应是研究半导体材料性能的基本方法。通过霍尔效应实验测定的霍尔系数，能够判断半导体材料的导电类型、载流子浓度及载流子迁移率等重要参数。

霍尔传感器分为线性型和开关型两种。线性型霍尔传感器由霍尔元件、线性放大器和射极跟随器组成，它输出模拟量。开关型霍尔传感器由稳压器、霍尔元件、差分放大器、

斯密特触发器和输出级组成，它输出数字量。

霍尔电压随磁场强度的变化而变化，磁场越强，电压越高，磁场越弱，电压越低。霍尔电压值很小，通常只有几毫伏，但经集成电路中的放大器放大，就能使该电压放大到足以输出较强的信号。

若使霍尔集成电路起传感作用，需要用机械的方法来改变磁场强度。比如用一个转动的叶轮作为控制磁通量的开关，当叶轮叶片处于磁铁和霍尔集成电路之间的气隙中时，磁场偏离集成片，霍尔电压消失。这样，霍尔集成电路输出电压的变化，就能表示出叶轮驱动轴的某一位置，利用这一工作原理，可将霍尔集成电路片用作点火正时传感器。

霍尔效应传感器属于被动型传感器，它要有外加电源才能工作，这一特点使它能检测转速低的运转情况。

7）温度传感器。包括室温管温传感器、排气温度传感器、模块温度传感器。室温传感器用于测量室内和室外的环境温度，管温传感器用于测量蒸发器和冷凝器的管壁温度，室温传感器和管温传感器的形状不同，但温度特性基本一致。排气温度传感器用于测量压缩机顶部的排气温度，常数 B 值为 3950K±3%，基准电阻为 90℃对应电阻 5kΩ±3%。模块温度传感器用于测量变频模块（IGBT 或 IPM）的温度，用的感温头的型号是 602F-3500F，基准电阻为 25℃对应电阻 6kΩ±1%。几个典型温度的对应阻值分别是：－10℃→（25.897～28.623）kΩ；0℃→（16.3248～17.7164）kΩ；50℃→（2.3262～2.5153）kΩ；90℃→（0.6671～0.7565）kΩ。

温度传感器的种类很多，经常使用的有热电阻 PT100、PT1000、Cu50、Cu100，热电偶 B、E、J、K、S 等。温度传感器不但种类繁多，而且组合形式多样，应根据不同的场所选用合适的产品。测温原理是根据电阻阻值、热电偶的电势随温度不同发生有规律的变化的原理，我们可以得到所需要测量的温度值。

8）无线温度传感器。无线温度传感器将控制对象的温度参数变成电信号，并向接收终端发送无线信号，对系统实行检测、调节和控制，可直接安装在一般工业热电阻、热电偶的接线盒内，与现场传感元件构成一体化结构。通常和无线中继、接收终端、通信串口、电子计算机等配套使用，这样不仅节省了补偿导线和电缆，而且减少了信号传递失真和干扰，从而获得高精度的测量结果。

无线温度传感器广泛应用于化工、冶金、石油、电力、水处理、制药、食品等自动化行业。例如高压电缆上的温度采集；水下等恶劣环境的温度采集；运动物体上的温度采集；不易连线通过的空间传输传感器数据；单纯为降低布线成本选用的数据采集方案；没有交流电源的工作场合的数据测量；便携式非固定场所数据测量。

9）智能传感器。智能传感器的功能是通过模拟人的感官和大脑的协调动作，结合长期以来测试技术的研究和实际经验而提出来的，是一个相对独立的智能单元，它的出现对原来硬件性能的苛刻要求有所减轻，而靠软件帮助可以使传感器的性能大幅度提高。

其有四个功能。第一个功能是信息存储和传输。随着全智能集散控制系统（smart distributed system）的飞速发展，要求智能单元具备通信功能，用通信网络以数字形式进行双向通信，这也是智能传感器的关键标志之一。智能传感器通过测试数据传输或接收指令来实现各项功能，如增益的设置、补偿参数的设置、内检参数的设置、测试数据的输出等。

第二个功能是自补偿和计算功能。多年来从事传感器研制的工程技术人员为传感器的温度漂移和输出非线性做了大量的补偿工作，但都没有从根本上解决问题，而智能传感器的自补偿和计算功能为传感器的温度漂移和非线性补偿开辟了新的道路。这样，放宽传感器加工精密度的要求，只要能保证传感器的重复性好，利用微处理器对测试的信号通过软件计算，采用多次拟合和差值计算方法对漂移和非线性进行补偿，从而能获得较精确的测量结果。

第三个功能是自检、自校、自诊断功能。普通传感器需要定期检验和标定，以保证它在正常使用时有足够的准确度，这些工作一般要求将传感器从使用现场拆卸送到实验室或检验部门进行，对于在线测量传感器，出现异常时则不能及时诊断。采用智能传感器，情况则大有改观，首先自诊断功能在电源接通时进行自检，诊断测试以确定组件有无故障；其次根据使用时间可以在线进行校正，微处理器利用存储在 EPROM 内的计量特性数据进行对比校对。

第四个功能是复合敏感功能。观察周围的自然现象，常见的信号有声、光、电、热、力、化学等。敏感元件测量一般通过两种方式，即直接和间接的测量；而智能传感器具有复合功能，能够同时测量多种物理量和化学量，给出能够较全面反映物质运动规律的信息。

10）光敏传感器。光敏传感器是最常见的传感器之一，它的种类繁多，主要有光电管、光电倍增管、光敏电阻、光敏三极管、太阳能电池、红外线传感器、紫外线传感器、光纤式光电传感器、色彩传感器、CCD 和 CMOS 图像传感器等。它的敏感波长在可见光波长附近，包括红外线波长和紫外线波长。

光敏传感器不只局限于对光的探测，它还可以作为探测元件组成其他传感器，对许多非电量进行检测，只要将这些非电量转换为光信号的变化即可。光敏传感器是产量最多、应用最广的传感器之一，它在自动控制和非电量电测技术中占有非常重要的地位。最简单的光敏传感器是光敏电阻，当光子冲击接合处就会产生电流。

11）生物传感器。生物传感器是用生物活性材料（酶、蛋白质、DNA、抗体、抗原、生物膜等）与物理化学换能器有机结合的一门交叉学科，是发展生物技术必不可少的一种先进的检测方法与监控方法，也是物质分子水平的快速、微量分析方法。

各种生物传感器有以下共同的结构，即包括一种或数种相关生物活性材料（生物膜）及能把生物活性表达的信号转换为电信号的物理或化学换能器（传感器），二者组合在一起，用现代微电子和自动化仪表技术进行生物信号的再加工，构成各种可以使用的生物传感器分析装置、仪器和系统。

生物传感器的原理是待测物质经扩散作用进入生物活性材料，经分子识别，发生生物学反应，产生的信息继而被相应的物理或化学换能器转变成可定量和可处理的电信号，再经二次仪表放大并输出，便可知道待测物的浓度。

生物传感器按照其感受器中所采用的生命物质分类，可分为微生物传感器、免疫传感器、组织传感器、细胞传感器、酶传感器、DNA 传感器等；按照传感器器件检测的原理可分为热敏生物传感器、场效应管生物传感器、压电生物传感器、光学生物传感器、声波道生物传感器、酶电极生物传感器、介体生物传感器等；按照生物敏感物质相互作用的类型可分为亲和型和代谢型两种。

12）视觉传感器。视觉传感器具有从一整幅图像捕获光线的数以千计像素的能力，图像的清晰和细腻程度常用分辨率来衡量，以像素数量表示。在捕获图像之后，视觉传感器将其与内存中存储的基准图像进行比较，以做出分析。

例如，若视觉传感器被设定为辨别正确的插有 8 颗螺栓的机器部件，则传感器知道应该拒收只有 7 颗螺栓的部件，或者螺栓未对准的部件。此外，无论该机器部件位于视场中的哪个位置，无论该部件是否在 360°范围内旋转，视觉传感器都能做出判断。

视觉传感器的低成本和易用性已吸引机器设计师和工艺工程师将其集成入各类曾经依赖人工、多个光电传感器，或根本不检验的应用。视觉传感器的工业应用包括检验、计量、测量、定向、瑕疵检测和分拣。

比如，在汽车组装厂，检验由机器人涂抹到车门边框的胶珠是否连续、是否有正确的宽度；在瓶装厂，校验瓶盖是否正确密封、装灌液位是否正确，以及在封盖之前有没有异物掉入瓶中；在包装生产线，确保在正确的位置粘贴正确的包装标签；在药品包装生产线，检验阿司匹林药片的泡罩式包装中是否有破损或缺失的药片；在金属冲压公司，以每分钟逾 150 片的速度检验冲压部件，比人工检验快 13 倍以上。

13）位移传感器。位移传感器又称为线性传感器，是把位移转换为电量的传感器。位移传感器是一种属于金属感应的线性器件，传感器的作用是把各种被测物理量转换为电量。它分为电感式位移传感器、电容式位移传感器、光电式位移传感器、超声波式位移传感器、霍尔式位移传感器。在这种转换过程中有许多物理量（例如压力、流量、加速度等）常常需要先变换为位移，再将位移变换成电量。因此位移传感器是一类重要的基本传感器。

在生产过程中，位移的测量一般分为测量实物尺寸和机械位移两种。机械位移包括线位移和角位移。按被测变量变换的形式不同，位移传感器可分为模拟式和数字式两种。模拟式又可分为物性型（如自发电式）和结构型两种。常用位移传感器以模拟式结构型居多，包括电位器式位移传感器、电感式位移传感器、自整角机、电容式位移传感器、电涡流式位移传感器、霍尔式位移传感器等。数字式位移传感器的一个重要优点是便于将信号直接送入计算机系统。这种传感器发展迅速，应用日益广泛。

14）压力传感器。压力传感器也是工业实践中最为常用的一种传感器，其广泛应用于各种工业自控环境，涉及水利水电、铁路交通、智能建筑、生产自控、航空航天、军工、石化、油井、电力、船舶、机床、管道等众多行业。

15）超声波测距离传感器。超声波测距离传感器采用超声波回波测距原理，运用精确的时差测量技术，检测传感器与目标物之间的距离，采用小角度、小盲区超声波传感器，具有测量准确、无接触、防水、防腐蚀、低成本等优点，可应用于液位、物位检测，特有的液位、料位检测方式，可保证在液面有泡沫或大的晃动，不易检测到回波的情况下有稳定的输出。应用行业：液位、物位、料位检测，工业过程控制等。

16）24GHz 雷达传感器。24GHz 雷达传感器采用高频微波来测量物体运动速度、距离、运动方向、方位角度信息，采用平面微带天线设计，具有体积小、质量轻、灵敏度高、稳定性好等特点，广泛运用于智能交通、工业控制、安防、体育运动、智能家居等行业。工业和信息化部 2012 年 11 月 19 日正式发布了《工业和信息化部关于发布 24GHz 频段短距离车载雷达设备使用频率的通知》（工信部无〔2012〕548 号），明确提出 24GHz

频段短距离车载雷达设备作为车载雷达设备的规范。

17）一体化温度传感器。一体化温度传感器一般由测温探头（热电偶或热电阻传感器）和两线制固体电子单元组成。采用固体模块形式将测温探头直接安装在接线盒内，从而形成一体化的传感器。

一体化温度传感器一般分为热电阻和热电偶两种类型。热电阻温度传感器是由基准单元、R/V 转换单元、线性电路、反接保护、限流保护、V/I 转换单元等组成。测温热电阻信号转换放大后，再由线性电路对温度与电阻的非线性关系进行补偿，经 V/I 转换电路后输出一个与被测温度成线性关系的 4～20mA 的恒流信号。

热电偶温度传感器一般由基准源、冷端补偿、放大单元、线性化处理、V/I 转换、断偶处理、反接保护、限流保护等电路单元组成。它是将热电偶产生的热电势经冷端补偿放大后，再由线性电路消除热电势与温度的非线性误差，最后放大转换为 4～20mA 电流输出信号。为防止热电偶测量中由于电偶断丝而使控温失效造成事故，传感器中还设有断电保护电路，当热电偶断丝或接触不良时，传感器会输出最大值（28mA）以使仪表切断电源。

一体化温度传感器具有结构简单、节省引线、输出信号大、抗干扰能力强、线性好、显示仪表简单、固体模块抗震防潮、有反接保护和限流保护、工作可靠等优点。一体化温度传感器的输出为统一的 4～20mA 信号，可与微机系统或其他常规仪表匹配使用，也可按用户要求做成防爆型或防火型测量仪表。

18）液位传感器。包括浮球式液位传感器、浮筒式液位传感器、静压或液位传感器。浮球式液位传感器由磁性浮球、测量导管、信号单元、电子单元、接线盒及安装件组成。一般磁性浮球的相对密度小于 0.5，可漂于液面之上并沿测量导管上下移动。导管内装有测量元件，它可以在外磁作用下将被测液位信号转换成正比于液位变化的电阻信号，并将电子单元转换成 4～20mA 或其他标准信号输出。该传感器为模块电路，具有耐酸、防潮、防震、防腐蚀等优点，电路内部含有恒流反馈电路和内保护电路，可使输出最大电流不超过 28mA，因而能够可靠地保护电源并使二次仪表不被损坏。

浮筒式液位传感器是将磁性浮球改为浮筒，它是根据阿基米德浮力原理设计的。浮筒式液位传感器是利用微小的金属膜应变传感技术来测量液体的液位、界位或密度的。它在工作时可以通过现场按键来进行常规的设定操作。

静压或液位传感器利用液体静压力的测量原理工作。它一般选用硅压力测压传感器将测量到的压力转换成电信号，再经放大电路放大和补偿电路补偿，最后以 4～20mA 或 0～10mA 电流方式输出。

19）真空度传感器。真空度传感器是采用先进的硅微机械加工技术生产，以集成硅压阻力敏元件作为传感器的核心元件制成的绝对压力变送器，由于采用硅—硅直接键合或硅—派勒克斯玻璃静电键合形成的真空参考压力腔，及一系列无应力封装技术和精密温度补偿技术，因而具有稳定性优良、精度高的突出优点，适用于各种情况下绝对压力的测量与控制。

真空度传感器的优点如下：采用低量程芯片真空绝压封装，产品具有高的过载能力。芯片采用真空充注硅油隔离，不锈钢薄膜过渡传递压力，具有优良的介质兼容性，适用于对 316L 不锈钢不腐蚀的绝大多数气液体介质真空压力的测量。真空度传感器应用于各种工业环境的低真空测量与控制。

20）电容式物位传感器。电容式物位传感器适用于工业企业在生产过程中进行测量和控制生产过程，主要用作类导电与非导电介质的液体液位或粉粒状固体料位的远距离连续测量和指示。

电容式物位传感器由电容式传感器与电子模块电路组成，它以两线制4～20mA恒定电流输出为基型，经过转换，可以用三线或四线方式输出，输出信号形式为1～5V、0～5V、0～10mA等标准信号。电容式物位传感器由绝缘电极和装有测量介质的圆柱形金属容器组成。当料位上升时，因非导电物料的介电常数明显小于空气的介电常数，所以电容量随着物料高度的变化而变化。

传感器的电子模块电路由基准源、脉宽调制、转换、恒流放大、反馈和限流等单元组成。采用脉宽调制原理进行测量的优点是频率较低，对周围无射频干扰、稳定性好、线性好、无明显温度漂移等。

21）锑电极酸度传感器。锑电极酸度传感器是集pH检测、自动清洗、电信号转换为一体的工业在线分析仪表，它是由锑电极与参考电极组成的pH测量系统。

在被测酸性溶液中，由于锑电极表面会生成三氧化二锑氧化层，这样在金属锑面与三氧化二锑之间会形成电位差。该电位差的大小取决于三氧化二锑的浓度，该浓度与被测酸性溶液中氢离子的浓度相对应。如果把锑、三氧化二锑和水溶液的浓度都当作1，其电极电位就可用能斯特公式计算出来。

锑电极酸度传感器中的固体模块电路由两大部分组成。第一部分是电源部分，采用交流24V为二次仪表供电。这一电源除为清洗电机提供驱动电源外，还应通过电流转换单元转换成相应的直流电压，以供变送电路使用。第二部分是测量传感器电路，它把来自传感器的基准信号和pH酸度信号经放大后送给斜率调整和定位调整电路，以使信号内阻降低并可调节。将放大后的pH信号与温度补偿信号进行迭加后再反馈给转换电路，最后输出与pH相对应的4～20mA恒流电流信号给二次仪表以完成显示并控制pH。

22）酸、碱、盐浓度传感器。酸、碱、盐浓度传感器通过测量溶液电导值来确定浓度。它可以在线连续检测工业过程中酸、碱、盐在水溶液中的浓度含量。这种传感器主要应用于锅炉给水处理、化工溶液的配制以及环保等工业生产过程。

酸、碱、盐浓度传感器的工作原理是：在一定的范围内，酸碱溶液的浓度与其电导率的大小成比例，因而，只要测出溶液电导率的大小便可得知酸碱浓度的高低。当被测溶液流入专用电导池时，如果忽略电极极化和分布电容，则可以等效为一个纯电阻；在有恒压交变电流流过时，其输出电流与电导率成线性关系，而电导率又与溶液中酸、碱浓度成比例关系。因此只要测出溶液电流，便可算出酸、碱、盐的浓度。

酸、碱、盐浓度传感器主要由电导池、电子模块、显示表头和壳体组成。电子模块电路则由激励电源、电导池、电导放大器、相敏整流器、解调器、温度补偿、过载保护和电流转换等单元组成。

23）电导传感器。它是通过测量溶液的电导值来间接测量离子浓度的流程仪表（一体化传感器），可在线连续检测工业过程中水溶液的电导率。

由于电解质溶液与金属导体一样是电的良导体，因此电流流过电解质溶液时必有电阻作用，且符合欧姆定律。但液体的电阻温度特性与金属导体相反，具有负向温度特性。

为区别于金属导体，电解质溶液的导电能力用电导（电阻的倒数）或电导率（电阻率的倒数）来表示。当两个互相绝缘的电极组成电导池时，若在其中间放置待测溶液，并通以恒压交变电流，就形成了电流回路。如果将电压大小和电极尺寸固定，则回路电流与电导率就存在一定的函数关系。这样，测量了待测溶液中流过的电流，就能测出待测溶液的电导率。

电导传感器的结构和电路与酸、碱、盐浓度传感器相同。

24）变频功率传感器。变频功率传感器通过对输入的电压、电流信号进行交流采样，再将采样值通过电缆、光纤等传输系统与数字量输入二次仪表相连，数字量输入二次仪表对电压、电流的采样值进行运算，可以获取电压有效值、电流有效值、基波电压、基波电流、谐波电压、谐波电流、有功功率、基波功率、谐波功率等参数。

25）称重传感器。称重传感器是一种能够将重力转变为电信号的力—电转换装置，是电子衡器的一个关键部件。能够实现力—电转换的传感器有多种，常见的有电阻应变式、电磁力式和电容式等。电磁力式主要用于电子天平，电容式用于部分电子吊秤，而绝大多数衡器产品所用的还是电阻应变式称重传感器。这是因为电阻应变式称重传感器结构较简单，准确度高，适用面广，且能够在相对比较差的环境下使用。

26）其他传感器。2022 年 11 月，韩国蔚山国立科学技术院研究团队提出了一种基于电磁的传感器，报告了一种无须抽血即可测量血糖水平的新方法。这种可植入式传感器可替代基于酶或光学的葡萄糖传感器，不仅克服了现有连续血糖监测系统寿命短等缺点，而且提高了血糖预测的准确性。

11.4　传感器的主要分类方式

1）按用途分为压力敏和力敏传感器、位置传感器、液位传感器、能耗传感器、速度传感器、加速度传感器、射线辐射传感器、热敏传感器。

2）按原理分为振动传感器、湿敏传感器、磁敏传感器、气敏传感器、真空度传感器、生物传感器等。

3）按输出信号分为四类：①模拟传感器，将被测量的非电学量转换成模拟电信号。②数字传感器，将被测量的非电学量转换成数字输出信号（包括直接和间接转换）。③膺数字传感器，将被测量的信号量转换成频率信号或短周期信号的输出（包括直接或间接转换）。④开关传感器，当一个被测量的信号达到某个特定的阈值时，传感器相应地输出一个设定的低电平或高电平信号。

4）按其制造工艺分为五类：①集成传感器是用标准的生产硅基半导体集成电路的工艺技术制造的，通常还将用于初步处理被测信号的部分电路也集成在同一芯片上。②薄膜传感器则是通过沉积在介质衬底（基板）上的、相应敏感材料的薄膜形成的，使用混合工艺时，同样可将部分电路制造在此基板上。③厚膜传感器是利用相应材料的浆料涂覆在陶瓷基片上制成的，基片通常是 Al_2O_3制成的，然后进行热处理，使厚膜成型。④陶瓷传感器采用标准的陶瓷工艺或其某种变种工艺（溶胶、凝胶等）生产。⑤完成适当的预备性操作之后，已成型的元件在高温中进行烧结。厚膜传感器和陶瓷传感器这两种工艺之间有许多共同特性，在某些方面，可以认为厚膜工艺是陶瓷工艺的一种变型。每种工艺技术都有自己的优点和不足，由于研究、开发和生产所需的资本投入较低，以及传感器参数的高稳定性等原因，采用陶瓷和厚膜传感器比较合理。

5）按测量目标分为三类：①物理型传感器是利用被测量物质的某些物理性质发生明显变化的特性制成的。②化学型传感器是利用能把化学物质的成分、浓度等化学量转化成电学量的敏感元件制成的。③生物型传感器是利用各种生物或生物物质的特性做成的，用以检测与识别生物体内的化学成分。

6）按其构成分为三类：①基本型传感器是一种最基本的单个变换装置。②组合型传感器是由不同单个变换装置组合而构成的传感器。③应用型传感器是基本型传感器或组合型传感器与其他机构组合而构成的传感器。

7）按作用形式可分为主动型和被动型传感器。主动型传感器又有作用型和反作用型，此种传感器对被测对象能发出一定探测信号，能检测探测信号在被测对象中所产生的变化，或者由探测信号在被测对象中产生某种效应而形成信号。检测探测信号变化方式的称为作用型，检测产生响应而形成信号方式的称为反作用型。雷达与无线电频率范围探测器是作用型实例，而光声效应分析装置与激光分析器是反作用型实例。被动型传感器只是接收被测对象本身产生的信号，如红外辐射温度计、红外摄像装置等。

11.5　传感器的性能表征

1）传感器静态。传感器的静态特性是指对静态的输入信号，传感器的输出量与输入量之间所具有的相互关系。因为这时输入量和输出量都与时间无关，所以它们之间的关系即传感器的静态特性可用一个不含时间变量的代数方程，或以输入量作横坐标，把与其对应的输出量作纵坐标而画出的特性曲线来描述。

表征传感器静态特性的主要参数有线性度、灵敏度、迟滞、重复性、漂移等。

线性度指传感器输出量与输入量之间的实际关系曲线偏离拟合直线的程度，具体指在全量程范围内实际特性曲线与拟合直线之间的最大偏差值与满量程输出值之比。

灵敏度是传感器静态特性的一个重要指标，为输出量的增量与引起该增量的相应输入量增量之比，用 S 表示。

传感器在输入量由小到大（正行程）及输入量由大到小（反行程）变化期间，其输入—输出特性曲线不重合的现象称为迟滞。对于同一大小的输入信号，传感器的正、反行程输出信号大小不相等，这个差值称为迟滞差值。

重复性是指传感器在输入量按同一方向做全量程连续多次变化时，所得特性曲线不一致的程度。

传感器的漂移是指在输入量不变的情况下，传感器输出量随着时间变化。产生漂移的原因有两个方面，一是传感器自身结构参数，二是周围环境（如温度、湿度等）。

当传感器的输入从非零值缓慢增加时，在超过某一增量后输出发生可观测的变化，这个输入增量称传感器的分辨力，即最小输入增量。当传感器的输入从零值开始缓慢增加时，在达到某一值后输出发生可观测的变化，这个输入值称传感器的阈值电压。

2）传感器动态。所谓动态特性，是指传感器在输入变化时其输出的特性。在实际工作中，传感器的动态特性常用它对某些标准输入信号的响应来表示。这是因为传感器对标准输入信号的响应容易用实验方法求得，并且它对标准输入信号的响应与它对任意输入信号的响应之间存在一定的关系，往往知道了前者就能推定后者。最常用的标准输入信号有阶跃信号和正弦信号两种，所以传感器的动态特性也常用阶跃响应和频率响应来表示。

3）线性度。通常情况下，传感器的实际静态特性输出是条曲线而非直线。在实际工作中，为使仪表具有均匀刻度的读数，常用一条拟合直线近似地代表实际的特性曲线，线性度（非线性误差）就是这个近似程度的一个性能指标。拟合直线的选取有多种方法，如将零输入和满量程输出点相连的理论直线作为拟合直线；或将与特性曲线上各点偏差的平方和为最小的理论直线作为拟合直线，此拟合直线称为最小二乘法拟合直线。

4）灵敏度。灵敏度是指传感器在稳态工作情况下输出量变化 Δy 对输入量变化 Δx 的比值。它是输出-输入特性曲线的斜率；如果传感器的输出和输入之间成线性关系，则灵敏度 S 是一个常数；否则，它将随输入量的变化而变化。

灵敏度的量纲是输出、输入量的量纲之比。例如，某位移传感器，在位移变化 1mm 时，输出电压变化为 200mV，则其灵敏度应表示为 200mV/mm。当传感器的输出、输入量的量纲相同时，灵敏度可理解为放大倍数。

提高灵敏度，可得到较高的测量精度。但灵敏度越高，测量范围越窄，稳定性也往往越差。

5）分辨率。分辨率是指传感器可感受到的被测量的最小变化的能力。也就是说，如果输入量从某一非零值缓慢地变化，当输入变化值未超过某一数值时，传感器的输出不会发生变化，即传感器对此输入量的变化是分辨不出来的。只有当输入量的变化超过分辨率时，其输出才会发生变化。

通常传感器在满量程范围内各点的分辨率并不相同，因此常用满量程中能使输出量产生阶跃变化的输入量中的最大变化值作为衡量分辨率的指标。上述指标若用满量程的百分比表示，则称为分辨率。分辨率与传感器的稳定性有负相关性。

11.6 传感器的选型原则

要进行具体的测量工作，首先要考虑采用何种原理的传感器，这需要分析多方面的因素之后才能确定。因为即使是测量同一物理量，也有多种原理的传感器可供选用，哪一种原理的传感器更为合适，则需要根据被测量的特点和传感器的使用条件考虑以下具体问题：量程的大小；被测位置对传感器体积的要求；测量方式为接触式还是非接触式；信号的引出方法，有线或是非接触测量；传感器的来源，国产还是进口，价格能否承受，还是自行研制。

在考虑上述问题之后就能确定选用何种类型的传感器，下一步是考虑传感器的具体性能指标，主要有以下五个指标。

1）灵敏度的选择。通常，在传感器的线性范围内，希望传感器的灵敏度越高越好。因为只有灵敏度高时，与被测量变化对应的输出信号的值才比较大，有利于信号处理。但要注意的是，传感器的灵敏度高，与被测量无关的外界噪声也容易混入，也会被放大系统放大，影响测量精度。因此，要求传感器本身应具有较高的信噪比，尽量减少从外界引入的干扰信号。传感器的灵敏度是有方向性的。当被测量是单向量，而且对其方向性要求较高，则应选择其他方向灵敏度小的传感器；如果被测量是多维向量，则要求传感器的交叉灵敏度越小越好。

2）频率响应特性。传感器的频率响应特性决定了被测量的频率范围，必须在允许频率范围内保持不失真。实际上传感器的响应总有一定延迟，希望延迟时间越短越好。传感器的频率响应越高，可测的信号频率范围就越宽。在动态测量中，应根据信号的特点（稳态、瞬态、随机等）响应特性，以免产生过大的误差。

3）线性范围。传感器的线性范围是指输出与输入成正比的范围。从理论上讲，在此范围内，灵敏度保持定值。传感器的线性范围越宽，则其量程越大，并且能保证一定的测量精度。在选择传感器时，当传感器的种类确定以后首先要看其量程是否满足要求。但实际上，任何传感器都不能保证绝对的线性，其线性度也是相对的；当所要求的测量精度比较低时，在一定的范围内，可将非线性误差较小的传感器近似看作线性的，这会给测量带来极大的方便。

4）稳定性。传感器使用一段时间后，其性能保持不变的能力称为稳定性。影响传感器长期稳定性的因素除传感器本身结构外，主要是传感器的使用环境。因此，要使传感器具有良好的稳定性，传感器必须要有较强的环境适应能力。在选择传感器之前，应对其使用环境进行调查，并根据具体的使用环境选择合适的传感器，或采取适当的措施，减小环境的影响。传感器的稳定性有定量指标，在超过使用期后，在使用前应重新进行标定，以确定传感器的性能是否发生变化。在某些要求传感器能长期使用而又不能轻易更换或标定的场合，所选用传感器的稳定性要求更严格，要能够经受住长时间的考验。

5）精度。精度是传感器的一个重要的性能指标，它是关系到整个测量系统测量精度的一个重要环节。传感器的精度越高，其价格越昂贵，因此，传感器的精度只要满足整个测量系统的精度要求就可以，不必选得过高。这样就可以在满足同一测量目的的诸多传感器中选择比较便宜和简单的传感器。如果测量目的是定性分析的，选用重复精度高的传感器即可，不宜选用绝对量值精度高的；如果是为了定量分析，必须获得精确的测量值，就需选用精度等级能满足要求的传感器。对某些特殊使用场合，无法选到合适的传感器，则需自行设计制造传感器；自制传感器的性能应满足使用要求。

11.7 与传感器有关的常用术语汇总

敏感元件是指传感器中能直接（或响应）被测量的部分。

转换元件指传感器中能将敏感元件感受（或响应）的被测量转换成适于传输和（或）测量的电信号部分。当输出为规定的标准信号时，则称为变送器。

测量范围是指在允许误差限内被测量值的范围。

量程是指测量范围上限值和下限值的代数差。

精确度是指被测量的测量结果与真值间的一致程度。

重复性是指在所有下述条件下，对同一被测的量进行多次连续测量所得结果之间的符合程度，指采用相同测量方法、相同观测者、相同测量仪器、相同地点、相同使用条件、在短时期内的重复。

分辨力是指传感器在规定测量范围内可能检测出的被测量的最小变化量。

阈值是指能使传感器输出端产生可测变化量的被测量的最小变化量。

零位是指使输出的绝对值为最小的状态，例如平衡状态。

激励是指为使传感器正常工作而施加的外部能量（电压或电流）。

最大激励是指在室内条件下，能够施加到传感器上的激励电压或电流的最大值。

输入阻抗是指在输出端短路时，传感器输入端测得的阻抗。

输出是指由传感器产生的与外加被测量成函数关系的电量。

输出阻抗是指在输入端短路时，传感器输出端测得的阻抗。

零点输出是指在室内条件下，所加被测量为零时传感器的输出。

滞后是指在规定的范围内，当被测量值增加和减少时，输出中出现的最大差值。

迟后是指输出信号变化相对于输入信号变化的时间延迟。

漂移是指在一定的时间间隔内，传感器输出中有与被测量无关的不需要的变化量。

零点漂移是指在规定的时间间隔及室内条件下零点输出时的变化。

灵敏度是指传感器输出量的增量与相应的输入量增量之比。

灵敏度漂移是指由于灵敏度的变化而引起的校准曲线斜率的变化。

热灵敏度漂移是指由于灵敏度的变化而引起的灵敏度漂移。

热零点漂移是指由于周围温度变化而引起的零点漂移。

线性度校准是指曲线与某一规定直线一致的程度。

非线性度校准是指曲线与某一规定直线偏离的程度。

长期稳定性是指传感器在规定的时间内仍能保持不超过允许误差的能力。

固有频率是指在无阻力时，传感器的自由（不加外力）振荡频率。

响应是指输出时被测量变化的特性。

补偿温度范围是指使传感器保持量程和规定极限内的零平衡所补偿的温度范围。

蠕变是指当被测量机器环境条件保持恒定时，在规定时间内输出量的变化。

绝缘电阻如无其他规定，指在室温条件下施加规定的直流电压时，从传感器规定的绝缘部分之间测得的电阻值。

11.8　环境对传感器的影响

高温环境对传感器造成涂覆材料熔化、焊点开化、弹性体内应力发生结构变化等问题。高温环境下工作的传感器常采用耐高温传感器，另外，必须加有隔热、水冷或气冷等装置。

粉尘、潮湿会对传感器造成短路的影响，在此环境条件下应选用密闭性很高的传感器。不同的传感器其密封的方式是不同的，其密闭性存在很大差异。常见的密封有密封胶充填或涂覆、橡胶垫机械紧固密封、焊接（氩弧焊、等离子束焊）和抽真空充氮密封。从密封效果来看，焊接密封为最佳，充填涂覆密封胶为最差。对于室内干净、干燥环境下工

作的传感器，可选择涂胶密封的传感器，而对于在潮湿、粉尘性较高的环境下工作的传感器，应选择膜片热套密封或膜片焊接密封、抽真空充氮密封的传感器。

在腐蚀性较高的环境下，如潮湿、酸性，会对传感器造成弹性体受损或产生短路等影响，应选择外表面进行过喷塑或不锈钢外罩、抗腐蚀性能好且密闭性好的传感器。

电磁场会对传感器造成输出紊乱信号的影响，在此情况下，应对传感器的屏蔽性进行严格检查，看其是否具有良好的抗电磁能力。

易燃、易爆不仅对传感器造成彻底性的损害，且还给其他设备和人身安全造成很大的威胁。因此，在易燃、易爆环境下工作的传感器，对防爆性能提出了更高的要求：在易燃、易爆环境下必须选用防爆传感器，这种传感器的密封外罩不仅要考虑其密闭性，还要考虑到防爆强度，以及电缆线引出头的防水、防潮、防爆性等。

11.9 传感器数量和量程的选择原则

传感器数量的选择是根据电子衡器的用途、秤体需要支撑的点数（支撑点数应根据使秤体几何重心和实际重心重合的原则而确定）而定。一般来说，秤体有几个支撑点就选用几只传感器，但是对于一些特殊的秤体如电子吊钩秤就只能采用一个传感器，一些机电结合秤就应根据实际情况来确定传感器的个数。

传感器量程的选择可依据秤的最大称量值、选用传感器的个数、秤体的自重、可能产生的最大偏载及动载等因素综合评价来确定。一般来说，传感器的量程越接近分配到每个传感器的载荷，其称量的准确度就越高。但在实际使用时，由于加在传感器上的载荷除被称物体外，还存在秤体自重、皮重、偏载及振动冲击等载荷，因此选用传感器量程时，要考虑诸多方面的因素，保证传感器的安全和寿命。

传感器量程的计算公式是在充分考虑影响秤体的各个因素后，经过大量的实验而确定的，公式为：

$$C=K_{-0}K_{-1}K_{-2}K_{-3}\ (W_{max}+W)\ /N$$

其中，C 为单个传感器的额定量程；W 为秤体自重；W_{max} 为被称物体净重的最大值；N 为秤体所采用支撑点的数量；K_{-0} 为保险系数，一般取值在 1.2～1.3 之间；K_{-1} 为冲击系数；K_{-2} 为秤体的重心偏移系数；K_{-3} 为风压系数。

根据经验，一般应使传感器工作在其 30%～70%量程内，但对于一些在使用过程中存在较大冲击力的衡器，如动态轨道衡、动态汽车衡、钢材秤等，在选用传感器时，一般要扩大其量程，使传感器工作在其量程的 20%～30%之内，使传感器的称量储备量增大，以保证传感器的使用安全和寿命。

传感器的准确度等级包括传感器的非线性、蠕变、蠕变恢复、滞后、重复性、灵敏度等技术指标。在选用传感器的时候，不要单纯追求高等级的传感器，而既要考虑满足电子秤的准确度要求，又要考虑其成本。

例如，对称重传感器的选择必须满足下列两个条件：第一个是满足仪表输入的要求。称重显示仪表是对传感器的输出信号经过放大、A/D 转换等处理之后显示称量结果的，因此传感器的输出信号必须大于或等于仪表要求的输入信号大小，即将传感器的输出灵敏

度代入传感器和仪表的匹配公式，计算结果须大于或等于仪表要求的输入灵敏度。第二个是满足整台电子秤准确度的要求。一台电子秤主要由秤体、传感器、仪表三部分组成，在对传感器选择准确度的时候，应使传感器的准确度略高于理论计算值。因为理论往往受到客观条件的限制，如秤体的强度差一点、仪表的性能不是很好、秤的工作环境比较恶劣等因素都直接影响到秤的准确度要求，因此要从各方面提高要求，还要考虑经济效益，确保达到目的。

11.10 传感器的产业特点

我国传感器产业正处于由传统型向新型传感器发展的关键阶段，它体现了新型传感器向微型化、多功能化、数字化、智能化、系统化和网络化发展的总趋势。传感器技术历经了多年的发展，其技术的发展大体可分以下三代。第一代是结构型传感器，它利用结构参量变化来感受和转化信号；第二代是20世纪70年代发展起来的固体型传感器，这种传感器由半导体、电介质、磁性材料等固体元件构成，是利用材料某些特性制成的，如利用热电效应、霍尔效应、光敏效应分别制成热电偶传感器、霍尔传感器、光敏传感器；第三代传感器是后来发展起来的智能型传感器，是微型计算机技术与检测技术相结合的产物，使传感器具有一定的人工智能。

传感器技术及其产业的特点可以归纳为基础、应用两头依附，技术、投资两个密集，产品、产业两大分散。

基础依附是指传感器技术的发展依附于敏感机理、敏感材料、工艺设备和计测技术这四块基石。敏感机理千差万别，敏感材料多种多样，工艺设备各不相同，计测技术大相径庭，没有上述四块基石的支撑，传感器技术难以为继。应用依附是指传感器技术基本上属于应用技术，其市场开发多依赖于检测装置和自动控制系统的应用，才能真正体现出它的高附加效益并形成现实市场，亦即发展传感器技术要以市场为导向，实行需求牵引。

技术密集是指传感器在研制和制造过程中技术的多样性、边缘性、综合性和技艺性。它是多种高技术的集合产物。由于技术密集，自然要求人才密集。投资密集是指研究开发和生产某一种传感器产品要求一定的投资强度，尤其是在工程化研究以及建立规模经济生产线时，更要求较大的投资。

产品结构和产业结构的两大分散是指传感器产品门类品种繁多（共10大类、42小类近6000个品种），其应用渗透到各个产业部门，它的发展既有各产业发展的推动力，又强烈地依赖于各产业的支撑作用；只有按照市场需求，不断调整产业结构和产品结构，才能实现传感器产业的全面、协调、持续发展。

11.11 传感器在建筑工程中的应用

传感器技术可以检测环境变化，允许持续监测，并比人工工作更精确、更有效地发出异常警报。传感器只是物联网的设备、技术和物件庞大体系的一部分，可以让企业、业

主、房东和设施管理人员以可持续的方式高效地管理建筑。这些技术可以帮助企业满足广泛的环境目标和合规需求，同时收集数据以做出更有效的业务决策。

1）气候控制。过去的气候控制都是手动的。个人需要通过打开和关闭窗户，或通过调节供暖、通风和空调系统（HVAC）来测量和优化温度和湿度。但如今，气候控制在很大程度上已经实现了自动化，传感器可以检测环境温度，物联网解决方案可以自动调整以保持所需的设置。人们可以在所有工作场所设置暖通空调传感器系统，这些传感器自动将温度和其他指标的数据发送到中央仪表盘，使管理人员或个人能够从一个地方控制室内气候。这意味着可始终保持最佳的室内条件。这也是具有成本效益的，能确保气候控制系统只在需要时使用。这样的传感器能使一家连锁超市每年仅在暖通空调方面就能够节省百余万美元。人们还可以在特别具有挑战性的环境中安装温度传感器，如药品冷库。例如，NHSTrust 的冷藏设备安装传感器每 5 分钟监测和保持一次温度，而无须人工干预。

2）空气质量检查。气候控制不止于温度调节。除了监控暖通空调，智能技术还可以深入了解整个站点或公司的室内二氧化碳水平、挥发性有机化合物（VOC）、湿度、光照水平和气压。监测室内空气质量可以提高效率，帮助实现 ESG 目标，并降低劳动力成本。一些物联网传感器解决方案可以通过识别确定何时需要改善和优化空气质量，比如为了降低病毒传播的风险，必须改善室内空气质量。

3）自动化维护监控。智能传感器可以帮助检查设备，并在需要人工干预时提醒。这就加快了对有故障或损坏的设备的维护，并在它们成为问题之前规避了维护问题。比如，在管道中安装维护检查传感器以监测供水质量，传感器自动监控水温和水流，从而降低污染的风险，也将维护团队从例行检查中解放出来，可以专注于更重要的任务。

4）实时占用数据。在实行居家办公的规定后，占用率监控将成为衡量建筑内人员安全的一个关键工具。获取人员居住地点的实时居住数据可以帮助降低病毒传播风险并帮助管理人员遵守所需的安全标准和限制。

5）安全和保安检查。门窗传感器可以改善安全监控。监视器能够发回实时数据，并确保居民在防火门长时间打开时采取适当的行动。门传感器还可以帮助监控诸如尾随和未经授权访问等问题，以确保某些区域的安全。类似的传感器可以监视保险箱和抽屉的打开和关闭，或任何其他可能存储敏感信息或贵重物品的地方。

6）清洁的监控。手动清洁通常是轮值制的，无论设备使用情况和清洁度如何，都定期进行清洁。然而，手动清洁计划可能导致资源的低效使用，从而使其成本更高、更耗时。物联网传感器技术可以让用户收集有关交通、占用和使用情况的数据，显示哪些区域被使用最多，从而更好地分配清洁资源。这使清洁人员的工作效率更高，并从用户那里获得更多积极的反馈。

7）客户反馈。了解客户满意度也可以借助传感器。反馈按钮通常用于公共厕所、机场和服务中心。清洁反馈面板以类似的方式工作，但可与其他智能技术进行通信以降低成本。这些传感器可用于服务中心，也可用于员工或租户，其可以帮助以更快、更精简的方式识别反馈和趋势，创造更高的客户、员工或租户满意度，将提高幸福感、忠诚度和效率，并降低流动率。

8）设置智能传感器。无论想为建筑物配备什么样的特殊需求，传感器技术都能提高效率，在监控、维护甚至接收客户反馈方面节省时间和精力。其最终有望节省能源和降低

劳动力成本，并实现 ESG 目标。传感器技术使建筑智能化，其获取的数据可为未来更明智的商业决策和投资提供信息。

11.12 我国智能传感器行业现状

21 世纪以来，传感器逐渐由传统型向智能型方向发展。同时，下游需求也促使智能传感器的技术升级，向应用场景多元化、多功能融合、尺寸微型化的趋势发展。

近年来，我国大力支持智能传感器技术及产业，陆续推出智能传感器专项政策支持，助力智能传感器产业进入快速发展期。数据显示，2018—2022 年，我国智能传感器市场规模从 883.17 亿元增长至 1210.8 亿元，年均复合增长率达 8.2%。

智能传感器的产品品类主要包括 MEMS 传感器、CIS 图像传感器、雷达传感器、射频传感器、指纹传感器等，从产品占比情况来看，MEMS 传感器和 CIS 传感器的占比较大，两者分别占比 29.7%和 26.5%，合计占比 56.2%。

随着我国智能手机、平板电脑等消费类电子产品产量的稳定增长，MEMS 需求量扩大，市场规模增长显著。数据显示，2022 年我国 MEMS 市场规模达 1008 亿元。

从应用领域看，目前我国智能传感器产品主要应用于汽车电子、工业制造、网络通信、消费电子和医疗等领域，占比分别为 24.2%、21.1%、21%、14.7%和 7.2%；汽车电子对智能传感器的应用占比最大，汽车对智能传感器的需求类型还在持续拓展。

数据显示，2018—2020 年，我国智能传感器专利申请数量增长较快，由 241 项增至 490 项，2022 年，我国智能传感器相关专利申请数量为 382 项，同比下降 14%。

智能传感器目前已经广泛运用于消费电子、汽车、工业、医疗、通信等各个领域，随着人工智能和物联网技术的发展，应用场景将更加多元。同时，随着联网节点数量的不断增长，对智能传感器数量和智能化程度的要求也在不断提升。未来，智能家居、工业互联网、车联网、智能城市等新产业领域都将为智能传感器行业带来更广阔的市场空间。

随着设备智能化程度的不断提升，单个设备中搭载的传感器数量也逐渐增加，通过多传感器的融合与协同，提升了信号识别与收集的效果，也提高了智能设备器件的集成化程度，节约了内部空间。例如，在惯性传感器领域，加速度计、陀螺仪和磁传感器呈现出集成化的趋势，融合了多功能的惯性传感器组合在消费电子和汽车领域的应用越来越广泛。

消费电子领域对产品轻薄化有着较高的要求，使得传感器生产厂商不断缩小传感器芯片尺寸。在单片晶圆尺寸固定的情况下，设计的芯片越小，产出的芯片数量就越多，传感器芯片的成本也就能够得到有效降低，因此，在保证产品性能达到客户需求的前提下，不断缩小产品尺寸、降低产品成本是智能传感器行业的重要发展趋势之一。

延伸阅读

从 20 世纪 50 年代开始，传感器技术历经三代发展，由结构型传感器到固体型传感器，再到智能型传感器发展阶段，目前已在各个行业全面渗透。近年来，在新能源汽车、工业自动化、医疗、环保、消费等领域智能化、数字化需求的持续带动下，全球传感器市场规模保持稳步增长，为智能传感器的发展奠定了产品基础。同时，新能源汽车产量增加、智能家居渗透率不断提升、5G基站持续大规模建设等，带动了我国传感器市场规模上升，增速高于全球水平。

在党的二十大精神的鼓舞下，我国企业将更加注重产品工艺研发，加大科研投入及自主创新，形成拥有自主知识产权的优质产品；将下游应用中传感器所面临的问题点作为新产品的突破口，着力解决下游应用领域需要的技术；同时，关注人工智能算法的应用场景以及其与传感器产品的融合发展，尤其是自动驾驶、自然环境监测等领域。

思考题

1. 传感器的特点有哪些？
2. 传感器的主要作用是什么？
3. 传感器的常见种类有哪些？
4. 简述传感器的主要分类方式。
5. 传感器的主要特性是什么？
6. 简述传感器的选型原则。
7. 传感器的常用术语有哪些？
8. 环境对传感器有哪些影响？
9. 简述传感器数量和量程的选择原则。
10. 简述传感器的产业发展情况。
11. 传感器在建筑工程中有哪些应用？
12. 试述近年来我国传感器技术领域的创新与发展。

第12章　建筑信息建模（BIM）技术

12.1　BIM 技术概述

建筑信息建模（BIM）是建筑学、工程学及土木工程的新工具，BIM 不是一种软件而是一个过程、一种生产模式或工作模式，其贯穿于整个工程结构物的全生命周期，从规划、勘察、设计、营造（施工、管理、成本）、运维，直到退出现役。查克·伊斯曼（Chuck Eastman）被称为 BIM 之父。

BIM（building information modeling）被很多人误解为建筑信息模型（building information model），实际上 BIM 与建筑信息模型完全是两回事。建筑信息模型或建筑资讯模型一词由 Autodesk 所创，它是用于那些以三维图形为主、以物件为导向、与建筑学有关的电脑辅助设计的，这个概念最初是由杰瑞·莱瑟林（Jerry Laiserin）把 Autodesk、奔特力系统软件公司、Graphisoft 所提供的这种技术向公众推广的。

BIM 技术是 Autodesk 公司在 2002 年率先提出的，已经在全球范围内得到业界的广泛认可，它可以帮助实现建筑信息的集成，从建筑的设计、施工、运行直至建筑全寿命周期的终结，各种信息始终整合于一个三维模型信息数据库中，设计团队、施工单位、设施运营部门和业主等各方人员可以基于 BIM 进行协同工作，有效提高工作效率、节省资源、降低成本，以实现可持续发展。

BIM 的核心是通过建立虚拟的建筑工程三维模型，利用数字化技术，为这个模型提供完整的、与实际情况一致的建筑工程信息库。该信息库不仅包含描述建筑物构件的几何信息、专业属性及状态信息，还包含了非构件对象（如空间、运动行为）的状态信息。借助这个包含建筑工程信息的三维模型，大大提高了建筑工程的信息集成化程度，从而为建筑工程项目的相关利益方提供了一个工程信息交换和共享的平台。

BIM 不仅可以在设计中应用，还可应用于建设工程项目的全寿命周期中，或用 BIM 进行设计属于数字化设计。BIM 的数据库是动态变化的，在应用过程中不断更新、丰富和充实，为项目参与各方提供了协同工作的平台。我国 BIM 标准正在研究制定中，研究小组已取得阶段性成果。

BIM 技术是一种应用于工程设计、建造、管理的数据化工具，通过对建筑的数据化、信息化模型整合，在项目策划、运行和维护的全生命周期过程中进行共享和传递，使工程技术人员对各种建筑信息做出正确理解和高效应对，为设计团队以及包括建筑、运营单位

在内的各方建设主体提供协同工作的基础，在提高生产效率、节约成本和缩短工期方面发挥重要作用。

美国国家BIM标准（NBIMS）对BIM的定义由三部分组成，即BIM是一个设施（建设项目）物理和功能特性的数字表达；BIM是一个共享的知识资源，是一个分享有关这个设施的信息，为该设施从概念到拆除的全生命周期中的所有决策提供可靠依据的过程；在设施的不同阶段，不同利益相关方通过在BIM中插入、提取、更新和修改信息，以支持和反映其各自职责的协同作业。

12.2　我国对BIM技术的支持

2016年12月2日，中华人民共和国住房和城乡建设部发布《建筑信息模型应用统一标准》，编号为GB/T 51212—2016。2017年5月4日，中华人民共和国住房和城乡建设部发布《建筑信息模型施工应用标准》（GB/T 51235—2017）。

2020年7月3日，住房城乡建设部联合发展改革委、科技部、工业和信息化部、人力资源和社会保障部、交通运输部、水利部等十三个部门联合印发的《关于推动智能建造与建筑工业化协同发展的指导意见》提出，加快推动新一代信息技术与建筑工业化技术协同发展，在建造全过程加大建筑信息模型（BIM）、互联网、物联网、大数据、云计算、移动通信、人工智能、区块链等新技术的集成与创新应用。

2020年8月28日，住房城乡建设部等九部门联合印发的《关于加快新型建筑工业化发展的若干意见》指出："大力推广建筑信息模型（BIM）技术。加快推进BIM技术在新型建筑工业化全寿命期的一体化集成应用。充分利用社会资源，共同建立、维护基于BIM技术的标准化部品部件库，实现设计、采购、生产、建造、交付、运行维护等阶段的信息互联互通和交互共享。试点推进BIM报建审批和施工图BIM审图模式，推进与城市信息模型（CIM）平台的融通联动，提高信息化监管能力，提高建筑行业全产业链资源配置效率。"

12.3　BIM技术的优点

1）可视化。可视化即"所见所得"的形式。对于建筑行业来说，可视化的真正运用在建筑业的作用是非常大的，例如经常拿到的施工图纸，只是各个构件的信息在图纸上采用线条绘制表达，但是其真正的构造形式就需要建筑业从业人员去自行想象了。BIM提供了可视化的思路，让人们将以往的线条式的构件形成一种三维的立体实物图形展示在人们的面前。建筑业也有设计方面的效果图，但是这种效果图不含有除构件的大小、位置和颜色以外的其他信息，缺少不同构件之间的互动性和反馈性。而BIM提到的可视化是一种能够同构件之间形成互动性和反馈性的可视化，由于整个过程都是可视化的，可视化的结果不仅可以用效果图展示及生成报表，更重要的是，项目设计、建造、运营过程中的沟通、讨论、决策都在可视化的状态下进行。

2）协调性。协调是建筑业中的重点内容，不管是施工单位，还是业主及设计单位，都在做着协调及相配合的工作。一旦项目的实施过程中遇到了问题，就要将各有关人士组织起来开协调会，找各个施工问题发生的原因及解决办法，然后做出变更，采取相应补救措施等来解决问题。在设计时，由于各专业设计师之间的沟通不到位，往往会出现各种专业之间的碰撞问题。例如，暖通等专业中的管道在进行布置时，由于是各自绘制在各自的施工图纸上的，在真正施工过程中，可能正好在此处有结构设计的梁等构件阻碍管线的布置，像这样的碰撞问题就只能在问题出现之后再进行解决。BIM 的协调性服务就可以帮助处理这种问题，也就是说，BIM 可在建筑物建造前期对各专业的碰撞问题进行协调，生成协调数据，并提供出来。当然，BIM 的协调作用也并不是只能解决各专业间的碰撞问题，它还可以解决例如电梯井布置与其他设计布置及净空要求的协调、防火分区与其他设计布置的协调、地下排水布置与其他设计布置的协调等。

3）模拟性。模拟性并不是只能模拟设计出建筑物模型，还可以模拟不能够在真实世界中进行操作的事物。在设计阶段，BIM 可以对设计上需要进行模拟的一些东西进行模拟实验，如节能模拟、紧急疏散模拟、日照模拟、热能传导模拟等。在招投标和施工阶段可以进行 4D 模拟（三维模型加项目的发展时间），也就是根据施工的组织设计模拟实际施工，从而确定合理的施工方案来指导施工，同时还可以进行 5D 模拟（基于 4D 模型加造价控制），从而实现成本控制。后期运营阶段可以模拟日常紧急情况的处理方式，例如地震人员逃生模拟及消防人员疏散模拟等。

4）优化性。事实上整个设计、施工、运营的过程就是一个不断优化的过程。当然，优化和 BIM 也不存在实质性的必然联系，但在 BIM 的基础上可以做更好的优化。优化受三种因素的制约：信息、复杂程度和时间。没有准确的信息，做不出合理的优化结果，BIM 提供了建筑物实际存在的信息，包括几何信息、物理信息、规则信息，还提供了建筑物变化以后实际存在的信息。复杂程度较高时，限于参与人员本身的能力无法掌握所有的信息，必须借助一定的科学技术和设备的帮助。现代建筑物的复杂程度大多超过参与人员本身的能力极限，BIM 及与其配套的各种优化工具提供了对复杂项目进行优化的可能。

5）可出图性。BIM 不仅能绘制常规的建筑设计图纸及构件加工的图纸，还能通过对建筑物进行可视化展示、协调、模拟、优化，并出具各专业图纸及深化图纸，使工程表达更加详细。

12.4 常用的 BIM 建模软件

12.4.1 Revit 软件

Revit 是由 Autodesk 公司开发的建筑信息建模软件，被广泛应用于建筑、结构和机电设计等领域。Autodesk 软件主要有 3 种，即 Revit Architecture、Revit Structure、Revit MEP（Mechanical，Electrical and Plumping）。

1）Revit Architecture。设计师可以根据自己的想法自由设计建筑，高效完成作品；可以从设计、文档到施工整个项目流程都保持精确的设计理念；在设计的各个阶段可以修

改设计，变更设计元素。

2）Revit Structure。它是面向结构工程设计行业提供的用于结构设计与分析的工具。它可以提高多个领域的结构设计文档编制协作关系，减少错误，提高团队之间的协作能力（例如建筑师、水暖电工程与业主的协作能力）。

3）Revit MEP。它是一款智能的设计和制图工具，能创建设备及管道工程的建筑信息模型。其主要功能着重于建筑机械与设备管线配置规划，并提供电力负载及空调空间热能分析功能。

上述 Revit 系列产品可将 BIM 信息互相传递，以达到协同设计的目的。例如建筑师将建筑形状或隔间等信息设计完成后可从 Revit Architecture 传送数据至 Revit MEP，提供信息给空调机电设计单位使用，实现在虚拟数字环境中的协同作业。Revit 软件也有缺点，如果图文件大于 200MB，图形作业缓慢；软件的参数规则对于由角度的变化引起的全局更新有局限性，不支持复杂的设计。

12.4.2 Bentley 软件

Bentley AECOsim 是由 Bentley Systems 公司开发的 BIM 软件，用于建筑、结构和机电设计等领域。Bentley 产品在工厂设计（石油、化工、电力、医药等）和基础设施（道路、桥梁、市政、水利等）领域有无可争辩的优势。

1）Bentley Architecture。它是一款全能型建筑设计软件，在设计的各个阶段都可运用，比如概念、方案、初步设计和施工深化设计等，高效完成各个阶段的设计工作。设计师可以用参数化的方式创建真实的三维建筑原型，能避免成本超支，按预算如期提供高质量的建筑设计产品，有效降低成本，增加收益。

2）Bentley Structural。它可提供全面的结构分析及设计产品，包括创建钢结构、混凝土结构和木结构的各类建筑和工业厂房的结构系统。它是一款高级、直观且操作简单的 BIM 软件，赋予了结构工程师和设计师广阔的设计空间。

3）Bentley Building Mechanical Systems。它是一款建筑机械系统的 BIM 软件，可用 3D 模型协助机械工程师进行通风系统、管道系统与机械厂房建置的设计、分析、成本预测及碰撞检查等作业。

Bentley 能支持市场上许多大型项目，整合各领域的工具，能处理 Bezier 与 NURBS 复杂曲面并且提供专业的组件库。但是它缺乏在线对象资源库，学习操控难度大，用户层不普及。

12.4.3 Nemetschek Graphisoft 软件

Nemetschek Graphisoft 是建筑图形设计工具，可以自动生成剖/立面、设计图档、参数计算等。其优势在于整个图册的相关文档可以随着修改自动更新，节省了传统设计软件大量的绘图和图纸编辑时间，减少不必要的时间浪费，可以让设计师更专注于设计，提升设计生产力。

1）ArchiCAD。它是由 Graphisoft 公司开发的 BIM 软件，用于建筑、室内设计和城市规划等领域。其也是历史久远且被广泛运用的三维建筑设计软件，是建筑师可以在 3D 设计与编辑环境下享受环绕式工作流程的图形设计工具。基于全 3D 的模型设计，具有强

大的建筑物剖面及立面显示、参数计算、设计图档等便利的自动产生功能，以及便捷的方案运算演绎和高质量的图形渲染功能。

2）ALLplan。它是一款智能建筑设计软件，主要用于建筑、结构和机电设计等领域，可用于快速开发3D建筑模型。它在建立预制构件模型和生产预制构件方面有独特的优势。适用于建筑设计的各个阶段，可以为建筑师和设计者提供建筑物设计和绘图的整个方案。人性化操作可以让建筑设计师快速建立并维护所建的模型。

3）Vectorworks。它虽然没有AutoCAD那样被国内人所熟知，但它是国外设计师（欧美和日本）的首选工具软件。其优势是可以提供大量精简却功能强大的建筑及产品工业所需要的工具模组。MAC和Windows平台上都可以运用，在建筑设计、景观设计、机械设计、舞台灯光设计及渲染方面拥有专业化性能。

简而言之，Vectorworks功能十分强大，集合AutoCAD、天正、3DS-Max、Photoshop软件功能于一身。可以享受自由的设计空间，无论是做何种设计，有它就够了。

Nemetschek Graphisoft是Apple Macs系统环境下最受欢迎的工程绘图软件，在欧美的地位较高，有丰富的应用套件，支持营建设施管理。但是它在大型项目中会存在结构比例问题，所以必须分工作业和管理项目。另外，在参数化建模时会受到限制。

12.4.4 Gery Technology Dassault软件

1）Digital Project。它是一款3D建筑信息模型和管理工具，从设计、项目管理到施工现场，可以为工程项目提供完整的生命周期数字化环境；有完整的参数化建模功能，能组合式控制建筑设计曲面，可以处理大项目，有非常详细的3D参数化建模。

2）CATIA。它是集CAD、CAM、CAE于一体的三维设计系统，被广泛运用于机械、电子、航空、航天和汽车等行业。其功能涵盖实体及曲面建模、运动仿真、装配可行性分析等，但由于系统庞大且复杂，不像AutoCAD等二维建模软件那样容易掌握，相关参考资料较少，很难熟练使用该软件。

12.4.5 其他软件

1）Tekla Structures。它是由Trimble公司开发的BIM软件，主要用于钢结构、混凝土结构和预制构件等领域。

2）Vectorworks Architect。它是由Vectorworks公司开发的BIM软件，主要用于建筑、室内设计和景观设计等领域。

12.5 Revit Structure软件

12.5.1 Revit Structure软件概貌

Autodesk公司于2012年发布在线应用市场，提供其公司开发的应用与外挂，这些插件可以跟AutoCAD、Revit、Maya、Inventor等主流软件系统搭配使用。除了少数需要付费外，大部分都可免费下载使用。Revit Structure作为BIM的工具平台，强调开放性与交换性，配有许多插件可以搭配使用。这些程序根据设计实务的使用需求仍在持续发展中，设计者可以根据自己的工作需求选择不同的插件。

Revit Structure 中可以建立物理模型，若其构件已设定了适当的材料参数，则可以自动同步生成解析模型，此解析模型独立于物理模型，可以分开设定与编辑，方便后续传输至专业结构软件进行力学分析与断面设计。通过参数化建模与协同作业功能，结构工程师可以跟建筑师、设备工程师等专业进行协调统筹工作。

在实际工作中，若结构系统的模矩规则简单，如厂房建筑，结构工程师也可以直接由建筑设计端拿取梁柱模型再进行修改，从而可减少在专业结构分析软件中重新建模所导致的图形错误、分析错误，并可大量减少信息交换的时间。

Revit 系列工具的建模程序有别于一般快速生成概念量体的设计工具，如 Rhino、Sketchup 所建立的模型并不包含除了几何信息以外的任何信息，一旦设计者需要更改设计就必须重新建模，模型信息也难以在各软件工具间进行传输。BIM 工具的概念在整合信息，通过参数的设定控制模型，模型实例可以通过参数设置与更改来快速修改，具有参数关联的实体模型只要更改其中一个的性质，其他全部的例证便会自行修改。通过这样的方式，跨领域的多重信息可以整合在同一组三维建筑模型当中，使用者也可以通过参数的变更，让同一个模型产生多种形态，而不需要重新建置。

Revit Structure 本身并不具备结构力学分析功能，仅可以做一些简单的检查，力学分析的部分则需通过与第三方专业结构软件的链接来执行结构分析与断面设计。在 Revit 里可以先行设定结构构件的参数、载重、载重组合、边界条件，同时也可以重新设置解析模型。分析方面，若不使用其他的插件或链接应用软件，主程序仅能进行支撑检查、物理模型与解析模型的一致性检查，其他结构力学的分析工作，可以通过插件连接，如 Autodesk 公司的 Robot Structural Analysis、CSI 公司的 ETABS、SAP2000 等，大部分模型信息都可通过参数化的设定得到适当的转换。

12.5.2　Revit 正向建模

以 Revit 2020 为例，该软件是一款三维建筑信息模型建模软件，适用于建筑设计、MEP 工程、结构工程和施工领域。Revit 的默认单位是毫米（mm）。当一栋大楼完成打桩基础（包含钢筋）、立柱（包含钢筋）、架梁（包含钢筋）、倒水泥板（包含钢筋）、结构楼梯浇筑等框架结构建造（此阶段称为结构设计），然后就是砌砖、抹灰浆、贴外墙/内墙瓷砖、铺地砖、吊顶、建造楼梯（非框架结构楼梯）、室内软装布置、室外场地布置等施工建造作业（此阶段称为建筑设计），最后进行强电、排气系统、供暖设备、供水系统等设备的安装与调试。这就是整个房地产项目的完整建造流程。那么，Revit 又是怎样进行正向建模的呢？Revit 是由 Revit Architecture（建筑）、Revit Structure（结构）和 Revit Mep（设备）三个模块组合而成的综合建模软件。Revit Architecture 模块用于完成建筑项目第二阶段的建筑设计。如图 12-5-1 所示，为什么第一个选项卡要排列在 Revit 2020 的醒目功能区中呢？其原因就是国内的建筑结构不仅仅是框架结构，还有其他结构形式。建筑设计的内容主要用于准确地表达建筑物的总体布局、外形轮廓、大小尺寸、内部构造和室内外装修情况。另外，Revit Architecture 模块能出建筑施工图和效果图。

图 12-5-1　第一个选项卡

Revit Structure 模块用于完成建筑项目第一阶段的结构设计，如图 12-5-2 所示为某建筑项目的结构表达。建筑结构主要用于表达房屋骨架构造的类型、尺寸、使用材料要求、承重构件的布置与详细构造。Revit Structure 模块可以出结构施工图和相关明细表。Revit Structure 模块和 Revit Architecture 模块在各自建模过程中是可以相互使用的。例如，在结构中添加建筑元素，或者在建筑设计中添加结构楼板、结构楼梯等结构构件。

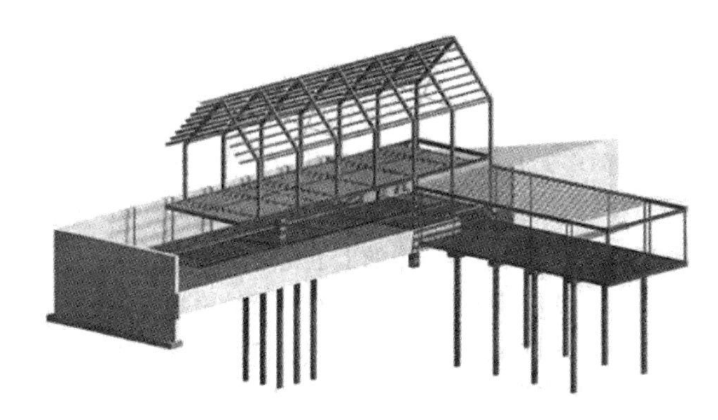

图 12-5-2　某建筑项目的结构表达

Revit Mep 模块用于完成建筑项目第三阶段的系统设计、设备安装与调试。只要弄清楚这 3 个模块各自的用途和建模的先后顺序，在建模时就不会产生逻辑混乱、不知从何着手的情况了。

以中恒建模助手插件为例，该插件是适用于 Revit 的建模插件。建模助手主要分为四个模块，分别是机电插件、土建插件、出图插件、综合插件，是对应不同需求功能的 Revit 建模插件。

机电插件的主要功能包括 CAD 图纸的识别，支持轴管道、立管、喷淋、风管、桥架识别；净高分析，精准定位净高不足区域构件；管线偏移对齐、支管升降等功能，机电调整痛点全覆盖；可快速翻弯，自动翻弯功能可调整风管与风管之间的交叉碰撞等。

土建插件的主要功能包括 CAD 图纸的识别，支持轴网、桩、承台、柱、墙、梁、门窗识别；一键成板、一键基础垫层；墙齐梁板，柱断墙梁，梁随斜板，顶部对齐；快速分割：快速表面分割，使 U 网格、V 网格的长度在自己想到的范围内；生成过梁：自动生成过梁，方便快捷地完成过梁的创建；生成圈梁：实现批量高效生成过、圈梁。

出图插件的主要功能包括局部三维、快速剖面、快速局部平面，视图一键创建；轴网、构件尺寸定位快速创建、调整；快速设置图层并导出 CAD 图纸；具备批量创建图纸功能，可创建多个图纸，轻松管理图纸修订；配置有快速视图样板，可一键应用、编辑、分享指定样板等。

综合插件的主要功能包括自定义界面，选项卡随心显示隐藏；一键多屏扩展，建模无边界；标高管理，快速精准创建标高；通过横剖、竖剖、斜剖，快速生成剖面；打开链

接灵巧，可通过双击 Revit 打开链接模型；可进行类别组合，一键控制常用类别显示/隐藏等。

这几个插件都是基于 Revit 开发的建模插件，每个功能都简化了 Revit 的操作，提高了 Bimer 的工作效率。

12.5.3 Revit＋Structure 与 Civil 3D 在桥梁工程中的交互设计

目前来说，在 Revit 中做桥梁设计的大概流程如下：首先，在 Civil 3D 中创建曲面和道路模型（图 12-5-3）。系统会提示“请输入描述”。接着，在 Revit Structure Extension 中使用“Bridges”下的“Integration with AutoCAD Civil3D”，将 Civil 3D 中的曲面和道路模型导入到 RST 中（图 12-5-4）。

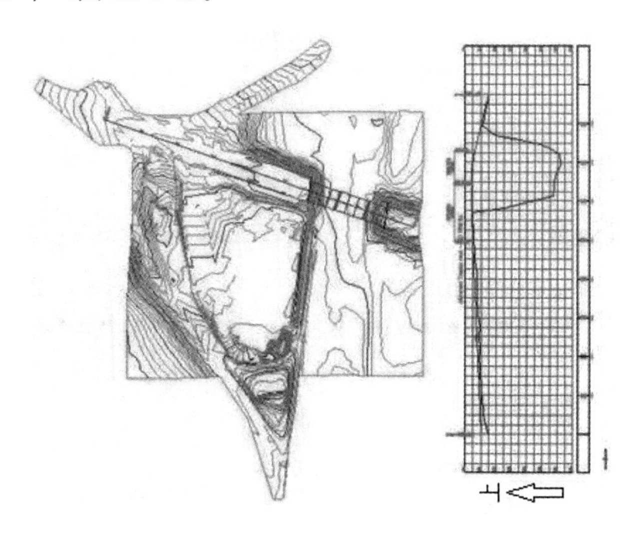

图 12-5-3 Civil 3D 创建曲面和道路模型

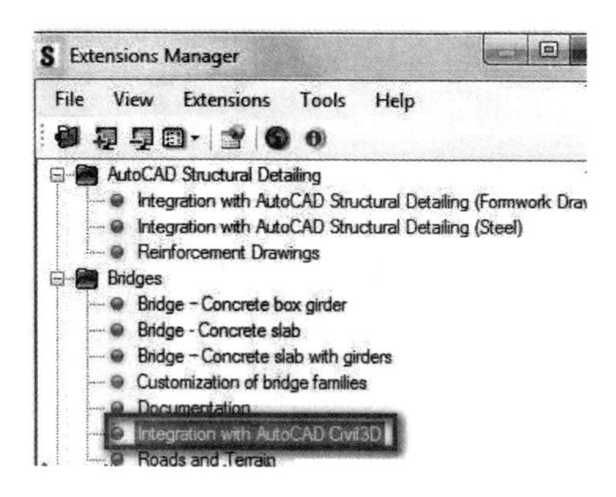

图 12-5-4 将 Civil 3D 中曲面和道路模型导入 RST 中

系统会再次提示“请输入描述”，如图 12-5-5 所示；系统会提示对道路和地形进行设定，对平面线形、纵断面、横断面以及地形等进行设定。桥位选择如图 12-5-6 所示；平面线形如图 12-5-7 所示；纵断面设计如图 12-5-8 所示；横断面设计如图 12-5-9 所示；地形设计如图 12-5-10 所示。

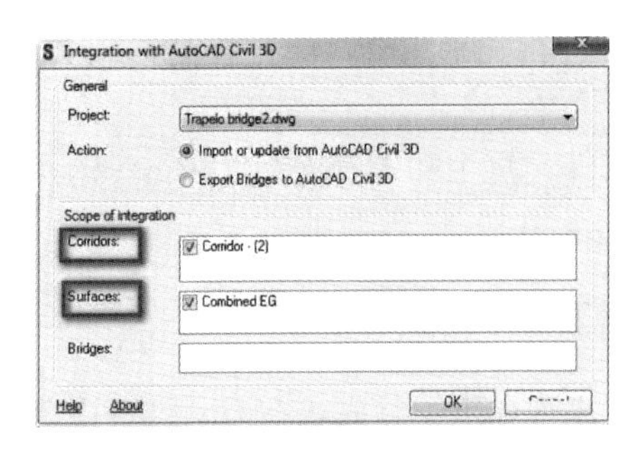

图 12-5-5　输入描述

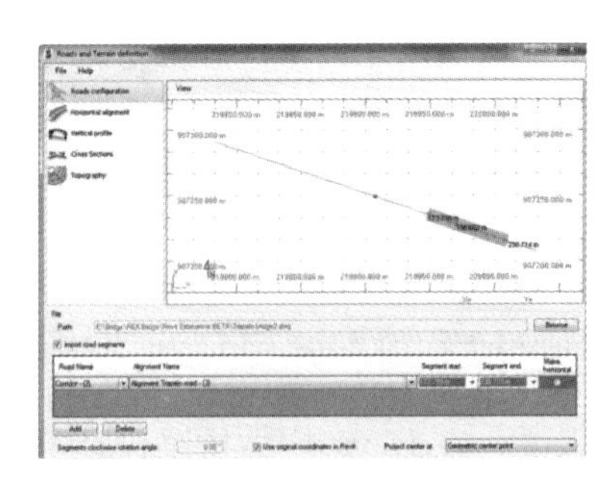

图 12-5-6　桥位选择

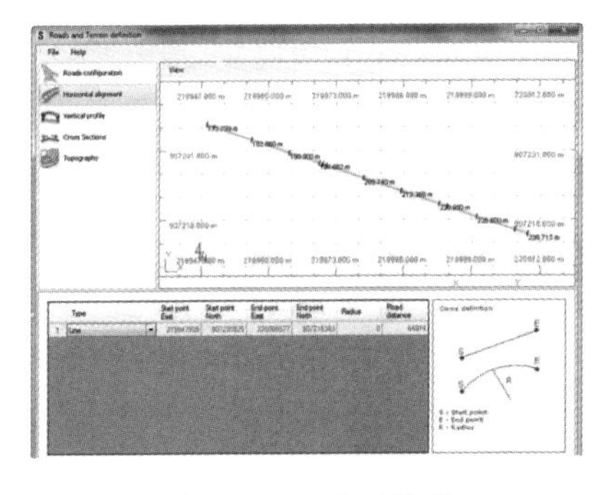

图 12-5-7　平面线形

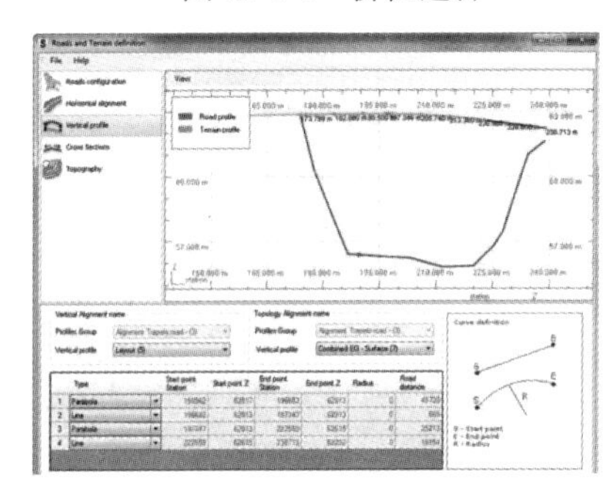

图 12-5-8　纵断面设计

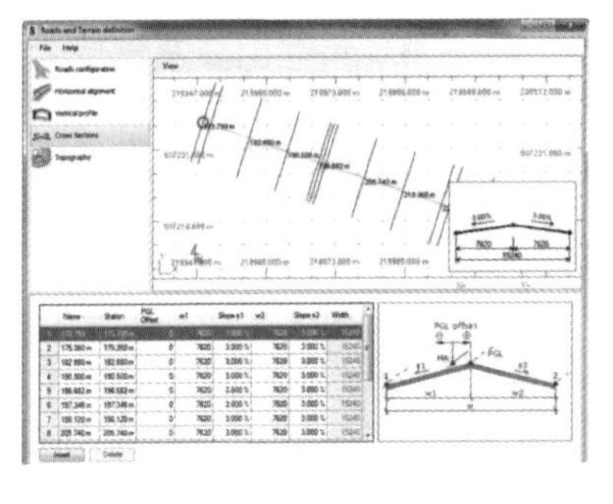

图 12-5-9　横断面设计

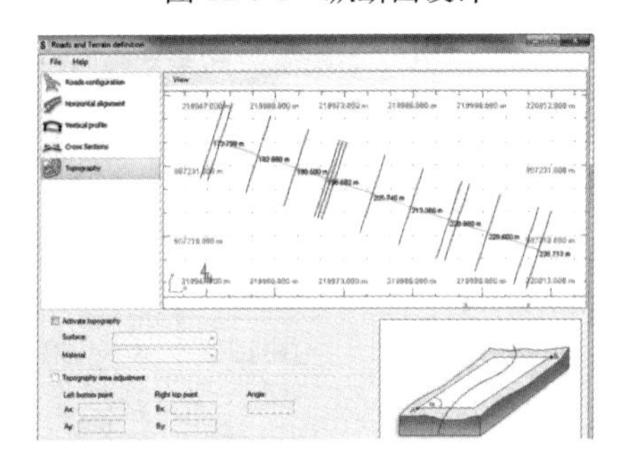

图 12-5-10　地形设计

依据上述设定，在 Revit 中创建出如图 12-5-11 所示的地形和桥位 Mass 模型；选中道路模型，选择扩展包中的 Bridge-Concrete box girder，创建梁式桥（图 12-5-12），当然，也可以选择其他来创建板式桥以及板式梁桥。对桥梁进行上部和下部结构（桥跨结构、支座、桥墩台、桥面、栏杆等）的设定（图 12-5-13）。设定好之后，还可以对整个桥梁模型进行验证，如果验证通过，即可生成桥梁模型。

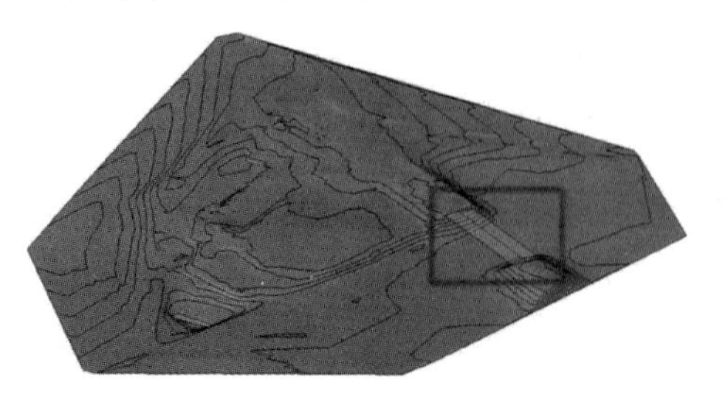

图 12-5-11　地形和桥位 Mass 模型

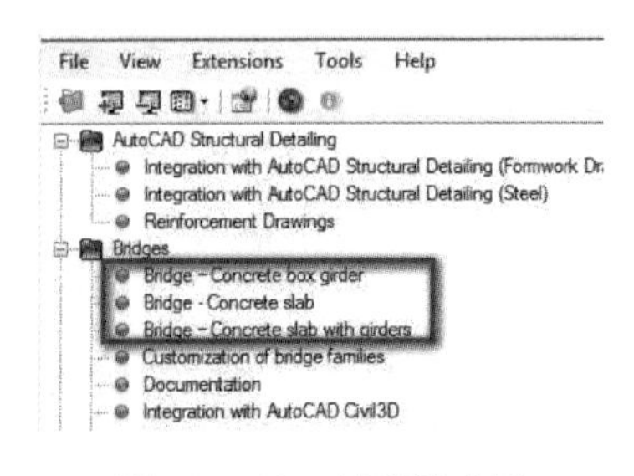

图 12-5-12　创建梁式桥

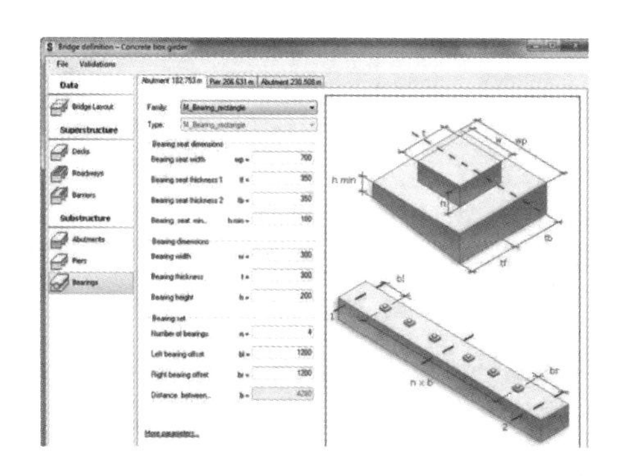

图 12-5-13　桥梁上部和下部结构设定

12.5.4　Revit Structure 的优势

以 Revit 结构 2021—2022 为例，其均包括基本、中级和高级功能。使用 Revit 2021—2022 可创建用于分析和设计的结构模型，涵盖 Revit 结构中的所有知识层次（图 12-5-14～图 12-5-16），比如混凝土和钢结构中的环境暴露问题、使用公制尺寸和模板问题。

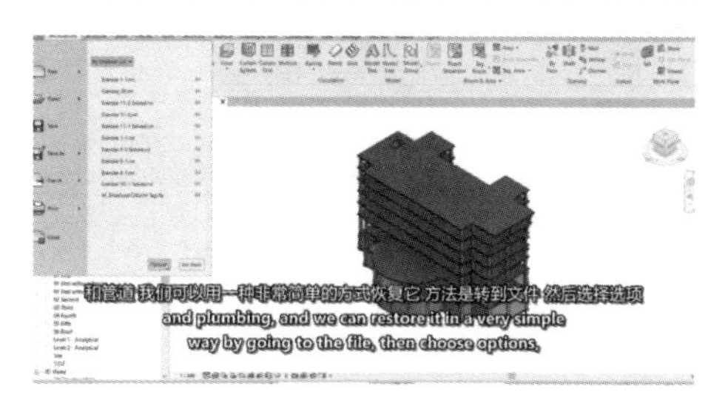

图 12-5-14　Revit 结构中知识层次（一）

它可使用基础、柱、梁、梁系统和楼板创建完整的结构模型；可通过定义载荷和载荷组合来为结构分析软件包准备模型；可进行混凝土结构和钢结构设计；可完成注释、标记、详细描述模型，以及创建和打印图纸。其他高级主题包括创建几种类型的明细表、导入计算机辅助设计文件和链接 Revit 文件、创建自己的族，可处理桁架、支撑、钢连接件（使用预制钢连接件或定制钢连接件）以及混凝土钢筋（可使用不同技术制作钢筋详图）；可自定义 Revit 环境；可形成两套文件，即带有说明的 PDF 文件和 RVT 文件，这也是每个主题的起点。这些对结构建模、分析和设计感兴趣的人而言都极富诱惑力。

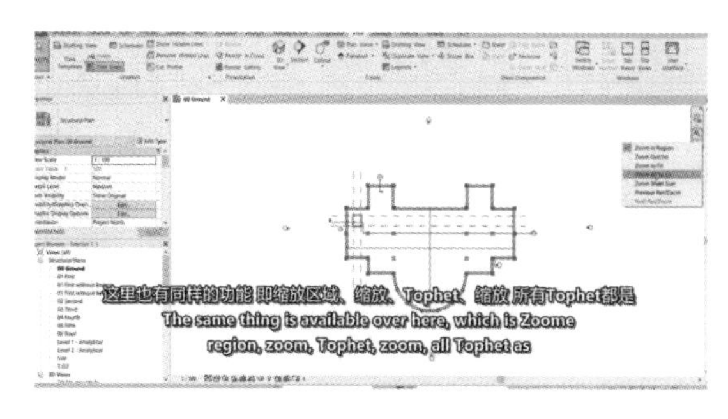

图 12-5-15　Revit 结构中知识层次（二）

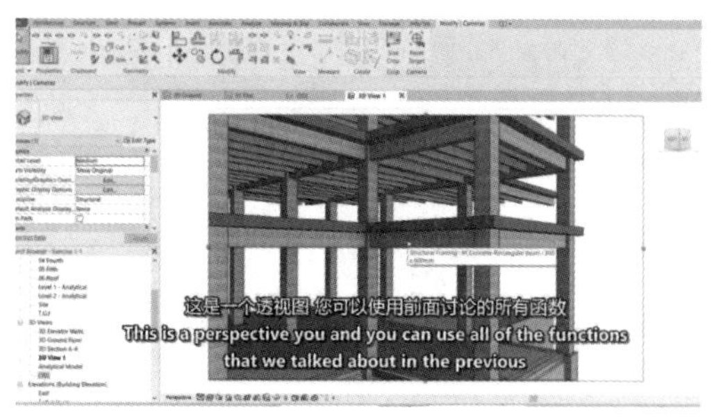

图 12-5-16　Revit 结构中知识层次（三）

延伸阅读

巴黎圣母院在2019年突遭大火，一度失控的烈火将教堂顶部大部分木质结构烧毁，具有象征意义的尖塔也在大火中倒塌。2022年9月，巴黎圣母院维护与重建总负责人让·路易·乔治林将军宣布，正式启动教堂尖顶、拱顶和屋架的重建工作。

为了协调在现场同时实施的各类修复作业，巴黎圣母院重建团队创建了一套高效的建筑信息模型（BIM）。该模型在教堂重建工程的全周期内，应用三维、实时、动态的模型将教堂的几何、空间、地理、各种建筑组件的性质及工料等各方面信息涵盖其中，通过模型和数字化技术手段进行复杂的信息管理。

模型的构建，一方面基于大教堂火灾前的3D数字信息，另一方面通过灾后调查收录的最新教堂信息，其中包括4万多张照片、热图像和400幅无人机拍摄的高精度全景照片。借助数字管理平台，各施工方能够实时共享所需的所有信息。

——节选于《科技日报》(2022年11月25日)《“活”起来了！这些新技术功不可没》

思考题

1. BIM技术的特点是什么？
2. 我国是如何支持BIM技术的？
3. BIM技术的主要优点有哪些？
4. 常用的BIM建模软件有哪些？各有什么特点？
5. 简述Revit Structure软件的特点。
6. 试述近年来我国BIM技术领域有哪些创新与发展。

第 13 章　全球导航卫星系统

13.1　全球导航卫星系统概述

全球导航卫星系统（global navigation satellite system，GNSS），又称全球卫星导航系统，是能在地球表面或近地空间的任何地点为用户提供全天候的三维坐标和速度以及时间信息的空基无线电导航定位系统。其包括一个或多个卫星星座及支持特定工作所需的增强系统。

全球卫星导航系统国际委员会公布的全球四大卫星导航系统供应商，包括我国的北斗卫星导航系统（BDS）、美国的全球定位系统（GPS）、俄罗斯的格洛纳斯卫星导航系统（GLONASS）和欧盟的伽利略卫星导航系统（Galileo）。其中 GPS 是世界上第一个建立并用于导航定位的全球系统，GLONASS 经历快速复苏后已成为全球第二大卫星导航系统，二者正处于现代化的更新进程中；Galileo 是第一个完全民用的卫星导航系统，正在试验阶段；BDS 是中国自主建设运行的全球卫星导航系统，为全球用户提供全天候、全天时、高精度的定位、导航和授时服务。

1957 年 10 月 4 日，苏联成功发射世界上第一颗人造地球卫星，远在美国霍普金斯大学应用物理实验室的 2 个年轻学者接收该卫星信号时，发现卫星与接收机之间形成的运动多普勒频移效应，并断言可以用来进行导航定位。在他们的建议下，美国在 1964 年建成了国际上第一个卫星导航系统即“子午仪”，其由 6 颗卫星构成星座，用于海上军用舰艇船舶的定位导航。1967 年，“子午仪”系统解密并提供给民用。

由此可见，从 20 世纪 70 年代美国的全球定位系统（Global Positioning System，GPS）建设开始，至 2020 年多星座构成的全球卫星导航系统均属于第二代导航卫星系统，它们包括美国的 GPS、俄罗斯的格洛纳斯卫星导航系统（Global Navigation Satellite System，GLONASS）、我国的北斗卫星导航系统（Beidou Navigation Satellite System，BDS）和欧洲的伽利略卫星导航系统（Galileo Navigation Satellite System，Galileo）等四个全球系统，以及日本准天顶卫星系统（Quasi-zenith Satellite System，QZSS）和印度区域卫星导航系统（Indian Regional Navigational Satellite System，IRNSS）等两个区域系统，其中 IRNSS 也称为印度星座导航（Navigation with Indian Constellation，NavIC）。

以上除我国之外的五个国家作为 GNSS 服务提供商均持有相应的星基增强系统，它们分别是美国的广域增强系统（Wide Area Augmentation System，WAAS）、俄罗斯的差

分改正监测系统（Differential Corrections and Monitoring，SDCM）、欧洲的地球静止导航重叠服务（European Geostationary Navigation Overlay Service，EGNOS）、印度的GPS辅助型静地轨道增强导航系统（GPS Aided Geo Augmented Navigation，GAGAN）和日本的多功能卫星星基增强系统（Multi-functional Satellite Augmentation System，MSAS）。

我国卫星导航系统发展之路与其他国家不同，北斗二号［Beidou Navigation Satellite (Regional) System，BDS-2］是区域系统，北斗三号（Beidou Navigation Satellite System with Global Coverage，BDS-3）还包括星基增强系统功能。

综上所述，所谓的第二代导航卫星系统，就是指GNSS，它是泛指的全球卫星导航系统，是涵盖全球系统、区域系统和星基增强系统在内的系统的概念。所有已经建设全球卫星导航系统的国家均在考虑或者推进卫星导航系统的下一步创新行动计划，也有考虑研发与通信一体融合的导航星座。

2023年4月19日，国家航天局公布，我国正在论证构建环月球通信导航卫星星座，首次发射可能在2024年前后进行。简单地说，这将是月球版北斗导航系统，可以为未来月面作业提供中继通信、导航等服务，为接下来更复杂的探月任务提供信息支持。

13.2 全球导航卫星系统的应用

全球卫星导航系统在军事、资源环境、防灾减灾、测绘、电力电信、城市管理、工程建设、机械控制、交通运输、农业、林业、渔牧业、考古业、生活、物联网、位置服务中都有应用。

1）导航。用于武器导航，可以精确制导导弹、巡航导弹；用于车辆导航，可以进行路线导航、车辆调度、监控系统；用于飞机导航时可进行航线导航、进场着陆控制；用于船舶导航，可以远洋导航、港口/内河引水；当个人旅游及探险时还可以用于个人导航。

2）定位。可定位车辆、手机、平板等移动设备，用于设备的防盗，在旅游及野外探险时可以利用电子地图查看自己所在位置；还可以定位儿童或老年人，以便他们走失时及时确定其准确方位。

3）测量。利用全球卫星导航系统中载波相位差分技术（RTK），其测量精度可以达到以厘米为单位，与传统的人工测量相比，其拥有精度高、易操作、测量设备便携、可全天候操作、测量点之间无须通视等人工测量无法比拟的优势。全球卫星定位技术已广泛应用于大地测量、地壳运动、资源勘查、地籍测量等领域。

4）农业。很多国家已经把全球卫星导航系统用于农业发展，可以定位农田信息、监测产量、土样采集等，再通过计算机系统对采集的数据进行分析和处理，制定出更科学的农田管理措施；还可以把产量及土壤状态等农田信息装入带有GPS设备的喷施器中，在给农田施肥、喷药的过程中可以精确其用量，可以降低因肥料和农药对环境造成的污染。

5）救援。利用全球卫星导航定位技术，可提高各部门对交通事故、交通堵塞、火灾、洪灾、犯罪现场等紧急事件的响应速度。可以帮助救援人员在恶劣的天气条件和地理条件下对失踪人员进行营救。

6）监视管理。对机场进行监视和管理是为了减少飞机起飞和进场的滞留时间，有效调度飞机、车辆以及人员。全球卫星导航定位技术可以在任何气候环境下，为所有飞行跑道提供全天候、安全、精密的导航功能；可以使采用全球卫星导航定位技术的飞机更具灵活性，让其可以在无人或脱离跑道时自行操作，通过调度系统可以有效地组织地面交通以及处理停机坪事故。

7）军事。现代战争已经演变成为信息化战争，依靠全球卫星定位系统可以精确制导导弹和炸弹，从而进行目标引导。同时，在步兵战术作战中也成为不可或缺的标准军事装备。全球卫星导航系统对特种作战也具有巨大意义，因为它可以全天候、连续地隐蔽定位，而且使用者不用发射出任何信号，只要能接收卫星信号就可以使用。因此，特种作战时，无须无线电静默就能与指挥部保持联系，无须发出信号就能获得战术支援，并可以随时更改，以确认理想的行动路径。

13.3　四大全球导航卫星系统

13.3.1　北斗系统

1）发展历程。20 世纪后期，我国开始探索适合国情的卫星导航系统发展道路，逐步形成了“三步走”发展战略：2000 年年底，建成北斗卫星导航试验系统即北斗一号（Beidou Navigation Demonstration System，BDS-1），向中国提供服务；2012 年年底，建成北斗二号区域系统，向亚太地区提供服务；在 2020 年，建成北斗三号全球系统，向全球提供服务。2035 年前还将建设完善更加泛在、更加融合、更加智能的综合时空体系。

中国坚持“自主、开放、兼容、渐进”原则建设发展 BDS：①所谓自主，是坚持自主建设、发展和运行 BDS，具备向全球用户独立提供卫星导航服务的能力；②所谓开放，是免费提供公开的卫星导航服务，鼓励开展全方位、多层次、高水平的国际合作与交流；③所谓兼容，是提倡与其他卫星导航系统开展兼容与互操作，鼓励国际合作与交流，致力于为用户提供更好的服务；④所谓渐进，是分步骤推进 BDS 建设发展，持续提升 BDS 服务性能，不断推动卫星导航产业全面、协调和可持续发展。

我国北斗三号工程建设成绩斐然。根据系统建设总体规划，2018 年年底，完成 19 颗卫星发射组网，完成基本系统建设，向全球提供服务；2020 年完成由 3 颗地球静止轨道（geostationary Earth orbit，GEO）卫星、3 颗倾斜地球同步轨道（inclined geosynchronous orbit，IGSO）卫星和 24 颗中圆地球轨道（medium Earth orbit，MEO）卫星组成的完整星座，全面建成北斗三号。BDS 由空间段、地面段和用户段 3 部分组成：空间段由若干地球静止轨道卫星、倾斜地球同步轨道卫星和中圆地球轨道卫星 3 种轨道卫星组成混合导航星座；地面段包括主控站、时间同步/注入站和监测站等若干地面站；用户段包括 BDS 兼容其他卫星导航系统的芯片、模块、天线等基础产品，以及终端产品、应用与服务系统等。

BDS 具有以下特点：①BDS 空间段采用 3 种轨道卫星组成的混合星座，与其他卫星导航系统相比高轨卫星更多，抗遮挡能力强，尤其低纬度地区性能特点更为明显；②BDS 提供多个频点的导航信号，能够通过多频信号组合使用等方式提高服务精度；③BDS 创新融合了导航与通信能力，具有实时导航、快速定位、精确授时、位置报告和短报文通信服务五大功能。

2）应用现状。近年来，我国不断加强北斗导航卫星制造发射以及地面系统建设，北斗导航系统基础设施逐渐完善，空间信号精度优于 0.5m。北斗系统已广泛应用于交通运输、农林渔业、水文监测、气象预报、救灾减灾等领域，并走出国门，在印度尼西亚土地确权、科威特建筑施工、乌干达国土测试、缅甸精准农业、马尔代夫海上打桩、泰国仓储物流、巴基斯坦机场授时、俄罗斯电力巡检等方面得到广泛应用。支持北斗三号新信号的 28nm 工艺射频基带一体化 SoC 芯片，已在物联网和消费电子领域得到广泛应用，最新的 22nm 工艺双频定位芯片已具备市场化应用条件，全频一体化高精度芯片正在研发，全球首颗全面支持北斗三号民用导航信号体制的高精度基带芯片“天琴二代”在北京正式发布，北斗芯片性能将再上一个台阶，性能指标与国际同类产品相当。截至 2022 年年底，国产北斗导航型芯片模块累计销量已突破 1 亿片，高精度板卡和天线销量已占据国内 30％和 90％的市场份额，并输出到 100 余个国家和地区。

我国卫星导航定位基准服务系统已启用，能免费向社会公众提供开放的实时亚米级导航定位服务。北斗系统在高精度算法和高精度板卡制造方面取得突破，运用 RTK（real-time kinematic，实时动态差分）技术能够将精度提升至厘米级，高精度定位技术未来发展空间广阔。国家北斗精准服务网已为全国超过 400 座城市的各种行业应用提供北斗精准服务，有效推动了智慧城市基础设施的优化和完善。

北斗卫星导航系统在船舶运输、公路交通、铁路运输、海上作业、渔业作业、森林火灾预防、环境管理监测等领域应用广泛，覆盖部队、公安、海关等其他有特殊指挥调度要求的单位，产生显著的社会效益和经济效益。北斗的应用规模和范围也随着北斗卫星导航系统功能和性能的不断提高与完善，将逐渐扩大，前景可观。

在海上作业方面，中国船舶工业系统工程研究院的北斗渔船终端和运营平台、北斗疏浚船舶监控终端和运营平台等已经研制完成。2016 年，该研究院根据市场需求开展多项北斗系列系统研制，如北斗遇险救生终端以及基于北斗的“智能船”通导系统和电子通关系统等。“十三五”初期，基于北斗的内河船舶监管示范工程，由交通运输部和中央军委装备发展部联合启动，取得良好成效，已经成功搭建完成北斗应急无线电示位标法定检验检测的环境。

在公路交通、铁路运输方面，北斗卫星导航系统可用于监控设施安全和车辆的运输过程。据统计，在全国约有 480 万辆危险品车、大客车、班线客车安装了北斗终端，监控管理各个车辆的效率和维护道路运输过程中的安全水平，均得到了有效提升。森林防火、救灾减灾方面，北斗卫星导航系统以其精确定位技术，准确及时上报和共享灾情信息，实时进行指挥调度，短报文通信功能提供应急通信功能，显著提高了救灾减灾的决策部署能力和反应能力。

在环境监测方面，基于北斗的一系列气象测报型的终端设备形成的系统应用，不仅提高了国内高空气象探空系统的观测精度，而且其自动化水平和应急观测能力都得到了相应的提升。

北斗卫星导航系统的应用存在无限可能。2019 年 10 月，国庆阅兵期间，由陆军军事交通学院牵头研发的北斗阅兵训练考核辅助系统，可保障 32 个方队 580 台车辆整体车速控制在10km/h，其定位精度达到厘米级，已经赶超世界先进水平。北斗系统已实现全球的短报文通信、星基增强、国际搜救、精密定位等服务。

2020年，北斗三号全球卫星导航系统建成暨开通仪式于7月31日上午在北京举行。北斗三号全球卫星导航系统全面建成并开通服务，标志着工程“三步走”发展战略取得决战决胜，中国成为世界上第三个独立拥有全球卫星导航系统的国家。

BDS和GPS已服务全球，性能相当；功能方面，BDS较GPS多了区域短报文和全球短报文功能。GLONASS虽已服役全球，但性能相比BDS和GPS稍逊，且GLONASS轨道倾角较大，导致其在低纬度地区性能较差。GALILEO的观测量质量较好，但星载钟稳定性稍差，导致系统可靠性较差。

13.3.2　GPS

美国国防部（United States Department of Defense，DOD）于1973年决定成立GPS计划联合办公室，由军方联合开发全球测时与测距导航定位系统（Navigation System with Time and Ranging，NAVSTAR/GPS）。

整个系统的建设分3个阶段实施：第1阶段（1973—1979年），系统原理方案可行性验证阶段（含设备研制）；第2阶段（1979—1983年），系统试验研究（对系统设备进行试验）与系统设备研制阶段；第3阶段（1983—1988年），工程发展和完成阶段。

从1978年发射第一颗GPS卫星，到1994年3月10日完成21颗工作卫星加3颗备用卫星的卫星星座配置，1995年4月，美国国防部正式宣布GPS具备完全工作能力。

GPS的建设历经20年，其系统由空间段、运控段、用户段三大部分组成，整个星座额定有24颗卫星，分置在6个中轨道面内，它的优良性能被誉为“一场导航领域的革命”。GPS提供标准定位服务（standard positioning system，SPS）和精密定位业务（precise positioning service，PPS），在包含选择可用性技术（selective availability，SA）影响时，SPS的定位精度水平为100m（95%的概率），不含SA影响为20～30m，定时精度为340ns；PPS定位精度可在10m以内。

1996年，美国提出GPS现代化计划，其第一个标志性行动是，从2000年5月1日起，取消GPS卫星人为恶化定位精度的SA技术，致使定位精度有数量级的提升。

之后20多年，美国持续推进现代化计划，投入200多亿美元的巨资，主要目标是提高空间段卫星和地面段运控的水平，将军民用信号分离，在强化军用性能的同时，将民用信号从1个增加到4个，除了保留L1频点上的C/A码民用信号外，在原先的L1和L2频点上又加上民用L1C和L2C码，还新增加L5频点民用信号，大大增加了民用信号的冗余度，从而改进了系统的定位精度、信号的可用性和完好性、服务的连续性，以及抗无线干扰能力；也有助于高精度的实时动态差分（RTK）测量和在长短基线上的应用，还有利于飞机的精密进场和着陆、测绘、精细农业、机械控制与民用室内增强的应用，以及地球科学研究。

GPS现代化是项系统性工作，它包括空间卫星段、地面运控段、新的运控系统（operational control system，OCX）和用户设备段现代化，其核心是增加L5频点和民用信号数量与改变制式，实现与其他GNSS信号的互操作。最后一颗GPS IIIF预计2034年发射，宣告GPS现代化进程结束。

13.3.3 GLONASS

1976年，苏联政府颁布建立GLONASS的政府令，并成立相应的科学研究机构，进行工程设计。1982年10月12日，苏联成功发射第一颗GLONASS卫星。1996年1月，24颗卫星全球组网，宣布进入完全工作状态。之后，苏联解体，GLONASS步入艰难维持阶段，2000年年初，该系统仅有7颗卫星正常工作，几近崩溃边缘。2001年8月，俄罗斯政府通过了2002—2011年间GLONASS恢复和现代化计划。2001年12月发射成功第一颗现代化卫星GLONASS-M。直到2012年，该系统回归到24颗卫星完全服务状态。

截至2020年，GLONASS已经有3代卫星：第一代卫星是传统的GLONASS基本型；第二代卫星是GLONASS-M现代化卫星；第三代就是最新开发的GLONASS-K卫星，K星系列又分为K1和K2两种型号。

GLONASS星座是由3个轨道面上的24颗卫星构成的。其传统的信号使用频分多址（frequency division multiple access，FDMA），而不是其他GNSS所用的码分多址（code division multiple access，CDMA）。

与传统的GPS信号一样，GLONASS信号包括2个伪随机噪声码（pseudo random noise code，PRN）测距码——标准精度（standard accuracy，ST）码及高精度（visokaya tochnost即high precision，VT）码，调制到L1和L2载波上。GLONASS ST码也已经在GLONASS-M卫星的L2频率上传输。发送的信号像GPS信号一样是右旋圆极化波的。GLONASS-K1在新的L3频率（1202.025MHz）上传输CDMA信号，GLONASS-K2还将在L1和L2频率上提供CDMA信号，从而实现与其他GNSS的兼容与互操作。GLONASS-K1星的空间信号测距误差（signal-in-space user range errors，SISRE）约为1m，GLONASS-K2星则为0.3m。

13.3.4 Galileo系统

欧洲全球卫星导航系统（European Globalnavigation Satellite Systems，E-GNSS）就是Galileo。Galileo第1、2颗试验卫星GIOV-A和GIOV-B已于2005年和2008年发射升空，目的是考证关键技术，其后有4颗工作卫星发射，验证Galileo的空间段和地面段的相关技术。在轨验证（design and on-orbit verification，IOV）阶段完成后，其他卫星的部署进一步展开，2019年达到24颗卫星构成的完全运行能力（full operational capability，FOC）。

Galileo也由空间段、运控段和用户段组成。星座有24颗卫星分置于3个中圆地球轨道面内。Galileo信号工作的主要频段为E1、E5及E6三个。它们各自发射独立的信号，发射的中心频率分别为1575.42MHz、1191.795MHz和1278.75MHz。其中，E5又分为E5a和E5b两个子信号。为了实现与GPS的兼容互操作，Galileo的E1和E5a两个信号的中心频率与GPS的L1和L5相互重合。出于同样的兼容互操作目的，Galileo的E5b与GLONASS的G3信号中心频率重合。

虽然Galileo提供的信息仍是位置、速度和时间，但是Galileo提供的服务种类远比GPS多，GPS仅有民用的标准定位服务（SPS）和军用的精密定位服务（PPS）两种，而Galileo则提供5种服务：①公开服务（open service，OS），与GPS的SPS相类似，免费提供；②生命安全服务（safety of life service，SoLS）；③商业服务（commercial service，

CS)；④公共特许服务（public regulated service，PRS)；⑤搜救服务（search and rescue support service，SAR)。以上所述的前四种是 Galileo 的核心服务，最后一种则是支持搜救卫星服务（search and rescue satellite-aided tracking，SARSAT)。由于生命安全服务实际运作有难度，近些年来已经不太提及。即使这样，Galileo 服务还是种类较多且独具特色，它能提供完好性广播、服务保证，以及民用控制和局域增强。

Galileo 的公开服务提供定位、导航和授时免费服务，供大众导航市场应用。生命安全服务可以同国际民航组织（International Civil Aviation Organization，ICAO）标准和推荐条款（standards and recommended practices，SARPS）中的“垂直制导方法”相比拟，并提供完好性信息。商业服务是对公开服务的一种增值服务，它具备加密导航数据的鉴别认证功能，为测距和授时专业应用提供有保障的服务承诺。公共特许服务是为欧洲/国家安全应用专门设置的，是特许的或关键的应用，以及具有战略意义的活动，其卫星信号更为可靠耐用，受成员国控制。Galileo 提供的公共服务定位精度通常为 15～20m（单频）和 5～10m（双频）两种档次。公共特许服务有局域增强时能达到 1m，商用服务有局域增强时为 0.1～1.0m。

13.4　全球导航卫星系统在建筑工程中的应用

随着我国经济的发展，高层建筑越来越多。高层建筑由于层数较多，往往采用的是框架结构。这种结构在施工过程中，对垂直度、水平度偏差以及轴线尺寸的偏差要求非常高，因此在施工测量中应加强对这几个方面的控制。

一般情况下，在对高层建筑进行平面基准传递时，采用的方法包括吊线法、经纬仪投测法以及激光垂准仪投点法等。进行高程基准传递一般采用的方法则包括水准测量法、悬吊钢尺法以及全站仪三角高程测量法等。

与其他几种测量技术相比，GNSS 定位技术具有精度高、速度快、全天候、误差不累积、无须点间通视等特点，在建筑施工测量中进行应用具有非常明显的优越性，能够很好地提供平面和高程的三角坐标信息。

1）GNSS 系统静态相对定位法。GNSS 系统的应用可以有很多不同的方法，比如静态定位、动态定位、相对定位以及绝对定位等。在这些方法中，GNSS 静态相对定位方法的测量精度最高。这种方法是指采用载波相位观测为基本观测量，在待测点位上设置 GNSS 接收机，确保稳定，任意 2 台 GNSS 接收机同步观测同一组卫星，构成一个基线，并在一定时间内进行数据的观测，这样即可准确地确定整周模糊度。在采用卫星进行观测时，会产生轨道误差、卫星钟差、接收机钟差以及折射误差等，而通过采用不同载波相位观测量的线性组合，可以有效地减小这些误差的存在，从而提高 GNSS 的测量精度。通常情况下，在测量过程中，往往采用多台 GNSS 接收机同步观测的方式，这样可以有效地提高 GNSS 的几何强度和定位精度。

2）实际施工测量过程。下面以一个实际工程为例说明测量过程。在某工程的施工测量中要对前期的 5 栋建筑物进行观测。该工程一共设置了 4 个平面控制点和 3 个高程控制点，其中 GPS 为平面控制点，BM 为高程控制点。在这些控制点上需要埋设固定观测墩。根据 GPS 规范的要求，对于这 4 个平面控制点，需要按照 D 级要求进行观测。3 个高程

控制点则采用徕卡 DNA003 电子水准仪进行测量，该仪器的中误差为±0.3mm/km。以上所观测的平面控制点和高程控制点则是作为楼层施工的轴线和标高传递的起算数据。对于这 4 个平面控制点和 3 个高程控制点，需要采用 GPS 静态法进行一次联测。在联测过程中，各个观测时段的时间应控制在 60min，采用间隔为 10s，卫星的高度截止角则为 15°。联测完成之后需要保留观测数据。在后期每次将基准数据引测到楼顶时，采取的具体措施为：在平面控制点的其中两个点 GPS1 和 GPS2 上设置两台 GNSS 接收机，并在楼顶的两个控制点 GPSA 和 GPSB 上设置两台 GNSS 接收机，这 4 个控制点上所设置的 GNSS 接收机同步进行一个时段的观测。

将前期平面控制点和高程控制点联测所得到的 GPS 观测数据和本次引测所得到的 GPS 观测数据同时导入 Leica Geo Office 软件中。在该软件中可以对基线进行结算，并对重复基线的合格性进行校核，然后进行三维无约束平差的计算和二维约束平差的计算。采用徕卡测量技术所独具的一步法即可对基准投影坐标进行准确的转换。在徕卡所独具的一步转换法中，对高程控制点和平面控制点的转换是分开进行计算的。在对平面控制点位进行转换过程中，首先将 WGS-84 地心坐标投影到临时的横轴墨卡托投影中，接着对其进行相应的处理，比如平移、旋转等，即可将其转换成与计算相吻合。在对高程控制点进行转换的过程中，则采用的是一维高程拟合的简单方式。在一步转换法中，对平面控制点的转换和对高程控制点的转换之间是不会影响的，各自所产生的误差是独立的。并且高程已知点和平面已知点并不要求是同一个点位。将 GPSA 和 GPSB 作为两个已知平面点，采用徕卡全站仪即可放样出施工层面内的各个已知轴线点的位置。同时将这两个点作为已知高程点，采用水准仪的测量方法即可测设出施工层面内的各个标高点，在这些标高点上需要做好相应的标记。为了有效地确保这种测量方法的可靠性和精度，本工程分层在 5 层和 10 层的顶板上采用常规的测量方法同时进行了两次测量，并将常规的测量方法所得到的观测数据与 GNSS 测量技术所得到的观测数据进行对比分析。

3）GNSS 测量基线精度。采用徕卡 GNSS 测量技术进行静态观测可以达到很高的测量精度。一般情况下，这种方法的标称精度可以达到 $3\text{mm}+0.5\times10^{-6}D$，其中 D 为测距。本工程各个测点之间的距离在 0.5km 左右，因此可以得到其测量精度为 3mm。

4）垂直度计算和标高的控制。在高层建筑的施工控制中，为了有效地确保建筑物竖向垂直度和几何尺寸的准确性，应对高层建筑每层施工轴线进行正确的引投和传递。如果所引投和传递的施工轴线点位存在较大的误差，则会导致高层建筑结构各个部位之间产生很大的施工误差，这会直接影响到高层建筑的强度和稳定性。针对当前建筑工程的快速建设，确保施工质量是首要任务；其中施工测量是建筑工程施工的重要环节，垂直度、水平度偏差以及轴线尺寸等均需要施工测量的配合。测量结果表明，基于 GNSS 定位技术的施工测量结果精度满足规范要求，可实现快速精确的施工测量。

延伸阅读

北斗卫星导航系统是中国着眼于国家安全和经济社会发展需要，自主建设运行的全球卫星导航系统，是为全球用户提供全天候、全天时、高精度的定位、导航和授时服务的国家重要时空基础设施。

2023 年 12 月 26 日 11 时 26 分，我国在西昌卫星发射中心用长征三号乙运载火箭与远征一号上面级，成功发射第五十七颗、五十八颗北斗导航卫星。该组卫星属中圆地球轨道卫星，是我国北斗三号全球卫星导航系统建成开通后发射的首组 MEO 卫星，入轨并完成在轨测试后，将接入北斗卫星导航系统。

在现代社会，民航事业的发展对于国家经济和人民生活的发展起着至关重要的作用，而在民航领域，卫星导航系统是一项关键技术，其能够提供精准的定位和导航服务，为飞行安全和航空运输提供重要支持。目前，我国北斗卫星导航系统正式加入国际民航组织标准，是我国民航事业发展的重要里程碑，也是我国科技实力和国际地位的体现。

思考题

1. GNSS 的特点是什么？
2. 简述 GNSS 系统的应用情况。
3. 简述 GNSS 的几大系统的特点。
4. GNSS 在建筑工程中有哪些应用？
5. 试述近年来我国 GNSS 技术领域的创新与发展。

第14章　测量机器人与三维激光扫描仪

14.1　测量机器人概述

测量机器人（measurement robot）又称自动全站仪，是一种集自动目标识别、自动照准、自动测角与测距、自动目标跟踪、自动记录于一体的测量平台。它的技术组成包括坐标系统、操纵器、换能器、计算机和控制器、闭路控制传感器、决定制作、目标捕获和集成传感器等八大部分。

坐标系统为球面坐标系统，望远镜能绕仪器的纵轴和横轴旋转，在水平面360°、竖直面180°范围内寻找目标。操纵器的作用是控制机器人的转动。换能器可将电能转化为机械能以驱动步进马达运动。计算机和控制器的功能是从设计开始到终止操纵系统、存储观测数据并与其他系统接口，控制方式多采用连续路径或点到点的伺服控制系统。闭路控制传感器将反馈信号传送给操纵器和控制器，以进行跟踪测量或精密定位。决定制作主要用于发现目标，如采用模拟人识别图像的方法（称试探分析）或对目标局部特征分析的方法（称句法分析）进行影像匹配。目标捕获用于精确地照准目标，常采用开窗法、阈值法、区域分割法、回光信号最强法以及方形螺旋式扫描法等。集成传感器包括采用距离、角度、温度、气压等传感器获取各种观测值。由影像传感器构成的视频成像系统通过影像生成、影像获取和影像处理，在计算机和控制器的操纵下实现自动跟踪和精确照准目标，从而获取物体或物体某部分的长度、厚度、宽度、方位、二维和三维坐标等信息，进而得到物体的形态及其随时间的变化。

有些测量机器人还为用户提供了一个二次开发平台，利用该平台开发的软件可以直接在测量机器人上运行。利用计算机软件实现测量过程、数据记录、数据处理和报表输出的自动化，从而在一定程度上实现了监测自动化和一体化。

测量机器人是一种能代替人进行自动搜索、跟踪、辨识和精确照准目标并获取角度、距离、三维坐标以及影像等信息的智能型电子全站仪，它可以连续跟踪目标测量，或按照已经设定的程序自动重复测量多个目标，可以实现测量的全自动化、智能化。尤其在小尺度局部坐标测量当中，测量精度高、灵活机动、快速便捷、无接触等方面，有着其他测量技术不可比拟的优势。测量机器人具有无人值守、全自动（定时或连续）长期监测、监测精度高、实时处理、可靠性高等特点。

测量机器人主要由计算机与全站仪的通信模块、学习测量模块、自动测量模块和成果

输出模块等几部分构成。计算机与全站仪的通信模块是实现测量自动化的一个最基本的功能模块，它的主要功能是解决计算机与全站仪之间的双向数据通信，人工操作计算机向仪器发出指令，仪器执行相应的操作后返回给计算机一些相应的信息，从而完成整个通信过程。学习测量模块使测量机器人根据已有的数据，使其具有记忆的功能，将测量原始数据存储起来，并在以后的自动测量中调用数据来进行自动化的重复观测，得到不同时刻观测点的三维坐标信息，该模块为以后的自动测量模块提供了基础数据。自动测量模块功能主要是根据用户的设定，根据学习测量的数据，定时对特定点位进行自动观测，自动存储测量成果，包括原始数据和经过差分改正后的数据，从而得到不同变形点位的变形数据，经过多期观测值的累积同首期观测值之间的比较差值就可以得到不同点在不同周期下的变形趋势。成果输出模块可以提供变形量报表、不同周期的变形量趋势图等资料，使得变形成果资料更加生动和能够满足不同用户的需求。

14.2　三维激光扫描仪概述

三维激光扫描仪（3D laser scanner）是一种科学仪器，用来侦测并分析现实世界中物体或环境的形状（几何构造）与外观数据（如颜色、表面反照率等性质）。

三维激光扫描仪利用搜集到的数据来进行三维重建计算，在虚拟世界中创建实际物体的数字模型。这些模型具有相当广泛的用途，在工业设计、瑕疵检测、逆向工程、机器人导引、地貌测量、医学信息、生物信息、刑事鉴定、数字文物典藏、电影制片、游戏创作素材等都可见其应用。三维激光扫描仪的制作和各种不同的重建技术都有其优缺点，成本与售价也有高低之分。仪器与方法往往受限于物体的表面特性。例如光学技术不易处理闪亮（高反照率）、镜面或半透明的表面，而激光技术不适用于脆弱或易变质的表面。

三维激光扫描仪的主要用途是创建物体几何表面的点云（point cloud），这些点可用来插补成物体的表面形状，越密集的点云可以创建越精确的模型（这个过程称作三维重建）。若扫描仪能够取得表面颜色，则可进一步在重建的表面上粘贴材质贴图，亦即所谓的材质映射（texture mapping）。

14.2.1　三维激光扫描仪（3D LS）的应用

三维激光扫描仪是分析和报告几何尺寸与公差（GD&T）的一种完美检测设备。直接生成的 STL 文件，易于导入检测软件加以快速编辑和后续处理。它适用于任何环境，可用于扫描任何尺寸的物体，生成检测和比色分析报告以及进行非接触式检测、首件检测、供应商检测、部件/CAD 对比检测、3D 模型对比原部件/生产工具的符合性评估、制造部件对比原部件的符合性评估等，还可进行逆向工程与造型、设计和分析；便于表面重构、A 级表面处理、3D 建模、机械设计、油泥模型数字化、工具与夹具开发、维护、维修与大修（MRO）以及有限元分析（FEA）。

三维激光扫描仪其他应用包括 3D 扫描现有物体、3D 存档、医疗应用、复杂形状获取、测量存档、破坏评估、数字模型和实体模型、包装设计及快速成型等。

14.2.2 三维激光扫描仪的优点

1）高分辨率。检测每个细节并提供极高的分辨率。

2）极高精度。提供无可比拟的高精度，生成精密的3D物体图像。

3）真正自动多分辨率。新型批量三角化处理装置（decimate triangles slider）可在需要时保持更高分辨率，同时在平面上保持更大的三角形网格，从而生成更小的STL文件格式。

4）双扫描模式。用户可使用安装在设备顶部的按钮在正常和高分辨率扫描模式之间切换。正常分辨率对大型部件和动态扫描十分有用，而高分辨率专用于要求严格的复杂表面。

5）自定位。不需要额外跟踪或定位设备，创新的定位目标点技术可以使用户根据其需要以任何方式、角度移动被测物体。

6）首台真正便携式设备。可装入一只手提箱携带到作业现场或者转移于工厂之间。

7）价格实惠。极具竞争力，不需要连接CMM扫描臂或其他外部跟踪装置，且成本、维护费用极低。

8）手持式设备。设备的外形和重量分布完全满足长期使用，不会导致出现肌肉和骨骼酸痛。

9）功能强大、使用界面友好。即使在狭小的空间内使用都应用自如，可扫描任何尺寸、形状及颜色的物体。只需极短的培训学习时间即可上手。

14.2.3 大视场激光扫描仪

大视场激光扫描仪是一种用于测绘科学技术、产品应用相关工程与技术、考古学领域的激光器，其相关参数如下：①扫描距离：0.5～130m；②扫描速度：最大976000（点/秒）；③系统测距误差：±2mm；④最高分辨率：7000万像素；⑤动态彩色特性：自动亮度适应；⑥视差：共轴设计、无视差；⑦垂直视野：300°；⑧水平视野：360°；⑨垂直分辨率：0.009°（360°时为40960个三维像素）；⑩水平分辨率：0.009°（360°时为40960个三维像素）。

大视场激光扫描仪的组成如下：①集成彩色相机；②集成高度传感器，随时记录高程数据，感知高度变化；③集成指南针，记录仪器方向的方位角度，提升自动拼接精度；④集成GPS，能在接收到GPS卫星信号的情况下记录扫描仪的经纬度坐标；⑤数据存储：SD卡（32G）；⑥系统测头：激光器为一类（Class 1，人眼安全级）、波长1550nm、出口光束直径2.25mm。

大视场激光扫描仪可对较大的实物和空间进行三维扫描/抄数，得到相应的三维彩色数字模型和三维形貌数据。该设备可应用于建筑测量、地形测绘、建筑遗产及文物保护、文物发掘、事故现场记录等行业和领域，为其提供一种全新的手段，解除传统测量无法逾越的限制，提高测量结果的精细度。

14.2.4 大场景（330m）三维激光扫描仪

大场景（330m）三维激光扫描仪是一种用于测绘科学技术、电子与通信技术、交通运输工程领域的计量仪器，其相关参数如下：①扫描最远距离：330m；②测量速度：488000点/秒；③测距误差：在10m和25m时误差为±2mm；④分辨率：大于7000万彩色像素；⑤垂直视野范围：300°；⑥水平视野范围：360°；⑦垂直分辨率：0.009°（360°时为40960个三维像素）；⑧水平分辨率：0.009°（360°时为40960个三维像素）。

该设备主要用于获取高清的三维图像，可以对建筑的框架以及立面构件进行三维尺寸检测，快速和低成本地测试支撑结构的稳定性和检测磨损度，对复杂的部件进行精确的尺寸检查，针对复杂的机械部件的制造状态创建完整的三维文档，扫描和分析较高、较长或难以靠近的物体，空间物体、场景的三维扫描测量。

14.3 测量机器人在土木工程中的应用

测量机器人自动跟踪目标、实时测量的特点，在测绘工程和工业测量中等均有重要应用。边坡（包括自然边坡和人工边坡）因受地质产状、岩性、地质构造、水、人工扰动和地震等因素的综合影响，造成边坡失稳，从而产生滑坡、崩塌、变形失稳、泥石流、塌陷等地质灾害，这些地质灾害是目前安全生产的最大隐患，广东、四川等一些雨水较多的省份已经利用测量机器人成功对边坡进行有效和精确的变形监测。

在道路路基施工和路面施工中，利用测量机器人时时跟踪测量的优势，可以随时得到施工点的平面位置和施工标高，而知道该点的设计标高，就可以得到该点处的填挖高度，从而使道路施工的动态控制成为可能，大大提高了施工效率和精度，减轻测量人员的劳动强度，实现了道路测量与施工的自动化、一体化、程序化。

测量机器人已经成为大跨度桥梁施工过程中进行施工监测和控制的主要工具。在大跨度桥梁结构施工过程中，由于桥梁结构的空间位置随施工进展不断发生变化，要经历一个漫长和多次的体系转换过程，若同时考虑到施工过程中结构自重、施工荷载以及混凝土材料的收缩、徐变、材质特性的不稳定性和周围环境温度变化等因素的影响，使得施工过程中桥梁结构各个施工阶段的变形不断发生变化，这些因素均将在不同程度上影响成桥目标的实现，并可能导致桥梁合拢困难、成桥线形与设计要求不符等问题。所以在其施工阶段就需要对桥梁施工过程进行监控，除保证施工质量和安全外，同时也为桥梁的长期健康监测与运营阶段的维护管理留下宝贵的参数资料。

在地铁隧道变形监测中，通过自动化测量机器人监测设备系统，把在外力作用下地铁隧道变化数据传送至控制器或仪器内，通过处理软件，计算断面收敛量，再通过互联网及远程通信系统，使有关各方随时掌握地铁隧道收敛情况和规律，可有效保障地铁的安全运行。

断层形变与地震的孕育过程直接相关，用测量机器人做跨断层高精度测距和变形监测可望成为短临地震预报的一种新的研究和预报手段，为防震减灾做出贡献。测量机器人的多目标、高精度、全自动、实时数据处理、自动报警等全部优异性能，在这里可以得到充分的发挥，再与其他短临预报手段配合，有可能取得积极成果。

目前，测量机器人在工程建筑物变形监测领域的应用也非常广泛。通常，在工程建筑物的运营期间，要对它的安全性和稳定性进行监测，同时也要验证设计数据是否正确，则

需要定期地对其位移、沉陷、倾斜及摆动进行监测。而测量机器人正好能自动寻找和自动精确照准目标，自动测定测站点至目标点的距离、水平方向值和天顶距，并能同步计算出目标点相对测站点三维坐标，最后记录在PC卡或计算机内。由于它不需要人工照准、读数、计算，有利于消除人差的影响、减少记录计算出错的概率。该仪器每次观测记录一个目标点约7s，每点观测四测回也仅30s。一周期观测10个点（2个后视定向点、8个观测点）不超过5min。通过观测数据的比较，可掌握对建筑物在不同时刻（X，Y，Z）的变化量。其观测速度之快是人工无法比拟的。

14.4 三维激光扫描仪在土木工程中的应用

三维激光扫描仪基于脉冲式地面三维激光扫描成像原理，即通过脉冲发射激光到经过物体反射回扫描仪的时间差，计算获得待测点的相对坐标。同时三维激光扫描技术可实现短时间大量获取被测对象的坐标信息进而形成点云，并通过图像及激光反射强度获得点云的颜色信息，实现空间三维信息的高精度数字化复制。美国瓦萨学院艺术史教授安德鲁·塔隆在2015年利用三维激光扫描仪对世界文化遗产巴黎圣母院进行了完全扫描，使得在2019年毁于大火的巴黎圣母院可以永远存在于数字世界中，并且为其复刻重建提供了可能。

1）大场景下三维激光扫描仪的应用。传统三维激光扫描仪受扫描距离和扫描精度的限制，往往需要大量半人工的方式来完成点云的拼接工作，这种拼接技术目前正逐步进化为借助计算机视觉及图像处理的原理，通过拼接与补偿算法实现三维点云的拼接。虽然自动化程度在不断提高，但是不可避免地，这种方式在大场景下的扫描拼接累积误差会不断放大。而全站扫描仪采用的是全站仪式的设站定向方法，通过控制点简化后续拼接工作，利用平差后成果进行设站，从而降低大场景下的误差，提高成果精度。这种设站的方式尤其适合于施工现场，除了可以更好地保护测量控制点，也能适应施工现场变化，防止扫面的间断，避免图像拼接意外错误的发生。这种应用方式常见于公路、桥梁、铁路、隧道、大坝等建设中。例如，用其进行隧道断面自动化检测时，首先使用全站扫描仪完成隧道点云数据采集，两次处理点云数据，包括预处理（数据格式转换、点云精简压缩、去噪与分割）和后处理（提取中轴线、拟合断面轮廓线与断面轮廓），进而实现高质量地完成隧道断面提取。使用全站扫描仪进行隧道断面自动化检测，可快速对隧道多个断面完成分析，这是常规的单点法无法企及的作业效率。

2）基于BIM模型的高精度放样。三维激光扫描仪可集成BIM模型使用，其典型应用即通过模型导入仪器中。通过扫描仪测量放样或激光扫描等方式获得现场数据，随后实现将点云建模数据和原设计模型的对比分析，并提供完整的现场作业报告。基于BIM模型，不仅实现了放样可视化，通过激光对棱镜的自动搜索和高精度测量，保证了施工现场的放样效率和质量。这种放样的具体使用流程分为数据预处理、提取放样点、数据导入测量机器人、设站和放样合计五个步骤。数据预处理需要对BIM模型进行预处理，将Revit模型或Tekla模型中保留待放样的模型部分，导出DXF格式，通过徕卡自带的软件Infinity选择合适的放样点，输出XML格式，并将两者导入扫描仪中，随后在现场完成设站和放样工作。

3）基于BIM的深化设计与加工制造一体化精准建造技术。在2018年国家会展中心场馆功能提升工程大型改造项目中，相关人员应用激光扫描仪实现数字化精准建造，即通过三维扫描仪对国展能源中心外立面扫描，短时间内完整采集了现有变电所、主站房和蓄冷水罐的外立面信息；通过与其对比分析，逆向建模，调整外包钢结构BIM模型的建筑结构定位，优化与现有机电设备的空间避让关系，辅助判断结构支撑体系落地点位的合理性；最后将优化后的钢结构模型用来指导工厂进行生产，并运用激光扫描技术对构件的加工状态进行扫描分析，确保符合现场加工要求。

14.5 我国三维激光扫描仪的发展现状

三维激光扫描仪行业上游为原材料及生产设备供应商，包括零部件提供商、软件服务提供商和生产设备提供商等。其中，零部件提供商为中游提供光学镜头、工业相机、激光发射器、电源供应系统、通信接口等零部件来生产和组装产品；软件服务提供商为中游提供三维视觉数字化数据采集软件、三维数据处理及分析软件、三维展示和处理的库文件及算法支持等服务；生产设备提供商为中游三维扫描产品提供商提供生产、组装、测试所需要的生产设备，包括激光打码设备、自动印刷设备、贴片设备、光学检查设备、电子元器件焊接设备等。三维扫描技术的应用领域包括工业设计、瑕疵检测、模拟装配、逆向工程、医学信息、艺术文博与数字文物典藏、3D展示、3D打印等诸多场景。以飞机制造业为例，采用传统的二维图样和模拟手段检验产品质量的模式，已难以满足现代化新型飞机的制造要求。美国波音公司和欧洲空客公司的客机组装产线均采用了大量三维扫描和测量系统。在非工业领域，近年来不断涌现出各种具备三维感知功能的产品。近年来，AI、VR/AR等产业的蓬勃发展带来大量对实物三维信息采集和数字化的需求，对三维视觉数字化产品的灵活使用，可以有效降低三维建模的技术门槛，协助创造全真、全息的三维内容。三维激光扫描仪产业链情况如图14-6-1所示。

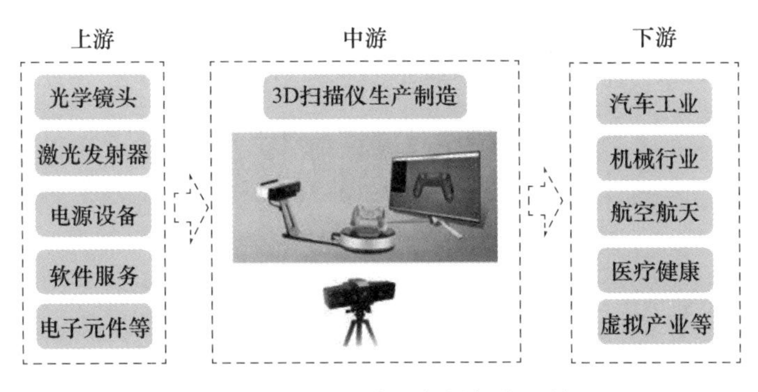

图14-6-1 三维激光扫描仪产业链

1）上游产业。光学材料是整个光学产业的基础和重要组成部分。光学玻璃在所有光学材料中用途最广且市场份额最大，而光学玻璃是制造光学镜头的重要原材料，2022年我国光学玻璃行业市场规模达到40亿元。光学镜头是制造三维激光扫描仪的重要部件，近年来我国光学镜头行业市场规模呈现逐年上升的态势，2019 年其市场规模为 111.56 亿元，而 2022 年上升至 152.68 亿元。激光器也是三维激光扫描仪不可或缺的元件，近年来我国激光器行业发展迅速，竞争优势明显，在全球激光器市场中所占的比重也持续提升。我国激光器市场规模 2021 年达到 126.8 亿美元，2022 年达到了 147.4 亿美元。集成电路是三维激光扫描仪上游重要的原材料，从近年来我国集成电路的产量情况来看，呈现上升的态势，集成电路从 2017 年的 1564.9 亿块上升至 2021 年的 3594.3 亿块，2022 年产量稍有减少，为 3241.9 亿块。

2）中游产业。近年来我国三维激光扫描仪市场蓬勃发展，市场需求猛增，中国三维激光扫描仪需求量 2021 年达到 2.04 万台，2022 年达到 2.47 万台。整体来看，我国三维激光扫描仪需求量明显大于产量，需求缺口主要来源于进口。近年来，庞大的市场需求促使我国三维激光扫描仪市场规模不断扩大，2021 年，我国三维激光扫描仪市场规模达 8.39 亿元，2022 年达到 9 亿元。

3）下游产业。汽车制造行业是三维激光扫描仪的应用下游，从近年来我国的汽车销量情况来看，2021 年我国汽车产销量恢复增长态势，2022 年我国汽车实现产、销量 2702.1 万辆、2686.4 万辆；2023 年一季度我国汽车产量为 621.0 万辆，销量为 607.6 万辆。三维激光扫描仪在机械制造领域有着广泛的应用前景，可应用在产品设计、产品优化、首件检验、装配分析、质量控制及仿真模拟等环节，助力机械制造型企业更为高效地完成生产制造任务。2022 年我国工程机械行业市场规模为 3215 亿元，预计 2023 年将上升至 3684.7 亿元。

思考题

1. 测量机器人的特点有哪些?
2. 三维激光扫描仪的特点有哪些?
3. 测量机器人在土木工程中有哪些应用?
4. 三维激光扫描仪在土木工程中有哪些应用?
5. 试述近年来我国三维激光扫描仪技术领域的创新与发展。

第15章 区块链与元宇宙

15.1 区块链概述

区块链就是多个区块组成的链条，每一个区块中保存了一定的信息，它们按照各自产生的时间顺序连接成链条。这个链条被保存在所有的服务器中，只要整个系统中有一台服务器可以工作，整条区块链就是安全的。这些服务器在区块链系统中被称为节点，它们为整个区块链系统提供存储空间和算力支持。如果要修改区块链中的信息，必须征得半数以上节点的同意并修改所有节点中的信息，而这些节点通常掌握在不同的主体手中，因此篡改区块链中的信息是一件极其困难的事。相比于传统的网络，区块链具有两大核心特点，一是数据难以篡改，二是去中心化。基于这两个特点，区块链所记录的信息更加真实可靠，可以帮助解决人们互不信任的问题。

区块链起源于比特币。2008年11月1日，一位自称中本聪（Satoshi Nakamoto）的人发表了《比特币：一种点对点的电子现金系统》一文，阐述了基于P2P网络技术、加密技术、时间戳技术、区块链技术等的电子现金系统的构架理念，这标志着比特币的诞生。两个月后理论步入实践，2009年1月3日第一个序号为0的创世区块诞生。几天后，2009年1月9日出现序号为1的区块，并与序号为0的创世区块相连接形成了链，标志着区块链的诞生。

狭义区块链是按照时间顺序，将数据区块以顺序相连的方式组合成的链式数据结构，并以密码学方式保证的不可篡改和不可伪造的分布式账本。广义区块链技术是利用块链式数据结构验证与存储数据，利用分布式节点共识算法生成和更新数据，利用密码学的方式保证数据传输和访问的安全，利用由自动化脚本代码组成的智能合约编程和操作数据的全新的分布式基础架构与计算范式。

2008年由中本聪第一次提出了区块链的概念，在随后的几年中，区块链成为电子货币比特币的核心组成部分——作为所有交易的公共账簿。通过利用点对点网络和分布式时间戳服务器，区块链数据库能够进行自主管理。为比特币而发明的区块链使它成为第一个解决重复消费问题的数字货币。比特币的设计已经成为其他应用程序的灵感来源。

2014年，“区块链2.0”成为一个关于去中心化区块链数据库的术语。对这个第二代可编程区块链，经济学家们认为它是一种编程语言，可以允许用户写出更精密和智能的协议。因此，当利润达到一定程度的时候，就能够从完成的货运订单或者共享证书的分红中获得收益。区块链2.0技术跳过了交易和“价值交换中担任金钱和信息仲裁的中介机

构”。它们被用来使人们远离全球化经济，使隐私得到保护，使人们“将掌握的信息兑换成货币”，并且有能力保证知识产权的所有者得到收益。第二代区块链技术使存储个人的“永久数字ID和形象”成为可能，并且为“潜在的社会财富分配”不平等提供了解决方案。

2019年1月10日，国家互联网信息办公室发布《区块链信息服务管理规定》。2019年12月2日，“区块链”入选“咬文嚼字”2019年十大流行语。2021年，国家高度重视区块链行业发展，各部委发布的区块链相关政策已超60项，区块链不仅被写入“十四五”规划纲要中，各部门更是积极探索区块链发展方向，全方位推动区块链技术赋能各领域发展，积极出台相关政策，强调各领域与区块链技术的结合，加快推动区块链技术和产业创新发展，区块链产业政策环境持续利好发展。

2022年11月，蚂蚁集团数字科技事业群在云栖大会上宣布，其历经4年的关键技术攻关与测试验证的区块链存储引擎LETUS（log-structured efficient trusted universal storage），首次对外开放。

2022年11月14日，北京微芯区块链与边缘计算研究院长安链团队成功研发海量存储引擎Huge，中文名“泓”，可支持PB级数据存储，是目前全球支持量级最大的区块链开源存储引擎。

2023年2月16日，区块链技术公司Conflux Network宣布与中国电信达成合作，将在我国香港试行支持区块链的SIM卡。

2023年3月30日，全国医保电子票据区块链应用启动仪式在浙江省杭州市举行。医保电子票据区块链应用是全国统一医保信息平台建设的重要组成部分。医保电子票据和区块链技术全领域、全流程应用将为医疗费用零星报销业务操作规范化、标准化和智能化提供强大的技术支撑，实现即时生成、传送、储存和报销全程“上链盖戳”。

15.2 区块链的类型

1）公有区块链（public block chains）。世界上任何个体或者团体都可以发送交易，且交易能够获得该区块链的有效确认，任何人都可以参与其共识过程。公有区块链是最早的区块链，也是应用最广泛的区块链，各大bitcoins系列的虚拟数字货币均基于公有区块链，世界上有且仅有一条该币种对应的区块链。

2）行业区块链（consortium block chains）。由某个群体内部指定多个预选的节点为记账人，每个块的生成由所有的预选节点共同决定（预选节点参与共识过程），其他接入节点可以参与交易，但不过问记账过程（本质上还是托管记账，只是变成分布式记账，预选节点的多少、如何决定每个块的记账者成为该区块链的主要风险点），其他任何人可以通过该区块链开放的API进行限定查询。

3）私有区块链（private block chains）。仅仅使用区块链的总账技术进行记账，可以是一个公司，也可以是个人，独享该区块链的写入权限，本链与其他的分布式存储方案没有太大区别。传统金融都渴望使用私有区块链，而公链的应用例如bitcoins已经工业化，私链的应用产品还在摸索当中。

15.3 区块链的典型特征

1）去中心化。区块链技术不依赖额外的第三方管理机构或硬件设施，没有中心管制，除了自成一体的区块链本身，通过分布式核算和存储，各个节点实现了信息自我验证、传递和管理。去中心化是区块链最突出、最本质的特征。

2）开放性。区块链技术基础是开源的，除了交易各方的私有信息被加密外，区块链的数据对所有人开放，任何人都可以通过公开的接口查询区块链数据和开发相关应用，因此整个系统信息高度透明。

3）独立性。基于协商一致的规范和协议（类似比特币采用的哈希算法等各种数学算法），整个区块链系统不依赖其他第三方，所有节点能够在系统内自动安全地验证、交换数据，不需要任何人为的干预。

4）安全性。只要不能掌控全部数据节点的51%，就无法肆意操控修改网络数据，这使区块链本身变得相对安全，避免了主观人为的数据变更。

5）匿名性。除非有法律规范要求，单从技术上来讲，各区块节点的身份信息不需要公开或验证，信息传递可以匿名进行。

15.4 区块链的架构模型

一般来说，区块链系统由数据层、网络层、共识层、激励层、合约层和应用层组成，见图15-4-1。其中，数据层封装了底层数据区块以及相关的数据加密和时间戳等基础数据和基本算法；网络层则包括分布式组网机制、数据传播机制和数据验证机制等；共识层主要封装网络节点的各类共识算法；激励层将经济因素集成到区块链技术体系中来，主要包

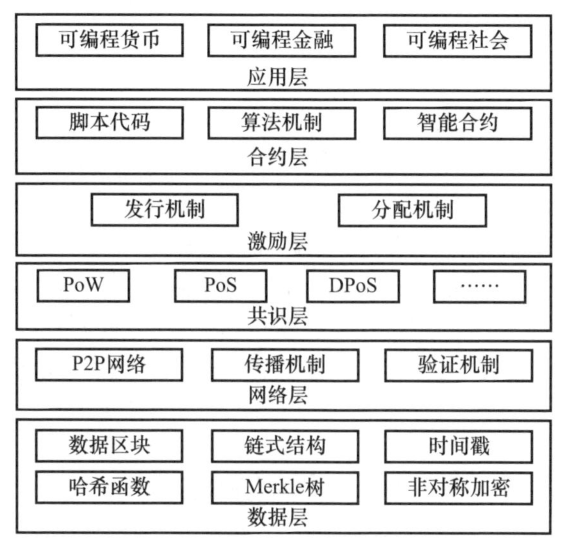

图 15-4-1 区块链基础架构模型

括经济激励的发行机制和分配机制等；合约层主要封装各类脚本、算法和智能合约，是区块链可编程特性的基础；应用层则封装了区块链的各种应用场景和案例。该模型中，基于时间戳的链式区块结构、分布式节点的共识机制、基于共识算力的经济激励和灵活可编程的智能合约是区块链技术最具代表性的创新点。

15.5　区块链的核心技术

1）分布式账本。分布式账本指的是交易记账由分布在不同地方的多个节点共同完成，而且每一个节点记录的是完整的账目，因此它们都可以参与监督交易的合法性，同时也可以共同为其作证。跟传统的分布式存储有所不同，区块链分布式存储的独特性主要体现在两个方面：一是区块链每个节点都按照块链式结构存储完整的数据，传统分布式存储一般是将数据按照一定的规则分成多份进行存储；二是区块链每个节点存储都是独立的、地位等同的，依靠共识机制保证存储的一致性，而传统分布式存储一般是通过中心节点往其他备份节点同步数据。没有任何一个节点可以单独记录账本数据，从而避免了单一记账人被控制或者被贿赂而记假账的可能性。由于记账节点足够多，理论上讲，除非所有的节点被破坏，否则账目就不会丢失，从而保证了账目数据的安全性。

2）非对称加密。存储在区块链上的交易信息是公开的，但是账户身份信息是高度加密的，只有在数据拥有者授权的情况下才能被访问到，从而保证了数据的安全和个人隐私的安全。

3）共识机制。共识机制就是所有记账节点之间怎么达成共识。去认定一个记录的有效性，这既是认定的手段，也是防止篡改的手段。区块链提出了四种不同的共识机制，适用于不同的应用场景，在效率和安全性之间取得平衡。区块链的共识机制具备“少数服从多数”以及“人人平等”的特点，其中“少数服从多数”并不完全指节点个数，也可以是计算能力、股权数或者其他计算机可以比较的特征量。“人人平等”是当节点满足条件时，所有节点都有权优先提出共识结果，直接被其他节点认同后并最后有可能成为最终共识结果。以比特币为例，采用的是工作量证明，只有在控制了全网超过51%的记账节点的情况下，才有可能伪造出一条不存在的记录。当加入区块链的节点足够多的时候，这基本上不可能，从而杜绝了造假的可能。

4）智能合约。智能合约是基于这些可信的不可篡改的数据，可以自动化地执行一些预先定义好的规则和条款。以保险为例，如果说每个人的信息（包括医疗信息和风险发生的信息）都是真实可信的，那就很容易地在一些标准化的保险产品中去进行自动化的理赔。在保险公司的日常业务中，虽然交易不像银行和证券行业那样频繁，但是对可信数据的依赖是有增无减。因此，笔者认为利用区块链技术，从数据管理的角度切入，能够有效地帮助保险公司提高风险管理能力。具体来讲，主要分投保人风险管理和保险公司的风险监督。

15.6　区块链的应用

1）金融领域。区块链在国际汇兑、信用证、股权登记和证券交易所等金融领域有着潜在的巨大应用价值。将区块链技术应用在金融行业中，能够省去第三方中介环节，实现点对点的直接对接，从而在大大降低成本的同时，快速完成交易支付。比如Visa推出基于区块链技术的Visa B2B Connect，它能为机构提供一种费用更低、更快速和安全的跨境支付方式来处理全球范围企业对企业的交易。要知道传统的跨境支付需要等3～5天，并为此支付1%～3%的交易费用。Visa还联合Coinbase推出了首张比特币借记卡，花旗银行则在区块链上测试运行加密货币“花旗币”。2022年8月，全国首例数字人民币穿透支付业务在雄安新区成功落地，实现了数字人民币在新区区块链支付领域应用场景的新突破。

2）物联网和物流领域。区块链在物联网和物流领域也可以天然结合。通过区块链可以降低物流成本，追溯物品的生产和运送过程，并且提高供应链管理的效率。该领域被认为是区块链一个很有前景的应用方向。区块链通过节点连接的散状网络分层结构，能够在整个网络中实现信息的全面传递，并能够检验信息的准确程度。这种特性在一定程度上提高了物联网交易的便利性和智能化。区块链＋大数据的解决方案就利用了大数据的自动筛选过滤模式，在区块链中建立信用资源，可双重提高交易的安全性，并提高物联网交易便利程度，为智能物流模式应用节约时间成本。区块链节点具有十分自由的进出能力，可独立地参与或离开区块链体系，不对整个区块链体系有任何干扰。区块链＋大数据解决方案就利用了大数据的整合能力，促使物联网基础用户拓展更具有方向性，便于在智能物流的分散用户之间实现用户拓展。

3）公共服务领域。区块链在公共管理、能源、交通等领域都与民众的生产生活息息相关，但是这些领域的中心化特质也带来了一些问题，可以用区块链来改造。区块链提供的去中心化的完全分布式DNS服务通过网络中各个节点之间的点对点数据传输服务就能实现域名的查询和解析，可用于确保某个重要的基础设施的操作系统和固件没有被篡改，可以监控软件的状态和完整性，发现不良的篡改，并确保使用了物联网技术的系统所传输的数据没有经过篡改。

4）数字版权领域。通过区块链技术，可以对作品进行鉴权，证明文字、视频、音频等作品的存在，保证权属的真实、唯一性。作品在区块链上被确权后，后续交易都会进行实时记录，实现数字版权全生命周期管理，也可作为司法取证中的技术性保障。例如，美国纽约一家创业公司Mine Labs开发了一个基于区块链的元数据协议，这个名为Mediachain的系统利用IPFS文件系统，实现数字作品版权保护，主要是面向数字图片的版权保护应用。

5）保险领域。在保险理赔方面，保险机构负责资金归集、投资、理赔，往往管理和运营成本较高。通过智能合约的应用，既无须投保人申请，也无须保险公司批准，只要触发理赔条件，实现保单自动理赔。一个典型的应用案例就是LenderBot，它是2016年由区块链企业Stratumn、德勤与支付服务商Lemonway合作推出，允许人们通过Facebook Messenger的聊天功能注册定制化的微保险产品，为个人之间交换的高价值物品进行投保，而区块链在贷款合同中代替了第三方角色。

6）公益领域。区块链上存储的数据，可靠性高且不可篡改，天然适合用在社会公益场景。公益流程中的相关信息，如捐赠项目、募集明细、资金流向、受助人反馈等，均可以存放于区块链上，并且有条件地进行公开公示，方便社会监督。

7）司法领域。为进一步加强区块链在司法领域的应用，充分发挥区块链在促进司法

公信、服务社会治理、防范化解风险、推动高质量发展等方面的作用，最高人民法院在充分调研、广泛征求意见、多方论证基础上，制定《最高人民法院关于加强区块链司法应用的意见》（以下简称《意见》），于 2022 年 5 月 25 日发布。该《意见》包括七个部分 32 条内容，明确人民法院加强区块链司法应用总体要求及人民法院区块链平台建设要求，提出区块链技术在提升司法公信力、提高司法效率、增强司法协同能力、服务经济社会治理等四个方面典型场景应用方向，明确区块链应用的保障措施。

15.7 区块链面临的挑战

从实践进展来看，区块链技术在商业银行的应用大部分仍在构想和测试之中，距离在生活、生产中的运用还有很长的路，而要获得监管部门和市场的认可也面临不少困难，主要表现在以下三个方面。

1）受到现行观念、制度、法律制约。区块链去中心化、自我管理、集体维护的特性颠覆了人们的生产生活方式，淡化了国家、监管概念，冲击了现行法律安排。对于这些，整个世界完全缺少理论准备和制度探讨。即使是区块链应用最成熟的比特币，不同国家持有态度也不相同，不可避免阻碍了区块链技术的应用与发展。要解决这类问题，显然还有很长的路要走。

2）在技术层面，区块链尚需突破性进展。区块链应用尚在实验室初创开发阶段，没有直观可用的成熟产品。比之于互联网技术，人们可以用浏览器、App 等具体应用程序，实现信息的浏览、传递、交换和应用，但区块链明显缺乏这类突破性的应用程序，面临高技术门槛障碍。再比如，区块容量问题，由于区块链需要承载复制之前产生的全部信息，下一个区块信息量要大于之前区块信息量，这样传递下去，区块写入信息会无限增大，带来的信息存储、验证、容量问题有待解决。

3）竞争性技术挑战。虽然有很多人看好区块链技术，但也要看到推动人类发展的技术有很多种，哪种技术更方便更高效，人们就会应用哪种技术。比如，如果在通信领域应用区块链技术，通过发信息的方式是每次发给全网的所有人，但是只有那个有私钥的人才能解密打开信件，这样信息传递的安全性会大大增加。同样，量子技术也可以做到，量子通信利用量子纠缠效应进行信息传递，同样具有高效安全的特点，近年来更是取得了不小的进展，这对于区块链技术来说，就具有很强的竞争优势。

随着区块链技术成为社会关注的热点，被监管部门严厉打击的虚拟货币出现“死灰复燃”的势头。针对这一新情况，多地监管部门宣布，新一轮清理整顿已经展开。2019 年 11 月 22 日，有国家互联网金融风险专项整治小组办公室人士表示，区块链的内涵很丰富，并不等于虚拟货币。所有打着区块链旗号关于虚拟货币的推广宣传活动都是违法违规的。监管部门对虚拟货币炒作和虚拟货币交易场所的打击态度没有丝毫改变。据了解，监管部门已经通盘部署，要求全国各地全面排查属地借助区块链开展虚拟货币炒作活动的最新情况，出现问题及时打早打小。在下一阶段的工作中，监管部门将加大清理整顿虚拟货币及交易场所的力度，发现一起，处置一起。2023 年 6 月 1 日《区块链和分布式记账技术参考架构》国家标准正式发布，这是我国首个获批发布的区块链技术领域国家标准。

2023年6月16日，国家新闻出版署发布《出版业区块链技术应用标准体系表》等10项行业标准。

15.8　元宇宙概述

1）元宇宙的背景。元宇宙（Metaverse）一词诞生于1992年的科幻小说《雪崩》，小说描绘了一个庞大的虚拟现实世界，在这里，人们用数字化身来控制，并相互竞争以提高自己的地位。到现在看来，描述的还是超前的未来世界。关于“元宇宙”，比较认可的思想源头是美国数学家和计算机专家弗诺·文奇教授，他在其1981年出版的小说《真名实姓》中，创造性地构思了一个通过脑机接口进入并获得感官体验的虚拟世界。尼尔·斯蒂芬森把这个虚拟世界叫作Metaverse，翻译过来就是“超宇宙”，意思就是超越现实宇宙的一个宇宙。元宇宙将会以实时生成、实时体验、实时反馈的方式，提供给用户以丰富的数字内容。元宇宙是多种技术集成逐步共同建设而成的生态系统，已成为全球科技业的“下一个风口”（next big thing），吸引了大量投资者入局。

2）元宇宙的几个定义。Metaverse由“meta（超越）”和“verse（宇宙，universe）”组成，直译为“超越宇宙”，代表了平行于现实世界运行的虚拟空间。元宇宙是人类运用数字技术构建的，由现实世界映射或超越现实世界，可与现实世界交互的虚拟世界，具备新型社会体系的数字生活空间。元宇宙是一个平行于现实世界，又独立于现实世界的虚拟空间，是映射现实世界的在线虚拟世界，是趋于真实的数字虚拟世界。元宇宙是通过虚拟增强的物理现实，呈现收敛性和物理持续性特征的、基于未来互联网的、具有链接感知共享特征的3D虚拟空间。元宇宙并不是特指某种单一的技术或应用，而是指一种基于增强现实、虚拟现实、混合现实技术的3D空间、生态或环境；它不是脱离现实世界的异托邦，而是与现实世界的交互混同。元宇宙技术的本质是“数字孪生”技术，即如何通过各种记录型媒介生成一个现实世界的丰满的数字版本（化身），并在两者之间实现互操作（interoperability）。从时空性来看，元宇宙是一个空间虚拟而时间真实的数字世界；从真实性来看，元宇宙既有现实世界的数字化复制物，也有虚拟的创造物；从独立性来看，是一个既真实又独立的平行空间；从连接性来看，元宇宙是一个虚拟现实系统。

3）元宇宙的属性与特征。元宇宙有八大属性：①“数字身份”是指真正地进入元宇宙后，每个人都会在元宇宙中获得一个或者多个数字身份，且每一个数字身份都是与现实中的人一一对应，独一无二的；虚拟身份与现实身份不一定相关。②“社交属性”是指元宇宙囊括社交网络，在元宇宙中我们可以像在现实中一样与其他人的数字身份沟通交流并且通过VR/AR等技术让我们在元宇宙中体验到与现实同等的社交体验。③“沉浸感体验”是指在元宇宙中，通过VR等技术的支持，我们可以从感官上得到非常拟真的沉浸式体验，达到一种“身在元宇宙，但却丝毫感觉不到自己在元宇宙”的程度。④“低延迟”是指在元宇宙中发生的一切是基于时间线同步发生的；在元宇宙中所见所得与别人正在经历的相同；需要较好的网络状态，网络状态越好，服务器响应越快，就越容易实现同频刷新。⑤“多元化”是指元宇宙对用户没有限制，各行各业的人都可在元宇宙内创作内容展示自己；因此，元宇宙不是由PGC（专业生产内容）主导的，而是由UGC（用户原创内容）主导的包罗万象的虚拟空间。⑥“随地性”是指元宇宙不受时间地点的限制；任何人都能在任何时间、任何地点利用终端链接元宇宙，畅游元宇宙的世界。⑦“经济属性”是指真正的元宇宙一定拥有自己的经济系统，并且这一系统会和现实已有的经济系统挂钩，且经济要素包括数字创造、数字资产、数字市场、数字货币、数字消费等内容。⑧“文明”是指真正的元宇宙有自己的文明体系，人们在里面可以生活、组成社区、构建城市，并认识到构建城市需要大家制定出共同遵守的规则，在生存的同时逐渐演化成一个文明的社会。

元宇宙有六大特征：①“持续性”是指这个世界能够永久存在。②“实时性”是指能够与现实世界保持实时和同步，拥有现实世界的一切形态。③“兼容性”是指这个世界能够容纳任何规模的人群以及事物，任何人都可进入。④“经济属性”是指存在可以完整运行的经济系统，可以支持交易、支付、由劳动创造收入等。⑤“可连接性”是指数字资产、社交关系、物品等都可以贯穿于各个虚拟世界之间，以及可以在“虚拟世界”和“真实世界”间转换。⑥“可创造性”是指虚拟世界里的内容可以由任何个人或者团体创造。

元宇宙可给人四种体验：①“逼真性”是指元宇宙模仿真实世界。②“沉浸性”是指用户在虚拟空间将感受到一种“共同的具身在场感”，以第一视角感受环境并与其他用户互动；此时，我们将不再是简单地在媒介之外，而是将生在媒介之中。③“开放性”是指元宇宙中，信息可以畅通无阻地跨平台和跨世界传输（包括在虚拟世界之间，以及虚拟世界和现实世界之间）。不对进入的人进行身份的限制。④“协作性”是指元宇宙生态系统的各部分将相互连接和实现互操作（interconnected and interoperable）。用户之间可以更低风险、更低成本协作完成事务。

4）元宇宙的七大要素：①“去中心化”是元宇宙的总体管理原则，而随后的许多特征都取决于或源于这一主要概念；去中心化系统在利益相关者之间表现出更公平的所有权、减少审查和更好的多样性。②“产权”是指目前购买数字资产的人，大概率只是租用它们；一旦有人离开平台，或者平台单方面改变规则时，玩家就会失去访问权；但数字世界应该遵循与物理世界相同的逻辑，即当你购买某物时你就拥有了它；在密码学、区块链技术和 NFT 等相关创新出现保护用户虚拟资产之前，真正的数字产权是不可能的。③“自我主权身份”是指身份与产权密切相关；如果你不拥有自己，你就无法拥有任何东西；与现实世界一样，人们的身份必须能够在整个元宇宙中持续存在；身份验证证明一个人是谁、他们可以访问什么以及他们共享什么信息；在元宇宙，人们可以直接控制自己的身份或借助他们选择的服务来控制自己的身份；钱包（如 Metamask 和 Phantom）为人们提供了验证自己的方式。④“可组合性（可拓展性）”是指元宇宙必须提供高质量、开放的技术标准作为基础；比如，在 Minecraft 和 Roblox 等平台可以使用系统提供的基本组件构建数字商品和新体验，但很难将它们移出该环境或修改其内部运作；提供嵌入式服务的公司，如用于支付的 Stripe 或用于通信的 Twilio，可以跨网站和应用程序工作，但它们不允许外部开发人员更改或重新混合他们的黑盒代码，在它们最强大的形式中，可组合性和互操作性在软件堆栈的广泛范围内是可能的；去中心化金融或 DeFi 就是这种强大形式的例证，任何人都可以调整、回收、更改或导入现有代码。⑤“开放/开源”是指在没有开源的情况下，真正的可组合性是不可能的，开源使得代码免费提供并且能够随意重新分发和修改，当代码库、算法、市场和协议成为透明的公共产品时，构建者可以追求他们的

愿景和雄心壮志，以构建更复杂、更个性化的体验。⑥“社区所有权”是将网络参与者——建设者、创造者、投资者和用户团结起来，为共同利益而奋斗；社区拥有空间的哲学含义对元宇宙的成功至关重要；允许社区由其用户而不是由单个实体管理、构建和推动。⑦“社会沉浸”是指虚拟世界的存在所需要的只是广义上的社会沉浸感，比硬件更重要的是元宇宙启用的活动类型，更强的沉浸感等，实现工作、娱乐、生活上的虚拟互动。

5）元宇宙的七层架构模式：①“体验（经验）层”是目前体验元宇宙的主要途径，是登录大厂研发的平台并探索数字开放世界，并可能使用加密货币进行购买或交易的渠道；但元宇宙的完整体验，是通过物联网技术，将现实世界的设备连接虚拟世界，实现虚拟和现实的联动交互。②“发现层”是指随着社区的发展，个人将有更多机会通过个人推荐和基于策展的方法了解新产品、应用程序和服务；随着对广告和个人数据的焦虑增加，元宇宙将更多地依赖于用户的有机交互，而不是数据挖掘来提供有针对性的服务，这将降低营销成本，并使其对过道两边的人来说更加精简和强大。③“创作者经济层（创客经济）”颇有意味，以 OpenSea 上出售的众多原创 NFT 数字资产为例，内容创作正在成为虚拟世界经济背后的主要驱动力；我们正在朝着不需要编码的数字创作迈进，并可通过创作得到收益；其主要依托设计工具、货币化技术以及资产市场等进行。④“空间计算层”主要是指构建元宇宙虚拟世界将其 3D 化、立体化的一些技术，包括 3D 引擎、VR（虚拟技术）/AR（增强现实技术）/XR（虚拟现实混合）、多任务界面等。⑤“去中心化层（权力下放）”主要是指让众多虚拟世界连接起来以及给用户提供独一无二的身份 ID 所需要的技术，包括边缘计算、区块链等技术；去中心化系统允许许多参与者成为积极的决策者，并与其他创作者和用户分享权力；它还鼓励竞争，从而孕育创新，允许新类型的内容和解决问题的方法。⑥“人机交互层”是指通过手机及 VR 和 AR 头戴式设备和智能眼镜等可穿戴设备，实现现实世界里的人与虚拟世界的连接。⑦“基础设施层”中的基础设施是支撑元宇宙的骨架，包括 5G、Wi-Fi 6、云计算、图形处理等软件基础设施以及 GPU、光纤宽带等硬件设施。

6）元宇宙的三层架构模式：①“支撑技术层”中的支撑技术包括人工智能（AI）、扩展现实（XR）、区块链、电子通信、数字孪生、边缘计算、云计算等构筑和支撑元宇宙运行的各类技术。②“交互技术层”中的交互机制既包含虚拟与真实世界的交互界面及交互设备（如智能眼镜、可穿戴设备等），也包含虚拟世界中社交、购物等体验及人的触觉、姿势、声音等感官反馈；关注用户的体验与发现。③“虚拟架构层”中的虚拟架构是构成元宇宙所需的各类基础设施，包括现实世界中事物的数字化映射及通过技术手段创造出的虚拟场景等，即现实世界的数字化映射，通过技术手段创造虚拟场景。

7）元宇宙发展的三个阶段。第一个阶段开始于 1992 年，“元宇宙”概念最早出现在尼尔·斯蒂芬森的科幻小说《雪崩》当中，小说描绘了一个平行于现实世界的虚拟数字世界。第二个阶段开始于 2018 年，斯皮尔伯格导演的科幻电影《头号玩家》，被认为是目前最符合《雪崩》中描述的“元宇宙”形态，在电影中，男主角戴上 VR 头盔后，瞬间就能进入自己设计的另一个极其逼真的虚拟游戏世界——“绿洲”（Oasis）；在《头号玩家》设定的“绿洲”场景里，有一个完整运行的虚拟社会形态，包含各行各业的无数数字内容、数字产品等，虚拟人格可以在其中进行价值交换。第三个阶段开始于 2021 年，被称作“元宇宙”第一股的 Roblox（Roblox 成立于 2004 年，是一家在线游戏创作社区公司）

成功在纽约证券交易所上市，则似乎意味着这个虚拟世界将走向现实。

8）元宇宙的技术支持。主要有6个：①网络基础设施层面的5G、6G；②体验感层面的VR、AR、脑机接口；③人机交互层面的AI；④经济系统层面的去中心化、区块链、虚拟货币；⑤空间计算层面的3D引擎、GIS（地理信息系统）；⑥算力层面的芯片等。

9）元宇宙的产业链。"元宇宙"产业链可分为硬件、软件、服务、应用及内容4个板块，包含开发、交互、网络基站、服务器、VR技术、人工智能、数字内容、数字资产、数字金融以及医疗、教育、游戏等终端应用场景下的产品。

10）"元宇宙"的发展走向。2021年6月，Facebook的CEO扎克伯格向公司内部员工首度公布打造元宇宙的新计划，Facebook最新的第3季度财报再次展示了他对元宇宙的野心和布局。据了解，Facebook计划为旗下元宇宙部门投入至少百亿美元，以进一步推动AR/VR软硬件和相关内容资源的开发，并希望在未来几年，为现实实验室（reality labs）投入更多资源。微软首席执行官萨蒂亚·纳德拉在公司的财报电话会议上同样提到了"企业元宇宙"这个概念，还开发了类似HoloLens的AR/VR智能硬件设备，同时投资了社交VR应用程序——Altspace VR。英伟达于2019年正式提出实时图形和仿真模拟平台Omniverse，其特点是能够运行具备真实物理属性的虚拟世界，并与其他数字平台相连接。2022年4月，英伟达创始人黄仁勋利用Omniverse平台的各项技术进行了虚拟演讲，他表示，公司正处在元宇宙的风口浪尖上，而Omniverse是打造元宇宙重要的组成部分，并表示将尝试建立一个工业级的元宇宙。

腾讯是Roblox和Epic Games的投资方，2022年6月，腾讯作为发行方推出Roblox在中国的产品《罗布乐思》，此后腾讯申请注册旗下多款产品的元宇宙商标，比如"王者元宇宙""QQ音乐元宇宙""逆战元宇宙"等。字节跳动在2022年4月斥资1亿元投资元宇宙概念公司代码乾坤，后者具有自主研发的物理引擎，并将其应用于社交UGC平台"重启世界"中；8月，字节跳动斥资90亿元收购VR设备研发商Pico并成立VR事业部，产品包括移动VR头盔、Goblin VR一体机应用等，而Pico的原股东歌尔集团是Facebook旗下Oculus产品的核心供应商。华为在AR/VR领域的技术突破加速了沉浸式体验的实现，还为VR内容开发者提供了平台Huawei VR。

11）"元宇宙"的应用场景。游戏是元宇宙应用场景的先行者，应用层面当前重点关注游戏领域。游戏反映的是元宇宙的雏形，是人类对虚拟世界的构想，在当前元宇宙发展的早期阶段，游戏是应用场景中的先行者。Roblox作为元宇宙第一股，基于UGC的内容创作模式已经初具元宇宙雏形，2021年第2季度，Roblox营业收入达4.54亿美元，同比增长127%。国内来看，腾讯作为最大的游戏厂商，在最适合元宇宙游戏的社交竞技类赛道中具有长期竞争力。此外，宝通科技、世纪华通、中青宝等其他游戏厂商也纷纷入局，尝试通过开发VR游戏、将游戏产品与FT结合以及开发基于Roblox平台的游戏等方式积极探索元宇宙。

医疗、教育、金融、社交等领域的全方位应用将带来更多元宇宙的投资机会。元宇宙始于游戏，但覆盖场景将远高于游戏，例如更加真实的社交体验、能够获得更好互动体验的线上会议和授课，以及医疗场景中能够解决更加精密复杂的手术、实现远程问诊等，但现阶段仍需等待技术端的完善，相关投资机会值得关注。

15.9　区块链在建筑工程中的应用

近年来，随着科学技术的不断发展，区块链技术应运而生，并广泛应用到各行各业。建筑行业作为传统基础行业和国民支柱产业，也要充分做到与时俱进，通过引入区块链技术，促进建筑行业向现代化趋势发展。而所谓区块链技术，是一种先进的底层技术框架，有利于推动建筑工程向高效、高质量、智能化、节能化方向发展，从而帮助建筑工程领域完成改革需求。

想要进一步明确区块链技术的含义，前提是需要掌握比特币的概念，比特币是一种点对点电子先进系统。而区块链是比特币中的技术分支，具有数据存储、去中心化等特点，是在计算机技术、点对点技术等先进技术基础上发展而来的，能够在建筑工程智能合约等领域发挥重要作用。从微观角度进行分析，区块链技术是结合时间顺序通过线性链方式将数据组合成特定结构，同时利用密码技术为数据结构提供安全保障，保证数据不被篡改和伪造。从宏观角度进行分析，区块链技术是利用加密链完成数据储存验证、利用分布式公式算法完成数据更新、利用区块链代码来执行业务。概括来说，从交易方面来看，区块链技术能够在每次到账操作时改变一次账册状态；从区块方面来看，区块链技术能够准确记录所有交易状态以及交易结果；从链这一方面来看，区块链技术能够将单独区块按照时间顺序加以串联。

所谓去中心化，是指在分布式账本记录过程中，所有环节所行使的权利均是相同的，均具有账本记录这一权利，无任何特殊环节享有特殊权利。而实现所有环节行使权利一致的根本在于系统中没有中心功能部件，因此无法对工作内容进行分配和布置。所以，在实际工作过程中，所有环节的工作要求具有一致性。另外，区块链技术还具有开放性特点，能够充分保证双方在交易过程中信息保密，从而充分保证双方交易信息的安全性。与此同时，区块链技术对于所有环节的交易以及交易内容等相关数据，均具有开放性特征，为用户自主查询提供便利，从而维护用户个人利益。区块链技术在建筑工程领域中的应用主要体现在以下五个方面。

1）招投标活动。区块链技术具有不可篡改的特点，将其应用到建筑工程领域招投标活动中，能够为建筑工程领域提供从业人员的身份信息，并且保证信息内容的真实性和准确性。例如，在建筑工程大型招投标活动过程中，结合现行的工程建筑建设规定，需要建设单位对所有项目负责人的资质、经验等方面进行全面了解。如果采用传统方式对政府项目或社会投资项目等举行的招投标活动进行验证，不仅需要浪费大量的人力、物力和财力，还无法充分保证验证结果的准确性和科学性。而利用区块链技术，能够直接反映出建筑行业从业人员的真实信息，具有一定的透明性和可信赖性，一方面有利于节约人力、物力、财力的支出，从而降低交易成本，另一方面有利于保证从业人员信息的准确性，从而为建筑工程后续施工奠定良好基础。

2）总包工程管理。将区块链技术引入工程总承包管理过程中，可以发现，在金融交易过程中，同时存在配合机制与反馈机制两个问题。例如，在建筑工程金融交易过程中采用措施避免欺诈，就是较为典型的配合机制和反馈机制。现阶段，建筑工程领域在大部分

金融交易过程中，为了维护双方利益，均采用第三方平台解决配合机制和反馈机制。而第三方平台需要具备一定资质才能够稳定运行；区块链技术能够充分为第三方平台提供安全保障，有利于提高第三方平台的抗风险能力。

3）智慧建造。智慧建造是在工业深化和信息化改革基础上发展而来的一种全新的工业形态，同时也是一种先进的管理理念，能够体现我国建筑工程领域从机械化向自动化再向智慧化趋势发展的这一过程。智慧建造有利于为区块链技术的应用和实现奠定良好基础，为建筑工程全过程提供系统化、智慧化管理，从而充分满足建筑工程各参与方的个性化需求。具体来说，在建筑工程智慧建造过程中，利用区块链技术将所有参建主体、项目管理智能等进行统一，从而构建智慧建造信息集成平台，为建筑工程建设全过程产生的资金、信息等数据高效储存、及时传递以及信息共享提供便利，有利于全面提高建筑工程全过程管理水平。

4）工程的全面监督。区块链技术能够在建筑工程全面监督管理中充分发挥其特点和作用，有效规范建筑工程在施工过程中的规范性和标准性，从根本上控制建筑工程的违规操作。具体来说，将区块链技术应用到建筑工程施工管理中，具有不可比拟的优越性。区块链技术能够将所有单独模块按照时间顺序加以串联和统一，有利于形成一个完整的建筑工程管理流程。通常情况下，建筑工程是否能够顺利实施，不仅能够直接反映该企业的管理模式是否完善，还能够直接反映建筑企业的发展状况。所以，在区块链技术构成的健全管理模式基础上，建筑工程领域还需要具备一批专业强、素质高的施工团队，保证能够在区块链技术支撑和指导下及时发现问题，并针对性采取措施加以解决。与此同时，在区块链技术全面管理模式下，施工单位需要在成本、人员、材料、机械等管理方面加以创新和完善，使其形成适合企业发展的全新管理方式，并应用到建筑工程实际施工中，从而促进建筑工程施工任务有序展开，为推动建筑企业向现代化趋势发展奠定良好基础。

5）开拓工程管理市场。区块链技术最早应用到金融领域，为金融领域互联网交易提供了安全保障，为虚拟资金交易顺利进行奠定了良好基础。而将区块链技术应用到建筑工程领域，需要相关学者和专家进一步研究，深入挖掘其潜在价值，使其能够拓展到建筑工程更广泛的领域。现阶段，区块链技术在建筑工程智能合约管理方面发挥重要作用，通过发挥自身特点，与建筑工程管理相融合，有利于促进建筑工程项目管理不断完善和优化，有利于为建筑工程合理规划和部署提供有利条件，从而促进建筑工程项目管理稳定发展。

区块链技术是在先进科学技术基础上发展而来的，具有透明化、不可篡改化、去中心化等特点，将其应用到建筑工程领域，不仅能够提高建筑工程建设管理水平，还有利于促进建筑行业稳定发展。

15.10 元宇宙在建筑工程中的应用

建筑元宇宙是利用5G/6G、工程物联网、BIM、VR、MR、区块链、云边计算和人工智能等元宇宙相关技术在建筑领域的应用，将现实中的设计、构件生产、数字施工、建筑运维及建筑垃圾回收等环节和场景在虚拟空间实现全面部署，通过打通虚拟空间和现实空间实现建筑全生命周期的改进和优化，形成全新的数字建造体系，达到降低成本、提高

生产效率、高效协同的目的，促进建筑业高质量发展。

建筑元宇宙，与“数字孪生”的概念类似，两者的区别在于，数字孪生是现实世界向虚拟世界的1∶1映射，通过在虚拟世界对建造过程、施工设备的控制来模拟现实世界的施工作业；而元宇宙则比数字孪生更具广阔的想象力，元宇宙所反映的虚拟世界不止有现实世界的映射，还具有现实世界中尚未实现甚至无法实现的体验与交互。另外，元宇宙更加重视虚拟空间和现实空间的协同联动，从而实现虚拟操作指导现实工程施工。建筑元宇宙贯穿建筑全生命周期。现阶段建筑元宇宙的大部分案例更趋近于“数字孪生”技术的应用，目前城市、交通、能源、国土、应急管理等领域是数字孪生的典型应用领域，其中3D场景编辑器是不可缺少的工具。

1）建筑元宇宙在设计及项目准备阶段的应用。通过BIM＋VR，可以高效实现三维可视化表达，促进建筑的各参与方的有效协同，提高建筑设计的效率。

元宇宙有利于可视化设计和体验。BIM技术应用于建筑初步设计阶段，主要侧重于建筑设计的三维可视化表达，通过各专业在BIM平台上云集，解决传统各专业建筑语言的沟通壁垒。但是相对于建筑信息表达效果，三维模型的展示只局限于固定漫游视角的展示，简单的视觉冲击难以达到业主的预期效果，因此BIM模型往往会忽视真实的用户体验。加之工程施工过程中各种不可控因素，很容易使建成的建筑物达不到使用者的最初需求。VR技术作为一种重要的可视化媒介，可以用BIM模型为载体，通过对模型的渲染以及人机交互设计的沉浸式虚拟体验，实现用户在建筑内空间的虚拟漫游，让使用者身临其境，弥补了BIM模型可视化效果表达不足的缺陷，便于业主对设计单位提出的设计方案进行更加理性的选择。通过BIM＋VR等对建筑的各构件、设备及相关环境的作用方式做出直观、精准的模拟，能够有效验证建筑产品性能，并能够打破地域限制，支持多方协同设计，用户也可以在建筑元宇宙平台上参与建筑设计并体验其设计的产品，更加贴近用户需求，并能在更大程度上增强用户体验。

元宇宙有利于工程资料管理信息化。在向业主进行初步设计方案汇报时，设计单位绘制好的BIM模型就已经包含了所有的建筑信息。相比较传统的二维设计模式而言，BIM＋VR技术促进了纸质版移交资料向信息化模型资料的转变，为项目后期的施工阶段、竣工验收阶段、运维阶段甚至以后的再次改造设计提供了真实的信息模型，提高了设计单位的信息提取效率。

元宇宙有利于多方有效协同。基于BIM＋VR的设计平台搭建，可以将设计主体即相关利益方、设计平台以及设计方法之间进行关联，业主单位在设计之初就参与到项目的方案设计中，既能使设计单位明确业主的需求，又能根据业主对项目特点的理解提出针对性的建议，加深业主单位对设计阶段的把控，提高建设项目的设计决策效率。

2）建筑元宇宙在施工阶段的应用。通过BIM可以高效地建立工程数字模型，BIM软件系统既能快速精准地进行工程量造价等数据分析，也可以实现如碰撞检查、剖面图砌体排布等技术问题解决，最后实现基于互联网的项目级企业级的协同管理。

元宇宙有利于可视化项目管理。基于BIM＋VR打造“项目大脑”，按照“数据＋算力＋算法”的运作范式，“描述—诊断—预测—决策”的服务机理，实现模拟推演、智能调度、风险防控与预测性服务等功能，实现全过程、全要素和全参与方的高效协同和沉浸式体验，最终达到优化资源配置的目的。在施工过程中，还可通过物联网和装配了传感设

备的“人机料法环”的全要素连接，通过VR交互设备将整个施工的过程、行为及质量、安全等监测实现可视化、智能化管理，将施工现场转换为智能的收集领域，智能系统实时对施工过程现场进行预测，对一些不符合常规的现象，及时向施工人员发出警告，对设备进行控制。通过BM+VR的项目管理舱对施工资源、建筑部品构件、生产设备及物流系统进行出入库、查询、盘点、建筑构件库、统计分析等管理；在数字空间实现对物理空间的库存进行精益化管理，对施工项目的流程和工序进行有效沉浸式可视化管理，避免施工资源的浪费，实现高度匹配，可最大程度地减少过去建筑项目环节太多的不透明，或生产资源不足带来的生产延误，也可避免因生产资源积压造成生产辅助成本居高不下的问题。

元宇宙有利于施工安全预测。基于元宇宙+AI技术，使用机器学习、语音和图画辨识将施工现场的相片和视频进行自动标记，以便整理数据及搜索。例如，AI可以采用深度学习模式分析影像和语音，以自动标记施工数据并主动向客户提供安全措施建议。这种主动化工地监测能够为工地现场添加一对“眼睛”，动态辨识潜在危险要素，有助于提高施工安全。

元宇宙有利于施工进度管理。使用探勘机器人和无人机，装备摄影镜头来监控和扫描工地现场。使用视觉数据，选用深度学习算法处理，通过与客户要求的方案和规划进行匹配来衡量施工进度，将工地每天的画面扫描与规划模型做比较以侦测过错。

3）建筑元宇宙在建筑运维阶段的应用。在传统建筑运维模式中，建筑施工阶段的数据孤立分散、建筑管控系统相对离散、建筑智控不足、依靠人工运检，导致建筑运维效率低下，即事前无准备、事中无跟踪、事后无追溯。普华永道咨询报告研究表明，可充分应用BIM、GIS、大数据、云计算、物联网等一系列先进技术，研发出基于BIM的居住建筑运行维护智能管理系统。

元宇宙有利于实时分析判断。一栋建筑物在竣工之后被运用的几十年中，关于运用情况、修理与改建的时刻组织、能源消耗等，都能够在采用BIM+VR+AI的协助下更有用地预测及最佳地运用。人工智能根据实时获得的建筑物外墙及里面的传感器的数据对空间环境状态的整体情况和局部情况进行分析判断，并经计算后给出系统调整方案，让建筑内的各种设备根据设定的可行模式运行。

元宇宙有利于远程化维修。在建筑元宇宙平台建立的虚拟空间中，运维人员将不受地域限制，在建筑设备出现问题时，能够实现远程实时确认设备情况，及时修复问题。对于难度大、复杂程度高的设备问题，可以通过建筑元宇宙平台汇聚各类专家，共同商讨解决方案，从而提高生产效率。

总之，随着建筑元宇宙的成熟，其和建筑业的全产业链的每个环节的结合都将更加紧密，也将产生更多创新应用，除了以上说到的设计、建造、运维三个阶段的应用外，其在建筑业采购、物流等多方面也有着巨大的应用空间，这一切对缓解我国老龄化危机、人工成本日益上升的困境都无疑是个好消息。同时对提升建筑业的整体格调、提升建筑业的整体发展水平和质量都有着重要的意义。

15.11 我国区块链技术的发展现状

1）政策数量爆发式增长，政策内容覆盖全面。区块链作为“十四五”新经济发展时期的重要基础设施，在各领域全面开花，涵盖区块链技术的政策数量爆发式增长。根据赛迪区块链研究院的统计，截至2022年年底，各部委及各地方政府在内出台的区块链相关政策数量已有千余项。一方面，国家及各部委统筹区块链在农业、商贸、交通、旅游、政务、教育、金融等各领域的规划和路线图，仅2022年发布的区块链相关政策就有69项，同比增长8%，旨在通过区块链技术加速数据要素流通，提升数据价值，加快推动各行各业新业态新模式，为构建全国统一大市场提供有力支撑。另一方面，各地方政府持续强化区块链在数字经济与实体经济融合、公共服务治理、保障改善民生、金融科技服务等重点方向应用场景的布局和探索。据不完全统计，包括北京、上海、成都、重庆、西安、青岛、昆明、无锡、赣州、湖州等在内一、二、三线城市发布的区块链相关政策已超1200项，旨在以区块链技术为基础，加快政务服务、社会治理、智慧城市、智能制造等方面数字化升级，打造高效便捷数字化政府，构建数字经济创新发展标杆城市。

区块链专项政策持续出台，扶持领域更加细化，专项资金力度加大。一方面，国家部委以身作则，加快区块链在交通、司法领域数字化建设，提升数字化服务水平。2022年5月，交通运输部发布《基于区块链的进口干散货进出港业务电子平台建设指南》，强调要推动区块链技术与交通行业深度融合发展，推进基于区块链技术的全球航运服务网络建设，推动在进口干散货运输中的应用，深入推进数据共享和业务协同；同月，最高人民法院发布《最高人民法院关于加强区块链司法应用的意见》，提出要充分发挥区块链在促进司法公信、服务社会治理、防范化解风险、推动高质量发展等方面的作用，全面深化智慧法院建设，推进审判体系和审判能力现代化，创造更高水平的数字正义。另一方面，各地方政府一是细化区块链技术创新应用，深入推进区块链应用推广工作。2022年3月，江苏省印发《江苏省区块链应用推广行动计划（2021—2023年）》，旨在通过打造区块链技术应用系统、培育区块链知名企业和产品、探索区块链应用服务和监管治理新模式新机制等途径争创全国区块链创新发展示范区；此外，北京市、常州市等城市围绕不动产登记、电子劳动合同的细化领域，充分发挥区块链信息技术的驱动引擎作用，提升企业办事效率，优化城市营商环境。二是加大区块链资金扶持，培育区块链产业应用市场，推动区块链服务主体做大做强。如2022年8月，昆明市发布的《云南省人民政府办公厅关于印发云南省支持区块链产业发展若干措施的通知》中提到，对企业年度区块链营业收入（不含政府奖补）首次突破500万元、2000万元、5000万元的，分别给予6%、8%、10%的奖励，以此加大招商引资力度。三是部分城市积极落实国家区块链创新应用试点，扎实推进试点工作。2022年7月，滁州市发布《滁州市“区块链+民政”创新应用试点工作方案》，将聚焦保障和改善民生，加快区块链信息基础设施建设，构建滁州市民政联盟链，积极探索区块链技术在民政领域的运用，全面提升民政信息化建设水平，为实现民政高质量发展提供支撑。

与区块链相关的元宇宙创新发展政策争相推出，前瞻布局数字经济新机遇。自2021年元宇宙概念火爆以来，国务院办公厅、工业和信息化部等部门在多个规划、多次会议中提及元宇宙相关行业发展，旨在紧抓技术发展前沿，推进数字经济发展。2022年1月，《“十四五”数字经济发展规划》中强调，要深化人工智能、虚拟现实、8K高清视频等技术融合，拓展社交、购物、娱乐、展览等领域应用，这些都是元宇宙涵盖范围。在元宇宙相关产业的加持下，我国数字经济发展将更快一步，覆盖范围也更加广阔。2022年11月，工业和信息化部工业文化发展中心牵头成立工业元宇宙协同发展组织，并发布《工业元宇宙创新发展三年行动计划（2022—2025)》，表示将通过元宇宙创新发展，助力制造强国建设、数字中国建设。同时，各地方政府陆续出台元宇宙专项政策，抢先布局数字经济新赛道，2022年是中国元宇宙政策的开启年，多地政府更加意识到元宇宙在新的技术革新和产业变革中的重要作用，因地制宜制定推动当地元宇宙产业发展的专项政策。据统计，2022年中国各省市及市辖区发布的元宇宙专项政策共有29项。从元宇宙专项政策城市发布数量来看，上海、广州走在全国城市的前沿，分别发布了4项专项政策，上海政策包括全市政策加上虹口区、徐汇区、宝山区的政策，广东则是广州的黄埔区、南沙区加上珠海横琴自贸区；北京、杭州和武汉分别从市辖区层面出台了2项专项政策，深圳、青岛、厦门、南京等城市也都出台了相关政策措施；从我国发布的元宇宙专项政策内容来看，各地规划的重点任务较为一致，主要围绕技术攻关、平台搭建、基础设施建设、产业链培育、应用场景构建、企业引培、金融服务等方面开展部署，制定元宇宙产业发展的未来目标。

区块链监管开始注重平台经济、城市建设的高质量发展。2022年1月，发展改革委等部门发布《关于推动平台经济规范健康持续发展的若干意见》，其中提到要加强区块链平台技术创新，完善平台经济领域监管规则体系，推动协同治理。2022年8月，银保监会发布《关于银行业保险业支持城市建设和治理的指导意见》，提出鼓励银行保险机构合理应用区块链等新兴技术，提升城市金融服务能力和风险管控水平，更好推动城市智慧化水平建设。

2）标准制定加速推进，体系规范持续完善。积极制定区块链技术规范标准及区块链在供应链、能源等领域应用国际标准。2022年，我国积极参与区块链技术和区块链应用国际标准的制定，提升区块链发展国际话语权。一方面，分布式技术、智能合约标准研究不断加大，为智能合约应用的功能、性能、安全提供指引；2022年11月，由蚂蚁链和中国信通院联合立项的《分布式账本系统智能合约生命周期管理要求》《基于分布式账本技术的授权服务应用指南》获得国际电信联盟立项，旨在为用户、开发者、服务提供商、审计方等提供高效、稳定、安全的开发环境，加强身份信息及隐私保护，促进区块链应用推广。另一方面，区块链在供应链金融、数字藏品、绿电消费等领域应用标准加快研制；2022年4月，IEEE计算机协会区块链和分布式记账标准委员会发布《基于区块链的供应链金融标准》，对基于区块链的供应链金融通用框架、角色模型、典型业务流程、技术要求、安全要求等方面进行定义，有助于提升企业自身的供应链金融系统标准化水平，以标准促协同，助力产业数字化升级；2022年12月，由北京电力交易中心有限公司联合国网数字科技控股有限公司等单位编制的《基于区块链的绿电消费信息溯源参考架构》获得国际电信联盟立项通过，为国际国内区块链在绿电消费信息溯源领域应用、绿电绿证方案提供指引，有助于提升我国在绿色低碳领域的国际规则制定权和话语权。

区块链国家标准持续不断。2021年《信息技术区块链和分布式记账技术存证应用指南》《信息技术区块链应用服务中间件参考架构》《信息技术区块链和分布式记账技术系统测试要求》等起草的区块链技术标准已经于2022年征求意见，有望对区块链技术在存证应用、系统部署、应用接入等方面提供显著帮助，加强区块链系统安全性能，促进各领域区块链业务实际需求。同时，国家继续加大区块链在实体经济应用标准的研制，如《信息技术区块链和分布式记账技术物流追踪服务应用指南》将为物流行业数据保护、监管合规

等提供规范，深入区块链与实体经济融合，探索数字经济发展新模式。

地方标准快速跟进。2022年，各地方政府及企事业单位加快区块链在自身优势领域标准的研制，助力提高地方技术应用品牌和竞争能力。如北京市作为全国政治、文化、国际交往、科技创新等中心，在实现“互联网＋政务”、建设数字政府方面处于领先地位。在政务服务领域，北京市已落地百余个应用场景，在促进数据共享、业务协同等方面成效显著，为城市发展提供良好的营商环境。2022年，北京市深入政务服务，打造全国首个超大城市区块链基础设施“目录链”。同时，北京市经济和信息化局、大数据中心联合中国科学院计算技术研究所、北京航空航天大学、北京工业大学、中国科学院自动化研究所、北京微芯区块链与边缘计算研究院、华为技术有限公司等多个校企，发布《目录区块链技术规范》，旨在以“目录链”为核心，进一步促进“目录链”上政务和社会数据安全有序地流通，构建数据要素可信流通、治理体系高效协同的“北京模式”。云南省作为东南亚地区重要的贸易赛道，2022年发布《区块链跨境贸易服务应用指南》，旨在进一步引导云南跨境贸易规范、健康、有序发展，打造中国跨境贸易高质量品牌。

团体标准星罗棋布。在中央网信办、工业和信息化部等多部门的推动下，2022年是区块链应用推广元年。为促进区块链技术在各应用领域的健康、有序发展，企事业单位、高校等社会各界团体加快区块链技术和行业应用标准的制定。根据赛迪区块链研究院统计，2022年颁布的区块链团体标准有40余项，涵盖电商、农产品溯源、支付交易、工业、政务服务、能源、医疗、物流等多个领域。同时，随着元宇宙概念的不断深入，基于区块链的元宇宙相关标准也在不断研制中，力促新业态新模式规范发展。

3）技术研究实力不断增强，推动解决方案更新迭代。以高校为主的区块链团队实力不断增强，区块链人才培养持续输出。一方面，根据赛迪区块链研究院统计，截至2022年年底，由高校主导的区块链实验室、创新中心、孵化基地等数量已有41家；且以高校为主导的技术不断创新，如北京邮电大学提出的一种基于区块链的数据受控流转方法，可在不可信网络环境下建立数据流转联盟链，设立可信第三方、数据上传区和下载区，执行数据通过加密上传的智能合约，设置不同用户间的访问控制结构树，对流转数据加密并将其上传至数据流转中台，在执行密钥生成的智能合约时，可信第三方根据数据接收者的身份属性，动态生成资源访问密钥，最后执行数据解密获取的智能合约，数据接收者利用资源访问密钥进行解密获得流转数据明文，并通过链上链下数据摘要对比，验证流转数据的真实性。这种方法既可确保数据来源可信，也可控制数据流动范围。另一方面，目前，区块链复合型、创新型人才问题依旧突出，高校是解决人才培养的重要途径。根据赛迪区块链研究院统计，截至2022年年底，我国已有超60家高校开设区块链专业或课程，其中2022年新增8所，如三亚学院开设“区块链工程”课程，旨在贯彻当前“新基建”战略，布局“新工科”建设，为培养掌握区块链技术基本理论和区块链项目开发方法，具有区块链系统设计与实现能力、区块链项目管理与实施能力的人才提供输出途径；打造具备较强团队协作、沟通表达和信息搜索分析职业素质，在区块链项目系统设计开发、区块链项目管理、区块链系统服务等领域发挥作用的复合应用型专业技术人才。

以企业为主的区块链技术研发不断深入，解决方案更新迭代。一方面，根据赛迪区块链研究院统计，截至2022年年底，由企业主导的区块链实验室、创新中心、孵化基地等数量已超60家，如国家电网提出的基于区块链的近零碳排放园区的能源交易系统，可为包括园区区域链和能源供应区块链提供基于蚁群算法共识构建的跨链交互模型进行能源交易数据功能，实现园区区域链与能源供应区块链的跨链交互，提高了跨链交互效率，实现园区区块碳减排的智能化、自动化管理。另一方面，以企业为主的区块链专利申请数量和公开数量遥遥领先。根据赛迪区块链研究院统计，截至2022年年底，我国区块链专利申请量和公开量均已超6万项，其中申请量2022年约7800项，公开量约16000项，均位居全球第一。从应用方面来看，区块链专利涉及了数据存储、金融支付、信息检索、商贸服务、电子标签、数字资产等领域；从技术方面来看，区块链专利主要涉及共识算法、验证机制、跨链技术、数据安全等方面；从专利申请主体来看，截至2022年年底，包括高校、企业、个人在内的申请主体已有近5000个，其中以企业最为突出，是区块链专利方案贡献的中坚力量；2022年专利申请排名前十的企业依旧以科技型和金融类公司为主。

多方合作共促技术集成创新。从合作角度来看，企业与高校合作是共同推动区块链技术创新的重要途径。高校是基础理论知识的策源地，而企业是技术实践应用的试验田，校企合作已经成为区块链基础设施建设、平台创新、场景应用等发展的重要支撑。根据赛迪区块链研究院的统计，截至2022年年底，已有近30家以国家、省市等为主要牵头单位，多个企业和高校共同合作的研究机构成立，其中不乏清华大学、北京邮电大学、上海交通大学、深圳大学等全国知名高校。同时，在专利申请方面，企业与高校、企业与企业之间不断加深合作，共同探索区块链技术创新，为区块链产业发展提供内容和场景服务。

4）产业规模稳步增长，助力数字经济稳健发展。在政府政策的支持和扶持下，我国区块链产业规模稳步增长。根据赛迪区块链研究院统计，2022年我国区块链产业（除去加密货币、虚拟货币，具有区块链产品投入和产出的企业）规模约67亿元，同比增长3.08%；我国区块链产业规模从2020年的50亿元增长至2022年的67亿元，三年复合增长率约为77%，虽增速有所放缓，但三年累计产业规模已近200亿元。

区块链企业规模不断扩大，与产业规模趋势一致，我国区块链企业规模进入稳定增长期。2021年软硬件一体机、数字藏品、元宇宙、数字人民币、Web3.0等区块链产业链新赛道的发展，推动了2022年区块链企业发展。根据赛迪区块链研究院统计，截至2022年年底，我国以区块链为主营业务，具有投入或产业的企业有1700余家。自2019年以来，区块链企业累计数量年均增速8%。

5）资本市场理性推进，产品创新和成熟化不断进步。区块链投融资规模增速平稳，资本市场理性推进。根据赛迪区块链研究院统计，截至2022年年底，我国区块链行业投融资累计近千笔，其中2022年投融资数量共54笔，投融资规模约75亿元，同比有所下降。2022年，随着以区块链为基础的元宇宙、Web3.0概念火爆，国内在金融、数字资产等方面的监管制度进一步加强，促使我国在区块链行业投融资理性发展。

区块链融资轮次聚焦，前期产品和后期发展占比较大。根据赛迪区块链研究院的统计数据，2022年我国区块链种子轮、天使轮、Pre—A轮、A轮占全年投融资的70%。一方面，反映出2022年我国区块链产品的发展创意和产品创新随着新形势、新业态的发展而革新；另一方面，也反映出我国区块链解决方案推陈出新，为应用推广拓展提供了基础。同时，2022年我国区块链战略投资占比为18%，也可以反映出我国部分区块链产品发展迅速，市场活力充足。

区块链融资领域持续拓展。从区块链投融资领域来看，2022年我国区块链投融资涵盖金融、医疗、能源、农业、物流、汽车交通、文化娱乐、BaaS服务、数据服务、房产、社交、零售、先进制造等18个领域，相比2021年持续拓展。同时，多个企业同时开展多领域探索，如上海零数科技2022年同时开展在能源、数据服务、汽车交通等领域应用，获得数千万投融资。

6）应用场景更加聚焦，实体产业深度融合。区块链应用案例数量飞速增长。随着国家区块链应用创新试点的下发，以及各地区块链应用推广工作的开展，2022年我国区块链应用数量飞速增加。根据赛迪区块链研究院不完全统计，截至2022年年底，我国区块链应用案例已超1500个，其中2022年新增185个。从细分应用领域来看，政府、司法、金融应用领域较为突出；从整体上来看，当前我国区块链行业应用已开始进入推广阶段，应用领域不断深入，且伴随着新业态、新模式的出现，区块链场景发展将不断突破。

区块链与实体经济融合更加深入。工业和信息化部信息技术发展司发布的《2022年区块链典型应用案例名单》显示，2022年共有61个应用入选，其中区块链＋实体经济有24个，占比40％。其次，数字化政府建设不断推进，政务服务效率显著提升，也助力智慧城市加速建设。

从备案的区块链应用来看，备案企业和平台不断增多，区块链发展氛围向好。根据中央网信办发布的区块链备案平台批次，截至2022年年底，共发布10批2691个区块链备案平台信息，其中2022年965个，占比36％。同时，从2022年备案平台领域来看，数字藏品数量最多，超300个，占比约为30％。

7）加强核心技术创新和推广延伸。随着以数据为主产业数字化进程的加快，以及元宇宙虚拟世界的发展，对区块链技术提出了新要求。一是持续加快多方安全计算、隐私计算等技术研究和创新，满足新经济模式下数据安全、隐私安全的保障。二是探索以区块链技术的Web3.0在协议层、基础元件层、用例层、接入层架构等方面的创新，加强区块链与人工智能、5G的融合应用，创新技术集成新方向。三是强化企业之间区块链技术的探讨与合作，推动已有存储技术、跨链技术、异步并行技术等的推广和延伸。

8）持续推进和完善标准化建设。一是持续推进区块链技术标准研制，尤其是数据安全、隐私保护等方面的标准制定。同时，建立健全Web3.0标准规范体系工作机制，探索建立健全Web3.0信息技术参考框架，支持行业、团体、国际标准的制定。二是从元宇宙技术、应用等方面着手，围绕元宇宙产业链，加快元宇宙数据、产品等细分标准的研制，为元宇宙生态建设和产业发展提供规范指引。三是继续鼓励国内互联网巨头、科技型企业积极加入国际区块链、元宇宙、Web3.0标准组织，参与相关国际标准制定，加强国际合作交流，提升国际话语权。

9）应用推广和产业协同并行发展。一是持续推动现有在金融、政务、司法等发展较好的，具有可复制性、可推广性的区块链应用模式，通过区块链技术加速全国金融市场一体化、政务应用一体化、司法建设一体化发展。二是继续推广国家区块链应用创新试点工作，深入探索和拓展区块链细分场景落地，打造具有地方特色和辨识度的区块链应用成果。三是强化各地区之间、企业与企业之间等区块链产业发展主体之间的协同合作，深度交流、共享区块链发展经验，以点带线、以线带面推动全国区块链“统一化”发展。

10）加大数字经济下的新业态、新模式监管。一是持续完善关于虚拟货币、NFT等相关监管政策和细则，密切关注以“数字××”为名义的区块链平台发展规范，运用区块

链、大数据等融合技术加强平台、企业监管，维护社会稳定。二是对已备案的区块链内容等进行不定时审查核实，及时整理、清除违规、倒闭企业、平台，净化产业发展环境。同时，继续探索区块链“沙盒监管”模式，为金融健康发展提供支撑。三是积极引导公众正确认识元宇宙产业边界，提醒和警示人民群众元宇宙投资陷阱。并加强 Web3.0 网络空间内容管控，注意在内容审核、网络意识形态方面，加强空间治理，防范网络风险。

15.12 我国元宇宙技术的发展现状

元宇宙生态的建设目前仍处于初级阶段。虽然已经有了很多概念性的产品和应用，但成熟、规模化的元宇宙生态尚未形成。世界各国都在积极推动元宇宙的发展，出台相关政策，支持关键技术创新，并试图在标准制定、产业链构建等方面抢占先机。我国的元宇宙建设注重与实体经济深度融合，旨在通过元宇宙推动产业升级，实现数字经济与实体经济的协同发展。我国在推动元宇宙的实践中，强调了核心技术实现重大突破、建立全球领先的元宇宙产业生态体系的目标。

中国移动通信联合会执行会长倪健中认为，我国元宇宙产业的发展可以大致分为四个阶段。

2021 年是概念兴起阶段。在这一年，元宇宙概念在全球范围内爆火，我国也开始关注并推动元宇宙相关产业的发展，其标志性事件包括元宇宙相关企业的成立、投资和项目启动。

2022 年是政策引导阶段。虽然元宇宙概念在 2022 年似乎陷入了不温不火的境地，但我国政府已经开始通过政策引导元宇宙产业的健康发展，包括资金支持、技术研发、标准制定等方面的规划。

2023 年是我国元宇宙发展的转折期。2023 年 9 月，工业和信息化部等五部门联合印发了《元宇宙产业创新发展三年行动计划（2023—2025 年）》，明确了元宇宙产业发展的目标和路径。紧接着，《工业和信息化部元宇宙标准化工作组筹建方案（征求意见稿）》发布，以标准作为元宇宙发展布局的切入口，预研分析了元宇宙行业标准体系，公开征集意见和建议。这两次文件的发布标志着我国元宇宙发展从谋篇阶段正式进入了路径清晰的全面布局阶段。

另外，自元宇宙概念兴起以来，我国各地方政府也纷纷出台支持元宇宙产业发展的政策。很多企业在默默探索、发展元宇宙技术，其中一个表现是，融合新技术（包括人工智能）不断有不同场景下的元宇宙应用涌现出来，为行业的未来发展提供了无限可能，这各阶段可以说是元宇宙的蓄势待发阶段。

延伸阅读

党的二十大报告指出，加快发展数字经济，促进数字经济和实体经济深度融合，打造具有国际竞争力的数字产业集群。

在数字经济时代，区块链在为新基建进行服务的同时，新基建也将加快区块链基础设施建设。在场景落地方面，随着工业互联网的快速发展，通过区块链与工业互联网的相结合为区块链提供了新的场景，增加了场景落地的项目。在算力和存储方面，目前区块链在算力和存储上还有待提高，而计算中心、数据中心的建立提升了区块链的算力和存储。在技术研发平台方面，虽然我国区块链技术发展很快，但是在底层技术上仍有待突破。新基建的大幅投入，加大了创新基础设施的建设，为区块链提供了技术研发平台。

思考题

1. 区块链的特点是什么？
2. 简述区块链的发展历程。
3. 简述区块链的类型。
4. 区块链的典型特征有哪些？
5. 区块链的架构模型有何特点？
6. 区块链的核心技术有哪些？
7. 简述区块链的应用情况。
8. 区块链面临的挑战有哪些？
9. 简述元宇宙的特点。
10. 区块链在建筑工程中有哪些应用？
11. 元宇宙在建筑工程中有哪些应用？
12. 试述近年来我国区块链技术领域的创新与发展。
13. 试述近年来我国元宇宙技术领域的创新与发展。

第16章 智慧工地

16.1 智慧工地概述

智慧工地是智慧地球理念在工程领域的行业具现，是一种崭新的工程全生命周期管理理念。智慧工地是指运用信息化手段，通过三维设计平台对工程项目进行精确设计和施工模拟，围绕施工过程管理，建立互联协同、智能生产、科学管理的施工项目信息化生态圈，并将此数据在虚拟现实环境下与物联网采集到的工程信息进行数据挖掘分析，提供过程趋势预测及专家预案，实现工程施工可视化智能管理，以提高工程管理信息化水平，从而逐步实现绿色建造和生态建造。

智慧工地将更多人工智能、传感技术、虚拟现实等高科技技术植入到建筑、机械、人员穿戴设施、场地进出关口等各类物体中，并且被普遍互联，形成“物联网”，再与“互联网”整合在一起，实现工程管理干系人与工程施工现场的整合。智慧工地的核心是以一种“更智慧”的方法来改进工程各干系组织和岗位人员相互交互的方式，以便提高交互的明确性、效率、灵活性和响应速度。

16.2 智慧工地建设的意义

智慧能够决定和改变一座城市的品质，智慧城市则决定与提升着未来的城市地位与发展水平。作为城市化的高级阶段，智慧城市是以大系统整合、物理空间和网络空间交互、公众多方参与和互动来实现城市创新为特征，进而使城市管理更加精细、城市环境更加和谐、城市经济更加高端、城市生活更加宜居。

建筑行业是我国国民经济的重要物质生产部门和支柱产业之一，同时，建筑业也是一个安全事故多发的高危行业。如何加强施工现场安全管理、降低事故发生频率、杜绝各种违规操作和不文明施工、提高建筑工程质量，是摆在各级政府部门、业界人士和广大学者面前的一项重要研究课题。在此背景下，伴随着技术的不断发展，信息化手段、移动技术、智能穿戴及工具在工程施工阶段的应用不断提升，智慧工地建设应运而生。建设智慧工地在实现绿色建造、引领信息技术应用、提升社会综合竞争力等方面具有重要意义。智慧工地打开百亿级市场新空间，作为广义上的工地信息化，智慧工地以“美丽中国”和

"新型城镇化"为大背景，深耕施工阶段的千万级客户群体和百亿级信息化空白市场，以工地大模型、工地大数据、工地大协同、应用碎片化为标准，积极布局钢筋翻样、精细管理、材料管理等成熟领域，开拓三维工地、模架产品、劳务验收、云资料等孵化产品，并计划延伸到智能安全帽、工地平板等施工业务硬件领域。成熟产品以端销售为主，孵化产品会走租赁模式。

16.3　智慧工地架构设计

端云大数据依托遍布项目所有岗位的应用端（PC/移动/穿戴/植入等）产生的海量数据，通过云储存，在系统进行数据计算，实现整个施工过程可模拟、施工风险预见、施工过程调整、施工进度控制、施工各方可协同的智慧施工过程。智慧工地整体架构可以分为三个层面：

第一个层面是终端层，充分利用物联网技术和移动应用提高现场管控能力。通过RFID、传感器、摄像头、手机等终端设备，实现对项目建设过程的实时监控、智能感知、数据采集和高效协同，提高作业现场的管理能力。

第二层就是平台层。各系统中处理的复杂业务，产生的大模型和大数据如何提高处理效率？这个问题对服务器提供高性能的计算能力和低成本的海量数据存储能力产生了巨大需求。通过云平台进行高效计算、存储及提供服务，让项目参建各方更便捷地访问数据，协同工作，使得建造过程更加集约、灵活和高效。

第三层就是应用层。应用层的核心内容应始终围绕以提升工程项目管理这一关键业务为核心，因此PM项目管理系统是工地现场管理的关键系统之一。BIM的可视化、参数化、数据化的特性让建筑项目的管理和交付更加高效和精益，是实现项目现场精益管理的有效手段。

BIM和PM系统为项目的生产与管理提供了大量的可供深加工和再利用的数据信息，是信息产生者，这些海量信息和大数据如何有效管理与利用，需要DM数据管理系统的支撑，以充分发挥数据的价值。因此应用层是以PM、BIM和DM的紧密结合，相互支撑实现工地现场的智慧化管理。

16.4　智慧工地技术支撑

1）数据交换标准技术。要实现智慧工地，就必须做到不同项目成员之间、不同软件产品之间的信息数据交换。由于这种信息交换涉及的项目成员种类繁多、项目阶段复杂且项目生命周期时间跨度大，以及应用软件产品数量众多，只有建立一个公开的信息交换标准，才能使所有软件产品通过这个公开标准实现互相之间的信息交换，才能实现不同项目成员和不同应用软件之间的信息流动。这个基于对象的公开信息交换标准格式包括定义信息交换的格式、定义交换信息、确定交换的信息和需要的信息是同一个东西三种标准。

2）BIM 技术。BIM 技术在建筑物使用寿命期间可以有效地进行运营维护管理，BIM 技术具有空间定位和记录数据的能力，将其应用于运营维护管理系统，可以快速准确定位建筑设备组件。对材料进行可接入性分析，选择可持续性材料，进行预防性维护，制订行之有效的维护计划。BIM 与 RFID 技术结合，将建筑信息导入资产管理系统，可以有效地进行建筑物的资产管理。BIM 还可进行空间管理，合理高效使用建筑物空间。

3）可视化技术。可视化技术能够把科学数据，包括测量获得的数值、现场采集的图像或是计算中涉及、产生的数字信息变为直观的、以图形图像信息表示的、随时间和空间变化的物理现象或物理量呈现在管理者面前，使他们能够观察、模拟和计算。该技术是智慧工地能够实现三维展现的前提。

4）3S 技术。3S 技术是遥感技术（remote sensing，RS）、地理信息系统（geography information systems，GIS）和全球定位系统（global positioning systems，GPS）的统称，是空间技术、传感器技术、卫星定位与导航技术和计算机技术、通信技术相结合，多学科高度集成的，对空间信息进行采集、处理、管理、分析、表达、传播和应用的现代信息技术，是智慧工地成果的集中展示平台。

5）虚拟现实技术。虚拟现实（virtual reality，VR）是利用计算机生成一种模拟环境，通过多种传感设备使用户“沉浸”到该环境中，实现用户与该环境直接进行自然交互的技术。它能够让应用 BIM 的设计师有身临其境的感觉，能以自然的方式与计算机生成的环境进行交互操作，而体验比现实世界更加丰富的感受。

6）数字化施工系统。数字化施工系统是指依托建立数字化地理基础平台、地理信息系统、遥感技术、工地现场数据采集系统、工地现场机械引导与控制系统、全球定位系统等基础平台，整合工地信息资源，突破时间、空间的局限，而建立一个开放的信息环境，以使工程建设项目的各参与方更有效地进行实时信息交流，利用 BIM 模型成果进行数字化施工管理。

7）物联网。物联网通过智能感知、识别技术与普适计算广泛应用于网络的融合中，也因此被称为继计算机、互联网之后世界信息产业发展的第三次浪潮。

8）云计算技术。云计算是网格计算、分布式计算、并行计算、效用计算、网络存储、虚拟化和负载均衡等计算机技术与网络技术发展融合的产物。它旨在通过网络把多个成本相对较低的计算实体，整合成一个具有强大计算能力的完美系统，并把这些强大的计算能力分布到终端用户手中。它是解决 BIM 大数据传输及处理的最佳技术手段。

9）信息管理平台技术。信息管理平台技术的主要目的是整合现有管理信息系统，充分利用 BIM 模型中的数据来进行管理交互，以便让工程建设各参与方都可以在一个统一的平台上协同工作。

10）数据库技术。BIM 技术的应用，将依托能支撑大数据处理的数据库技术为载体，包括对大规模并行处理（MPP）数据库、数据挖掘电网、分布式文件系统、分布式数据库、云计算平台、互联网和可扩展的存储系统等的综合应用。

11）网络通信技术。网络通信技术是 BIM 技术应用的沟通桥梁，是 BIM 数据流通的通道，构成了整个 BIM 应用系统的基础网络。可根据实际工程建设情况，利用手机网络、无线 Wi-Fi 网络、无线电通信等方案，实现工程建设的通信需要。

建设工程领域互联网＋平台服务商开发的一系列创新服务和产品，真正让“智慧工地”从虚拟走向现实。2022 年 12 月，中联重科正式推出行业智慧施工成套解决方案。

16.5　我国智慧工地的发展现状

建设智慧工地在实现绿色建造、引领信息技术应用、提升社会综合竞争力等方面具有重要意义。近年来智慧工地建设逐渐受到国家关注。

2020 年 7 月 3 日，住房城乡建设部联合发展改革委、科技部、工业和信息化部、人力资源和社会保障部、交通运输部、水利部等十三个部门联合印发《关于推动智能建造与建筑工业化协同发展的指导意见》，提出“大力推进先进制造设备、智能设备及智慧工地相关装备的研发、制造和推广应用，提升各类施工机具的性能和效率，提高机械化施工程度。加快传感器、高速移动通信、无线射频、近场通信及二维码识别等建筑物联网技术应用，提升数据资源利用水平和信息服务能力”。此外，《关于开展智慧工地建设工作的通知》《关于加快推进“智慧工地”建设的通知》《关于开展“智慧工地”试点工作的通知》等政策均对智慧工地发展做出引导和要求，智慧工地成为建筑业发展的重要环节。

在政策推动下，智慧工地深耕施工阶段的千万级客户群体和百亿级信息化空白市场。根据数据，2016—2018 年我国智慧工地市场规模由 62.1 亿元增长至 99.1 亿元。2019 年我国智慧工地市场规模突破 100 亿元，达 120.9 亿元，较上年增长 22%。2020 年、2021 年我国智慧工地市场规模进一步增长，分别达 138.6 亿元、155.7 亿元，增速为 14.64%、12.34%。

如图 16-5-1 所示，从细分市场看，我国智慧工地中计价软件和管理软件市场规模较大，2021 年分别为 62.2 亿元、55.8 亿元，分别占比 39.95%、35.84%。算量及其他市场规模较小，为 37.7 亿元，占比 24.21%。

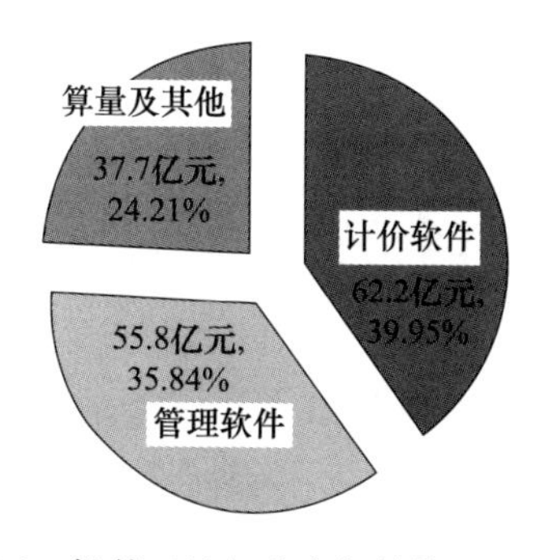

图 16-5-1　智慧工地细分市场结构（2021 年度）

从应用情况看，我国建筑企业智慧工地应用包括进度管理、人员管理、成员管理、施工策划、文档协同、质量管理、安全管理、机械设备管理、物料管理等，2021 年分别占比 44.3%、43.9%、43.3%、41.4%、39.7%、39.0%、38.8%、37.97%、37.97%。

我国智慧工地仍是新兴市场，行业处于发展阶段，市场集中度较低，2021 年 CR2 为 9.2%。其中广联达立足建筑业，围绕工程项目的全生命周期，为客户提供数字化软硬件产品、解决方案及相关服务，处于行业领先地位，2021 年市场份额为 7.65%。

延伸阅读

科技创新驱动人类社会进步的必然趋势。回顾人类社会发展历程，科技创新始终是社会发展和治理变革的重要推动力。全球范围内的服务型政府改革，正是人们从蒸汽机时代、电气化时代步入信息化时代后，面对科技进步带来的生产生活方式变革和治理理念更新，在治理领域作出的积极回应。从广义上说，治理数字化进程包括电子化、网络化、数据化、智能化。当前，以办公自动化和在线政务服务供给为代表的电子化、网络化阶段已基本完成，极大地提升了政府运行效率、公共服务效能。以数据化、智能化为重要特征的第四次工业革命正对社会生产生活方式带来前所未有的冲击和影响，对国家治理产生深刻影响。总体来看，数字化将是未来高效精准实现公共政策目标、不断满足公共服务需求的关键手段。适应这一进程，广泛应用数字技术是国家治理顺应科技发展趋势、回应治理变革需求的重要路径。

思考题

1. 智慧工地的特点有哪些？
2. 简述智慧工地建设的意义。
3. 智慧工地建设的关键要素有哪些？
4. 简述智慧工地架构设计的特点。
5. 智慧工地需要哪些技术支撑？
6. 试述近年来我国智慧工地领域的创新与发展。

第 17 章　管理信息系统

17.1　管理信息系统概述

管理信息系统（management information systems，MIS）是一个一般用于描述企业内部电脑系统的术语，这种系统主要提供与企业商业操作相关的信息。MIS 也用于指那些管理这些系统的人员。在一个大型企业里，“MIS”或“MIS 部门”指主要的或与主要同等地位的电脑专门技术和管理系统，通常包括主机系统，也包括企业整个电脑资源网络的扩展部分。起初，商业电脑用于处理工资单和记录可付的及可接受的账目等专门的商业操作。随着商业电脑应用的扩展，MIS 也用于描述包括向经理提供销售、存货以及其他对管理企业有帮助的信息。现今，这一术语在一个宽泛的范围内使用，包括（但并不局限于）决议支持系统、资源和人力管理运用、项目管理，以及数据库恢复等。

管理信息系统是一个以人为主导，利用计算机硬件、软件、网络通信设备以及其他办公设备，进行信息的收集、传输、加工、储存、更新、拓展和维护的系统。

管理信息系统是一个不断发展的新兴学科，MIS 的定义随着计算机技术和通信技术的进步也在不断更新。在现阶段普遍认为 MIS 是由人和计算机设备或其他信息处理手段组成并用于管理信息的系统。管理信息由信息的采集、信息的传递、信息的储存、信息的加工、信息的维护和信息的使用六个方面组成。完善的 MIS 具有以下四个标准：确定的信息需求、信息的可采集与可加工、可以通过程序为管理人员提供信息、可以对信息进行管理。具有统一规划的数据库是 MIS 成熟的重要标志，它象征着 MIS 是软件工程的产物。MIS 是一个交叉性综合性学科，组成部分有计算机学科（网络通信、数据库、计算机语言等）、数学（统计学、运筹学、线性规划等）、管理学、仿真等多学科。信息是管理上的一项极为重要的资源，管理工作的成败取决于能否做出有效的决策，而决策的正确程度则在很大程度上取决于信息的质量。所以能否有效地管理信息成为企业的首要问题，管理信息系统在强调管理、强调信息的现代社会中越来越得到普及。

17.2　管理信息系统的由来

20 世纪，随着全球经济的蓬勃发展，众多经济学家纷纷提出了新的管理理论。20 世纪 50 年代，西蒙提出管理依赖于信息和决策的思想。同时期的维纳发表了控制论，他认为管理是一个过程。1958 年，盖尔写到："管理将以较低的成本得到及时准确的信息，做到较好的控制。"这个时期，计算机开始用于会计工作，出现"数据处理"一词。

1970 年，瓦特·肯尼万（Walter T. Kennevan）给刚刚出现的"管理信息系统"一词下了一个定义："以口头或书面的形式，在合适的时间向经理、职员以及外界人员提供过去的、现在的、预测未来的有关企业内部及其环境的信息，以帮助他们进行决策。"在这个定义里强调了用信息支持决策，但并没有强调应用模型，没有提到计算机的应用。

1985 年，管理信息系统的创始人、明尼苏达大学的管理学教授高登·戴维斯（Gordon B. Davis）给了管理信息系统一个较完整的定义："管理信息系统是一个利用计算机软硬件资源，手工作业，分析、计划、控制和决策的模型以及数据库人—机系统。它能提供信息支持企业或组织的运行管理和决策功能。"这个定义全面地说明了管理信息系统的目标、功能和组成，而且反映了管理信息系统在当时达到的水平。

17.3 管理信息系统的作用

1）管理信息是重要的资源。对企业来说，人、物资、能源、资金、信息是五大重要资源。人、物资、能源、资金这些都是可见的有形资源，而信息是一种无形的资源。以前人们比较看重有形的资源，进入信息社会和知识经济时代以后，信息资源就显得日益重要，因为信息资源决定了如何更有效地利用有形资源。信息资源是人类在与自然的斗争中得出的知识结晶，掌握了信息资源，就可以更好地利用有形资源，使有形资源发挥更好的效益。

2）管理信息是决策的基础。只有通过对客观情况、对客观外部情况、对企业外部情况、对企业内部情况的了解才能做出正确的判断和决策。所以，决策与信息有着非常密切的联系。过去一些凭经验或者拍脑袋的决策经常会造成决策的失误，越来越明确信息是决策的基础。

3）管理信息是实施管理控制的依据。在管理控制中，以信息来控制整个生产过程、服务过程的运作，也靠信息的反馈来不断地修正已有的计划，依靠信息来实施管理控制。有很多事情不能很好地控制，其根源是没有很好地掌握全面的信息。

4）管理信息是联系组织内外的纽带。企业跟外界的联系，企业内部各职能部门之间的联系也是通过信息互相沟通的。因此要沟通各部门的联系，使整个企业能够协调地工作就要依靠信息。

17.4 管理信息系统的基本功能

1）数据处理功能。主要是数据处理的能力和质量。

2）计划功能。根据现存条件和约束条件，提供各职能部门的计划，如生产计划、财务计划、采购计划等，并按照不同的管理层次提供相应的计划报告。

3）控制功能。根据各职能部门提供的数据，对计划执行情况进行监督、检查，比较执行与计划的差异，分析差异及产生差异的原因，辅助管理人员及时加以控制。

4）预测功能。运用现代数学方法、统计方法或模拟方法，根据现有数据预测未来。

5）辅助决策功能。采用相应的数学模型，从大量数据中推导出有关问题的最优解和满意解，辅助管理人员进行决策，以期合理利用资源，获取较大的经济效益。

17.5　管理信息系统的分类

1）基于组织职能进行划分。MIS 按组织职能可以划分为办公系统、决策系统、生产系统和信息系统。

2）基于信息处理层次进行划分。MIS 基于信息处理层次可以划分为面向数量的执行系统、面向价值的核算系统、报告监控系统、分析信息系统、规划决策系统，自底向上形成信息金字塔。

3）基于历史发展进行划分。第一代 MIS 是由手工操作，使用的工具是文件柜、笔记本等。第二代 MIS 增加了机械辅助办公设备，如打字机、收款机、自动记账机等。第三代 MIS 使用计算机、电传、电话、打印机等电子设备。

4）基于规模进行划分。随着电信技术和计算机技术的飞速发展，现代 MIS 从地域上划分已逐渐由局域范围走向广域范围。

5）MIS 的综合结构划分。MIS 可以划分为横向综合结构和纵向综合结构。横向综合结构指同一管理层次各种职能部门的综合，如劳资、人事部门。纵向综合结构指具有某种职能的各管理层的业务组织在一起，如上下级的对口部门。

17.6　管理信息系统的适用条件

大量的研究与实践表明，管理信息系统在我国应用的成败并不单单取决于技术、资金、互联网系统、应用软件、软件实施等硬环境，还取决于企业的管理基础、文化底蕴等软环境，而且这些软环境往往起着更重要的作用。管理信息系统是一个人机管理系统，只有在信息流通顺畅、管理规范的企业中才能更好地发挥作用。

1）规范化的管理体制。从目前国内一些企事业单位的情况来看，通过组织内部的机制改革，明确组织管理的模式，做到管理工作程序化、管理业务标准化、报表文件统一化和数据资料完整化与代码化是成功应用管理信息系统的关键。企业的管理信息系统必须具有市场信息管理、财务管理、原材料供应与库存管理、成本核算管理、生产计划管理、产品质量管理、人事与劳资管理、生产与管理流程管理等功能，而且所有功能都应该与总体目标相一致，否则很难建立起一套切合企业实际、能够真正促使企业实现现代化管理的高效管理信息系统。

2）具备实施战略管理的基础或条件。管理信息系统的建立、运行和发展与组织的目标和战略规划是分不开的。组织的目标和战略规划决定了管理信息系统的功能和实现这些

功能的途径。管理信息系统的战略规划是关于管理信息系统的长远发展计划，是企业战略规划的一个重要组成部分。这不仅由于管理信息系统的建设是一项耗资巨大、历时长远、技术复杂的工程，更因为信息已成为企业的生命动脉，管理信息系统的建设直接关系着企业能否持久创造价值，能否最终实现企业管理目标。一个有效的战略规划有助于在管理信息系统和用户之间建立起良好接口，可以合理分配和使用信息资源，从而优化资源配置，提高生产效率。一个好的战略规划有助于制定出有效的激励机制，从而激励员工更加努力地工作，同时还可以促进企业改革的不断深化，激发员工的创新热情。而这些正是建立管理信息系统的必要条件。离开良好的战略管理环境，管理信息系统的实施即使可以取得成功，也不可能长久。

3）挖掘和培训一批能够熟练应用管理信息系统的人才。一个项目能否得到成功实施，在很大程度上取决于其人才系统运行的状况和人才存量对项目目标、组织任务的适应状况。要在企业中成功实施信息化管理，就要求企业配备相应的技术与管理人才。可以通过两个途径来解决这个问题：挖掘其他企业的人才；培训企业内部现有人才。

4）健全绩效评价体系。实施管理信息系统是一场管理革命，必须有与之配套的准则把改革成果巩固下来。总体来说，健全的评价体系应该做到最大限度地激励员工为企业创造价值；有助于企业将信息化与企业战略有机结合起来；有助于对企业绩效进行纵、横向比较，从而找出差距，分析原因；有助于企业合理配置信息化建设资源。当然，这些目标的实现还取决于绩效评价体系中的指标体系、配套的奖惩制度与监督制度等。企业是否具备建立管理信息系统所必需的绩效评价体系，要结合企业现状和同行业的相关数据进行分析，并且在实施过程中不断进行检验。在推行管理信息化过程中一旦发现问题，就应当及时予以改进与完善。

17.7 管理信息系统的开发过程

1）规划阶段。系统规划阶段的任务是在对原系统进行初步调查的基础上提出开发新系统的要求，根据需要和可能，给出新系统的总体方案，并对这些方案进行可行性分析，产生系统开发计划和可行性研究报告两份文档。

2）分析阶段。系统分析阶段的任务是根据系统开发计划所确定的范围，对现行系统进行详细调查，描述现行系统的业务流程，指出现行系统的局限性和不足之处，确定新系统的基本目标和逻辑模型。这个阶段又称为逻辑设计阶段。系统分析阶段的工作成果体现在“系统分析说明书”中，这是系统建设的必备文件。它是提交给用户的文档，也是下一阶段的工作依据，因此，系统分析说明书要通俗易懂，用户通过它可以了解新系统的功能，判断是否是所需的系统。系统分析说明书一旦评审通过，就是系统设计的依据，也是系统最终验收的依据。

3）设计阶段。系统分析阶段回答了新系统“做什么”的问题，而系统设计阶段的任务就是回答“怎么做”的问题，即根据系统分析说明书中规定的功能要求，考虑实际条件，具体设计实现逻辑模型的技术方案，也即设计新系统的物理模型。所以这个阶段又称为物理设计阶段。它又分为总体设计和详细设计两个阶段，产生的技术文档是“系统设计说明书”。

4）实施阶段。系统实施阶段的任务包括计算机等硬件设备的购置、安装和调试，应用程序的编制和调试，人员培训，数据文件转换，系统调试与转换等。系统实施是按实施计划分阶段完成的，每个阶段应写出“实施进度报告”。系统测试之后写出“系统测试报告”。

5）维护与评价。系统投入运行后，需要经常进行维护，记录系统运行情况，根据一定的程序对系统进行必要的修改，评价系统的工作质量和经济效益。

17.8 管理信息系统在建筑工程中的应用

随着我们国家城市化的进程不断加快，建筑工程也随之逐渐发展，科学技术水平和行业竞争力日益提高，科学信息技术对建筑工程的管理越来越重要。怎样有效地在建筑工程的管理中运用信息管理技术，提高中国建筑业在全球建筑业中的地位，促进我国建筑业的发展，是我国建筑企业重点关注的问题。

信息管理系统运用在建筑工程中的优势体现在四个方面，即减少企业的成本、提高企业的信息组织率、实现将技术转为数字化的形式管理、能够管理大规模的建筑工程。采集原材料的时候需要用计算机技术，有效利用网络上的平台，实现购买商和供货商之间的联系。运用网络上的信息平台不但能够方便双方的贸易，而且能够帮助企业节约时间，促进计算机信息平台良性发展。在施工的时候采用信息化的管理策略，能够现场管理大型的设备、随时反馈施工的情况等，控制和管理这些环节，能够有效降低企业的成本。企业采用信息化管理系统的主要目的就是实现精细化的监管，系统整合和分析各种各样的数据，实现全方位的监管目标。总而言之，采用信息化的管理系统给企业提供了所需信息，确保企业的决策能够合理可行，从而实现整个企业资金和资源的合理配置。由于工程具有多样化特点，采用计算机信息系统能够将生产的活动与过程转变为数字化的形式来进行有效管理，根据数字化的管理形式来对其进行标准化生产。假如存在一些外在的因素使得生产出现异样性，企业采用计算机网络技术能够立即采取应急的方案来进行有效调整，将整个工程控制在合理的范围里面。当建筑工程规模非常大的时候，会呈现出规模性和复杂性的特点，如果采用传统管理方法管理大量的数据会出现拖延的情况，也会出现漏洞。但是，采用计算机信息技术对其进行管理，能够使整个建筑工程的管理协调有序，有效管理建筑工程中的资金、人力和物资，形成激励和反馈机制，减少工程浪费，降低工程成本，让建筑工程实现系统化、现代化、合理化和科学化。

运用信息管理系统时存在的问题体现在四个方面，即管理的标准不一致、工程管理和软件开发脱节、环境的影响、高水平计算机人才的匮乏。企业对建筑工程管理需要在一定时期里不断完善，企业很多的规章制度都使得整个管理工作很难达到最佳效果，尽管在建筑工程的管理中运用信息技术管理已经得到广泛认可，但是就目前的运用情况来看，还是存在很多问题。企业建筑工程施工管理的初期通常由管理人员决定，在传统施工管理模式中，管理者自身的水平决定工程水平，设计软件的人员如果想要将软件的开发同管理者结合起来，则也需要具备管理者的素质，才能够设计出与工程管理相一致的软件；如果设计者没有管理者的水平，那么其所设计出的软件只是一个摆设，完全不能够代替管理人员的

工作。企业实施建筑工程相关项目时需要稳定的场所，但是建筑的生产活动具有流动性特点，从而使得整个企业的管理环境非常复杂，企业需要管理的信息非常多，并且在管理工作中还存在很多可变的因素；目前企业不确定的因素在不断增多，对企业传统的管理模式产生了直接影响，该种情况下很难有效控制和管理企业的工程建设。就我国建筑工程现阶段的建设情况而言，整个行业的发展过程中，很多管理人员对计算机信息管理知识了解和掌握得非常少，高水平、高层次的管理者非常少，而具备计算机技术的人才则更加稀少；目前，在我国的建筑行业领域，大多数的管理人员不具备计算机信息技术应用能力，并且很多管理人员根本没意识到运用计算机技术的重要性；管理人员这方面能力的缺乏，对企业建筑工程的发展起到直接阻碍作用，从而导致我国建筑行业的发展与很多发达国家还存在差距。

合理构建信息管理系统的有效策略主要有四条，即建立一体化的信息系统、提高管理人员自身的素质、实现标准化的管理、以工程管理为要点。随着我国经济社会的迅速发展和进步，建筑工程的建设数量在逐渐增多，施工的复杂程度也在不断增高，其中很多环节都涉及专业的技术，因此管理建筑工程的难度非常大。例如，在施工之前，需要设计图纸和举办招投标会这两个环节的工作，会涉及许多管理因素，还需要与大量的数据相结合，因此，企业在进行建筑工程施工时要与现代化计算机管理系统相结合。在实施建筑工程期间，也会涉及许多管理的内容，主要包括施工的规划、进度、质量、安全和信息等，所以施工期间的管理工作非常复杂。采用计算机信息化技术进行建筑工程管理的时候，需要结合各种管理因素，合理运用计算机信息技术，有效结合各类的管理要素，这样才可以提高整个建筑工程管理信息的全面性和综合性。人才是整个管理部门的核心要素，吸收高素质信息管理和开发的人才，开拓企业的管理思路，始终保持企业的技术和管理位于发展的前沿，才能够确保企业的建筑工程与时俱进，不被世界的发展淘汰；对企业原有的管理人员进行技能培训，不断提高员工自身的技术水平，以适应改革的需要，使企业的建筑工程信息化管理技术能够适应工程的发展，提升工程的质量，从而实现工程质量和信息技术的完美结合。

企业管理部门职能始终都占据着非常关键的地位，因此企业要培养每一个管理员的信息管理意识。我国建筑企业以前科技环节非常薄弱，想要彻底扭转这个环节，需要从各个管理者自身的意识出发，提高管理者自身的科技管理意识，才可能推动整个建筑工程深入的改革；与此同时，企业可以制定激励制度，奖励信息化的管理创新，惩戒阻碍信息化管理的行为，增加对信息化管理资金的投入，以促进整个建筑企业信息化的发展，营造良好的信息化管理氛围。在对建筑工程实施信息化管理时，工程的信息化管理发挥核心的作用，假如企业没有采取信息化的管理措施，就很难实现企业的信息化管理目标；应用项目管理的信息化技术给企业的工程管理打造了有效的工作平台，实现合理利用工程的目标；增强对工程的信息管理、合同管理和生产要素的管理，极大地促进了整个项目工程转变为集约型的进程，实现对信息综合的利用；在推进信息化的过程中，每一个企业都根据自身发展的特点制定管理模式，在制定管理目标的时候，一定要仔细确认自身的发展情况，防止进入盲目发展的误区。

未来建筑行业的竞争是综合实力的竞争，我国建筑行业一定要摆脱传统管理模式的束缚，有效利用现代的计算机技术，才能够实现整个建筑行业的转型和升级。充分利用信息

技术自身的价值，才可以让其充分为建筑行业服务，从而提高我国建筑行业的综合水平。

17.9 我国管理信息系统的发展现状

当今时代，我国大中小企业都在努力提升其自身发展能力，对管理信息系统的需求也日益增多，在加大对管理信息系统资金投入的同时，推动其迅速发展。我国企业信息化市场保持10%以上的增长速度，2020年企业信息化规模达到10035亿元。在政策利好释放、技术水平不断提高及市场需求持续增长的推动下，预计未来五年我国企业信息化将保持13%左右的年均复合增速。

21世纪是企业信息化和知识经济的时代，面对全球范围的信息化浪潮，我国企业必须及时调控自身发展战略，抢占战略制高点，全力推进企业的信息化建设。未来几年，我国信息化行业企业总资产的规模将有所提高，资产主要还是集中在头部企业。

据工业和信息化部发布的《“十四五”信息化和工业化深度融合发展规划》，到2025年，信息化和工业化在更广范围、更深程度、更高水平上实现融合发展，新一代信息技术向制造业各领域加速渗透，制造业数字化转型步伐明显加快，全国两化融合发展指数达到105，企业经营管理数字化普及率达80%，数字化研发设计工具普及率达85%，关键工序数控化率达68%，工业互联网平台普及率达45%。

尽管信息管理系统具有很多优点，但按照我国现有的经济情况来分析，我国中小型企业采用管理信息系统还存在很多的弊端。我国中小型企业管理复杂，人员和成本都受到一定程度的限制，导致管理信息系统在开发时就受到了阻碍，其价值无法充分实现。

智能化的科技已经与我们的生活息息相关，企业遵循自身发展规律的同时，必然会格外关注智能化，接下来要做的便是投入大量的资金去研发智能化的管理信息系统。

思考题

1. 管理信息系统的特点是什么？
2. 简述管理信息系统的由来。
3. 简述管理信息系统的作用。
4. 管理信息系统的基本功能有哪些？
5. 简述管理信息系统的分类。
6. 简述管理信息系统的适用条件。
7. 简述管理信息系统的开发过程。
8. 信息管理系统在建筑工程中有哪些应用？
9. 试述近年来我国管理信息系统领域的创新与发展。

第18章 地理信息系统

18.1 地理信息系统概述

地理信息系统（geographic information system 或 geo-information system，GIS）有时又称为“地学信息系统”。它是一种特定的十分重要的空间信息系统。它是在计算机硬、软件系统支持下，对整个或部分地球表层（包括大气层）空间中的有关地理分布数据进行采集、储存、管理、运算、分析、显示和描述的技术系统。

位置与地理信息既是基于位置服务（location based services，LBS）的核心，也是LBS的基础。一个单纯的经纬度坐标只有置于特定的地理信息中，代表为某个地点、标志、方位后，才会被用户认识和理解。用户在通过相关技术获取到位置信息之后，还需要了解所处的地理环境，查询和分析环境信息，从而为用户活动提供信息支持与服务。

GIS是一种基于计算机的工具，它可以对空间信息进行分析和处理（简而言之，是对地球上存在的现象和发生的事件进行成图和分析）。GIS技术把地图这种独特的视觉化效果和地理分析功能与一般的数据库操作（例如查询和统计分析等）集成在一起。

地理信息系统是公共的地理定位基础，具有采集、管理、分析和输出多种地理空间信息的能力。系统以分析模型驱动，具有极强的空间综合分析和动态预测能力，并能产生高层次的地理信息，且以地理研究和地理决策为目的，是一个人机交互式的空间决策支持系统。

地理信息系统按功能分为专题地理信息系统（thematic GIS）、区域地理信息系统（regional GIS）、地理信息系统工具（GIS tools）；按内容分为城市信息系统、自然资源查询信息系统、规划与评估信息系统、土地管理信息系统等。

18.2 地理信息系统的内涵与外延

古往今来，几乎人类所有活动都是发生在地球上的，都与地球表面位置（即地理空间位置）息息相关。随着计算机技术的日益发展和普及，地理信息系统以及在此基础上发展起来的“数字地球”“数字城市”在人们的生产和生活中起着越来越重要的作用。

GIS可以分为以下五部分。第一部分是人员，是GIS中最重要的组成部分。开发人员必须定义GIS中被执行的各种任务，开发处理程序。熟练的操作人员通常可以克服GIS软件功能的不足，但是相反的情况就不成立，最好的软件也无法弥补操作人员对GIS的一无所知所带来的副作用。第二部分是数据，精确的可用的数据可以影响到查询和分析的结果。第三部分是硬件，硬件的性能影响到软件对数据的处理速度、使用是否方便及可能的输出方式。第四部分是软件，不仅包含GIS软件，还包括各种数据库，绘图、统计、影像处理及其他程序。第五部分是过程，GIS要求明确定义，以一致的方法来生成正确的可验证的结果。

GIS属于信息系统的一类，不同在于它能运作和处理地理参照数据。地理参照数据描述地球表面（包括大气层和较浅的地表下空间）空间要素的位置和属性，GIS中两种地理数据成分中的空间数据与空间要素几何特性有关；属性数据则可提供空间要素的信息。

地理信息系统（GIS）与全球定位系统（GPS）、遥感系统（RS）合称3S系统。地理信息系统是一种具有信息系统空间专业形式的数据管理系统，在严格的意义上，这是一个具有集中、存储、操作和显示地理参考信息的计算机系统，例如，根据在数据库中的位置对数据进行识别。学者通常也认为整个GIS系统包括操作人员以及输入系统的数据。

地理信息系统技术能够应用于科学调查、资源管理、财产管理、发展规划、绘图和路线规划。例如，一个地理信息系统能使应急计划者在自然灾害的情况下较容易地计算出应急反应时间，或利用GIS来发现那些需要保护不受污染的湿地。

1948年，美国数学家、信息论的创始人香农（Claude Elwood Shannon）在题为《通讯的数学理论》的论文中指出："信息是用来消除随机不定性的东西。"1948年，美国著名数学家、控制论的创始人维纳（Norbert Wiener）在《控制论》一书中指出："信息就是信息，既非物质，也非能量。"狭义信息论将信息定义为"两次不定性之差"，即指人们获得信息前后对事物认识的差别；广义信息论认为信息是指主体（人、生物或机器）与外部客体（环境、其他人、生物或机器）之间相互联系的一种形式，是主体与客体之间一切有用的消息或知识。有学者认为，信息是通过某些介质向人们（或系统）提供关于现实世界新的事实的知识，它来源于数据且不随载体变化而变化，具有客观性、实用性、传输性和共享性的特点。

信息与数据既有区别又有联系。数据是定性、定量描述某一目标的原始资料，包括文字、数字、符号、语言、图像、影像等，具有可识别性、可存储性、可扩充性、可压缩性、可传递性及可转换性等特点。信息与数据是不可分离的，信息来源于数据，数据是信息的载体。数据是客观对象的表示，而信息则是数据中包含的意义，是数据的内容和解释。对数据进行处理（运算、排序、编码、分类、增强等）就是为了得到数据中包含的信息。数据包含原始事实，信息是数据处理的结果，是把数据处理成有意义的和有用的形式。

地理信息作为一种特殊的信息，它同样来源于地理数据。地理数据是各种地理特征和现象间关系的符号化表示，是指表征地理环境中要素的数量、质量、分布特征及其规律的数字、文字、图像等的总和。地理数据主要包括空间位置数据、属性特征数据及时域特征数据三个部分。空间位置数据描述地理对象所在的位置，这种位置既包括地理要素的绝对位置（如大地经纬度坐标），也包括地理要素间的相对位置关系（如空间上的相邻、包含等）。属性数据有时又称非空间数据，是描述特定地理要素特征的定性或定量指标，如公

路的等级、宽度、起点、终点等。时域特征数据是记录地理数据采集或地理现象发生的时刻或时段。时域特征数据对环境模拟分析非常重要，正受到地理信息系统学界越来越多的重视。空间位置、属性及时域特征构成了地理空间分析的三大基本要素。

地理信息是地理数据中包含的意义，是关于地球表面特定位置的信息，是有关地理实体的性质、特征和运动状态的表征和一切有用的知识。作为一种特殊的信息，地理信息除具备一般信息的基本特征外，还具有区域性、空间层次性和动态性特点。

当今社会，人们非常依赖计算机以及计算机处理过的信息。在计算机时代，信息系统部分或全部由计算机系统支持，因此，计算机硬件、软件、数据和用户是信息系统的四大要素。其中，计算机硬件包括各类计算机处理及终端设备；软件是支持数据信息的采集、存储加工、再现和回答用户问题的计算机程序系统；数据则是系统分析与处理的对象，构成系统的应用基础；用户是信息系统所服务的对象。

从 20 世纪中叶开始，人们就开发出许多计算机信息系统，这些系统采用各种技术手段来处理地理信息。它包括以下五种技术：第一种是数字化技术，即输入地理数据，将数据转换为数字化形式的技术；第二种是存储技术，即将这类信息以压缩的格式存储在磁盘、光盘以及其他数字化存储介质上的技术；第三种是空间分析技术，即对地理数据进行空间分析，完成对地理数据的检索、查询，对地理数据的长度、面积、体积等的量算，完成最佳位置的选择或最佳路径的分析以及其他许多相关任务的方法；第四种是环境预测与模拟技术，即在不同的情况下，对环境的变化进行预测模拟的方法；第五种是可视化技术，即用数字、图像、表格等形式显示、表达地理信息的技术。这类系统共同的名字就是地理信息系统（geographic information system，GIS），它是用于采集、存储、处理、分析、检索和显示空间数据的计算机系统。与地图相比，GIS 具备的先天优势是将数据的存储与数据的表达进行分离，因此基于相同的基础数据能够产生出各种不同的产品。

由于不同的部门和不同的应用目的，GIS 的定义也有所不同。当前对 GIS 的定义一般有四种观点，即面向数据处理过程的定义、面向工具箱的定义、面向专题应用的定义和面向数据库的定义。Goodchild 把 GIS 定义为“采集、存储、管理、分析和显示有关地理现象信息的综合技术系统”。Burrough 认为“GIS 是属于从现实世界中采集、存储、提取、转换和显示空间数据的一组有力的工具”，俄罗斯学者也把 GIS 定义为“一种解决各种复杂的地理相关问题，以及具有内部联系的工具集合”。面向数据库的定义则是在工具箱定义的基础上，更加强调分析工具和数据库间的连接，认为 GIS 是空间分析方法和数据管理系统的结合。面向专题应用的定义是在面向过程定义的基础上，强调 GIS 所处理的数据类型，如土地利用 GIS、交通 GIS 等。我们认为地理信息系统与其他计算系统一样包括计算机硬件、软件、数据和用户四大要素。只不过 GIS 中的所有数据都具有地理参照，也就是说，数据通过某个坐标系统与地球表面中的特定位置发生联系。

“GIS”中“S”的含义包含四层意思：一是系统（system），是从技术层面的角度论述地理信息系统，即面向区域、资源、环境等规划、管理和分析，是指处理地理数据的计算机技术系统，但更强调其对地理数据的管理和分析能力。地理信息系统从技术层面意味着帮助构建一个地理信息系统工具，如给现有地理信息系统增加新的功能，或开发一个新的地理信息系统，或利用现有地理信息系统工具解决一定的问题。一个地理信息系统项目可能包括以下六个阶段，即定义一个问题、获取软件或硬件、采集与获取数据、建立数据库、实施分析、解释和展示结果。这里的地理信息系统技术（geographic information technologies）是指收集与处理地理信息的技术，包括全球定位系统（GPS）、遥感（remote sensing）和GIS；从这个含义看，GIS包含两大任务，一是空间数据处理，二是GIS应用开发。二是科学（science），是广义上的地理信息系统，常称之为地理信息科学，是一个具有理论和技术的科学体系，意味着研究存在于GIS和其他地理信息技术后面的理论与观念（GIScience）。三是服务（service），随着遥感等信息技术、互联网技术、计算机技术等的应用和普及，地理信息系统已经从单纯的技术型和研究型逐步向地理信息服务层面转移，如导航需要催生了导航GIS的诞生，著名的搜索引擎Google也增加了Google Earth功能，GIS成为人们日常生活中的一部分。当同时论述GIS技术、GIS科学或GIS服务时，为避免混淆，一般用GIS表示技术，GIScience或GISci表示地理信息科学，GIService或GISer表示地理信息服务。四是研究（studies），即GIS指geographic information studies，研究有关地理信息技术引起的社会问题（societal context），如法律问题（legal context）、私人或机密主题、地理信息的经济学问题等。

因此，地理信息系统是一种专门用于采集、存储、管理、分析和表达空间数据的信息系统，它既是表达、模拟现实空间世界和进行空间数据处理分析的“工具”，也可看作是人们用于解决空间问题的“资源”，同时还是一门关于空间信息处理分析的“科学技术”。

15000年前，在拉斯考克（Lascaux）附近的洞穴墙壁上，法国的Cro Magnon猎人画下了他们所捕猎动物的图案。与这些动物图画相关的是一些描述迁移路线和轨迹的线条和符号。这些早期记录符合了现代地理资讯系统的二元素结构：一个图形文件对应一个属性数据库。

18世纪，地形图绘制的现代勘测技术得以实现，同时还出现了专题绘图的早期版本，如科学方面或人口普查资料。约翰·斯诺在1854年用点来代表个例，描绘了伦敦的霍乱疫情，这可能是最早使用地理方法的位置。他对霍乱分布的研究指向了疾病的来源——一个位于霍乱疫情暴发中心区域百老汇街的一个被污染的公共水泵。约翰·斯诺将泵断开，最终阻止了那场疫情继续蔓延。

20世纪初期，将图片分成层的“照片石印术”得以发展。它允许地图被分成各图层，例如一个层表示植被，另一层表示水。此技术特别适用于印刷轮廓绘制，是一个劳力集中的任务，但它们有一个单独的图层意味着它们可以不被其他图层上的工作混淆。这项工作最初是在玻璃板上绘制，后来，塑料薄膜被引入，具有更轻、使用较少的存储空间、柔韧等优势。当所有的图层完成，再由一个巨型处理摄像机结合成一个图像。彩色印刷引进后，层的概念也被用于创建每种颜色单独的印版。尽管后来层的使用成为当代地理信息系统的主要典型特征之一，但上述摄影过程本身并不被认为是一个地理信息系统——因为这个地图只有图像而没有附加的属性数据库。

20世纪60年代早期，在核武器研究的推动下，计算机硬件的发展导致通用计算机“绘图”的应用。

1967年，世界上第一个真正投入应用的地理信息系统由加拿大联邦林业和农村发展部在安大略省的渥太华研发。罗杰·汤姆林森博士开发的这个系统被称为加拿大地理信息系统（CGIS），用于存储、分析和利用加拿大土地统计局（CLI，使用的是1∶50000比例尺，利用关于土壤、农业、休闲、野生动物、水禽、林业和土地利用的地理信息，以确定加拿大农村的土地能力）收集的数据，并增设了等级分类因素来进行分析。

CGIS 是“计算机制图”应用的改进版，它提供了覆盖、资料数字化/扫描功能。它支持一个横跨大陆的国家坐标系统，将线编码为具有真实的嵌入拓扑结构的“弧”，并在单独的文件中存储属性和区位信息。由于这一结果，罗杰·汤姆林森被称为“地理信息系统之父”。

CGIS 一直持续到 20 世纪 70 年代才完成，但耗时太长，因此在其发展初期，不能与如 Intergraph 这样专门销售各种商业地图应用软件的供应商竞争。CGIS 一直使用到 20 世纪 90 年代，并在加拿大建立了一个庞大的数字化的土地资源数据库。它被开发为基于大型机的系统以支持加拿大大陆范围内的资源规划和管理。CGIS 未被应用于商业。

微型计算机硬件的发展使得 ESRI 和 CARIS 等供应商成功地兼并了大多数的 CGIS 特征，并结合了对空间和属性信息的分离的第一种世代方法与对组织的属性数据的第二种世代方法入数据库结构。20 世纪 80 年代和 90 年代，产业成长刺激了应用了 GIS 的 UNIX 工作站和个人计算机飞速增长。至 20 世纪末，在各种系统中迅速增长使得其在相关的少量平台已经得到了巩固和规范，并且用户开始提出了在互联网上查看 GIS 数据的概念，这要求数据的格式和传输标准化。

18.3 地理信息系统的实现方法

18.3.1 信息来源

如果能将人们所在省的降雨和人们所在县上空的照片联系起来，就可以判断出哪块湿地在一年的某些时候会干涸。GIS 系统就能够进行这样的分析，它能够将不同来源的信息以不同的形式应用。GIS 系统对源数据的基本要求是确定变量的位置。位置可能由经度、纬度和海拔的 x、y、z 坐标来标注，或是由其他地理编码系统比如 ZIP 码，又或是高速公路英里标志来表示。任何可以定位存放的变量都能被反馈到 GIS。一些政府机构和非政府组织正在生产制作能够直接访问 GIS 的计算机数据库，可以将地图中不同类型的数据格式输入 GIS。同时，GIS 系统能将不是地图形式的数字信息转换成可识别利用的形式。例如，通过分析由遥感生成的数字卫星图像，可以生成一个与地图类似的有关植被覆盖的数字信息层。同样，人口调查或水文表格数据也可在 GIS 系统中被转换成作为主题信息层的地图形式。

18.3.2 资料展现

GIS 数据以数字数据的形式表现了现实世界客观对象（公路、土地利用、海拔）。现实世界客观对象可被划分为两个抽象概念：离散对象（如房屋）和连续的对象领域（如降雨量或海拔）。这两种抽象体在 GIS 系统中存储数据主要的两种方法为栅格（网格）和矢量。

栅格（网格）数据由存放唯一值存储单元的行和列组成。它与栅格（网格）图像是类似的，除了使用合适的颜色之外，各个单元记录的数值也可能是一个分类组（如土地使用状况）、一个连续的值（如降雨量）或是当数据不是可用时记录的一个空值。栅格数据集的分辨率取决于地面单位的网格宽度。通常存储单元代表地面的方形区域，但也可以用来代表其他形状。栅格数据既可以用来代表一块区域，也可以用来表示一个实物。

矢量数据利用了几何图形，如点、线（一系列点坐标），或是面（形状取决于线）来表现客观对象。例如，GIS系统在住房细分中以多边形来代表物产边界，以点来精确表示位置。矢量同样可以用来表示具有连续变化性的领域，如利用等高线和不规则三角形格网（TIN）来表示海拔或其他连续变化的值。TIN的记录对于这些连接成一个由三角形构成的不规则网格的点进行评估。三角形所在的面代表地形表面。

利用栅格或矢量数据模型来表达现实既有优点也有缺点。栅格数据设置在面内所有的点上都记录同一个值，而矢量格式只在需要的地方存储数据，这就使得前者所需的存储的空间大于后者。栅格数据可以很轻易地实现覆盖的操作，而这对于矢量数据来说要困难得多。矢量数据可以像在传统地图上的矢量图形一样被显示出来，而栅格数据在以图像显示时，显示对象的边界将呈现模糊状。

除了以几何向量坐标或是栅格单元位置来表达的空间数据外，其他非空间数据也可以被存储。在矢量数据中，这些附加数据为客观对象的属性。例如，一个森林资源的多边形可能包含一个标识符值及有关树木种类的信息。在栅格数据中单元值可存储属性信息，但同样可以作为与其他表格中记录相关的标识符。

18.3.3　资料采集

数据采集，即向系统内输入数据，它占据了GIS从业者的大部分时间。有多种方法向GIS中输入数据，数据以数字格式存储。

印在纸或聚酯薄膜地图上的现有数据可以被数字化或扫描来产生数字数据。数字化仪从地图中产生向量数据作为操作符轨迹点、线和多边形的边界。扫描地图可以产生能被进一步处理生成向量数据的光栅数据。

测量数据可以从测量器械上的数字数据收集系统中被直接输入到GIS中。从全球定位系统（GPS）中得到的位置，也可以被直接输入到GIS中。遥感数据同样在数据收集中发挥着重要作用，并由附在平台上的多个传感器组成。传感器包括摄像机、数字扫描仪和激光雷达，而平台则通常由航空器和卫星构成。大部分数字数据来源于图片判读和航空照片。软拷贝工作站用来数字化直接从数字图像的立体像对中得到的特征。这些系统允许数据以二维或三维捕捉，它们的海拔直接从用照相测量法原理的立体像对中测量得到。现今，模拟航空照片先被扫描再输入到软拷贝系统，但随着高质量的数字摄像机越来越便宜，这一步也可被省略。卫星遥感提供了空间数据的另一个重要来源。卫星使用不同的传感器包来被动地测量从主动传感器（如雷达）发射出去的电磁波频谱或无线电波的部分反射系数。遥感收集可以进一步处理数据，来标识感兴趣的对象和类型，例如土地覆盖的光栅数据。除了收集和输入空间数据之外，属性数据也要输入到GIS中，对于向量数据，需要包含关于系统中对象的附加信息。

输入数据到GIS中后，通常还要编辑，来消除错误，或进一步处理。对于向量数据，必须“拓扑正确”才能进行一些高级分析。例如，在公路网中，线必须与交叉点处的结点相连。反冲或过冲的错误也必须消除。对于扫描的地图，源地图上的污点可能需要从生成

的光栅中消除。例如，污物的斑点可能会把两条本不该相连的线连在一起，需要修正。

18.3.4 资料操作

GIS可以执行数据重构来把数据转换成不同的格式。例如，GIS可以通过在具有相同分类的所有单元周围生成线，同时决定单元的空间关系，如邻接和包含，来将卫星图像转换成向量结构。

由于数字数据以不同的方法收集和存储，两种数据源可能会不完全兼容，因此GIS必须能够将地理数据从一种结构转换到另一种结构。

18.3.5 系统转换

财产所有权地图与土壤分布图可能以不同的比例尺显示数据。GIS中的地图数据必须能被操作以使其与从其他地图获得的数据对齐或相配合。在数字数据被分析前，它们可能得经过其他一些将它们整合进GIS的处理，如投影与坐标变换。地球可以用多种模型来表示，对于地球表面上的任一给定点，各个模型都可能给出一套不同的坐标（如纬度、经度、海拔）。最简单的模型是假定地球是一个理想的球体。随着地球测量数据逐渐累积，地球的模型也变得越来越复杂、越来越精确。事实上，有些模型仅适用于地球的不同区域，以提供更高的精确度（如北美坐标系统1983-NAD83只适合在美国使用，而在欧洲却不适用）。

投影是制作地图的基础部分，它是从地球的一种模型中转换信息的数学方法，将三维的弯曲表面转换成二维的媒介（比如纸或电脑屏幕）。不同类型的地图要采用不同的投影系统，因为每种投影系统有其自身合适的用途。

18.3.6 空间分析

空间分析能力是GIS的主要功能，也是GIS与计算机制图软件相区别的主要特征。空间分析是从空间物体的空间位置、联系等方面去研究空间事物，以及对空间事物做出定量的描述。一般讲，它只回答what（是什么）、where（在哪里）、how（怎么样）等问题，但并不（能）回答why（为什么）。空间分析需要复杂的数学工具，其中最主要的是空间统计学、图论、拓扑学、计算几何等，其主要任务是对空间构成进行描述和分析，以达到获取、描述和认知空间数据，理解和解释地理图案的背景过程，空间过程的模拟和预测，调控地理空间上发生的事件等目的。空间分析技术与许多学科有联系，地理学、经济学、区域科学、大气、地球物理、水文等专门学科为其提供知识和机理。除了GIS软件捆绑空间分析模块外，也有一些专用的空间分析软件，如GISLIB、SIM、PPA、Fragstats等。

18.4 地理信息系统的建模

18.4.1 数据建模

将湿地地图与在机场、电视台和学校等不同地方记录的降雨量关联起来是很困难的。

然而，GIS 能够描述地表、地下和大气的二维、三维特征。例如，GIS 能够将反映降雨量的雨量线迅速制图，这样的图称为雨量线图。通过有限数量的点的量测可以估计出整个地表的特征，这样的方法已经很成熟。一张二维雨量线图可以和 GIS 中相同区域的其他图层进行叠加分析。

18.4.2 拓扑建模

在过去的 40 余年，在湿地边上是否有加油站或工厂经营过？GIS 可以识别并分析在数字化空间数据中的空间关系。这些拓扑关系允许进行复杂的空间建模和分析。地理实体间的拓扑关系包括连接（什么和什么相连）、包含（什么在什么之中），还有邻近（两者之间的远近）。

18.4.3 网络建模

如果所有湿地附近的工厂同时向河中排放化学物质，那么可以通过 GIS 模拟出足以破坏环境的污染物数量。GIS 能模拟出污染物沿线性网络（河流）扩散的路径，诸如坡度、速度限值、管道直径之类的数值可以纳入模型中，使得模拟更精确。网络建模通常用于交通规划、水文建模和地下管网建模。

18.4.4 其他

地理信息只是一堆数的记录，需要有合适的软件去把它表示出来；与此同时，地理信息数据库的建立，亦依赖合适软件的帮助，把地理数据信息化。现时在工商界方面的市场普遍被两大地理资讯系统巨头 ESRI 及 Mapinfo 所垄断，它们能够提供一套完整的地理资讯系统供客户使用。政府及军方机构往往会用到特别打造的软件，例如开源的 GRASS 或其他专门的系统，以配合其特殊需要。虽然现时有不少自由阅览 GIS 资料的工具，但一般大众可以轻易取得的地理信息，还得依靠 Google Earth 或 Virtual Earth 之类的系统。这些系统所提供的资料往往更偏重地域中心，例如，用上述系统可以清楚找到一个位于美国偏远小镇的停车位，但却不能看清楚一条位于韩国首尔江南区的大街。

在互联网服务普及的今天，不少地理资讯系统都提供编程界面，让用户通过这些界面及其系统建立各自的地理资讯信息页面。这些编程界面，有的利用 VBA 或 JavaScript，让用户很容易就可以得到卫星图片或地图的链接页面，甚至还加上行车路线或地理位置等信息。

通过与流动装置的结合，地理资讯系统可以为用户提供即时的地理信息。一般汽车上的导航装置都是结合了卫星定位设备（GPS）和地理资讯系统（GIS）的复合系统；在我国香港曾经很流行的“地图王”，则是一套可以安装在平板或手机上的即时地图系统。

汽车导航系统是地理资讯系统的一个特例，它除了一般的地理资讯系统的内容以外，还包括了各条道路的行车及相关信息的数据库。这个数据库利用矢量表示行车的路线、方向、路段等信息，又利用网络拓扑的概念来决定最佳行走路线。地理数据文件（GDF）是为导航系统描述地图数据的 ISO 标准。汽车导航系统组合了地图匹配、GPS 定位和计算车辆的位置。地图资源数据库可用于航迹规划、导航，并可能还有主动安全系统、辅助驾驶及位置定位服务等高级功能。汽车导航系统的数据库应用了地图资源数据库管理。

RTK 是一种移动定位系统，精确定位误差为厘米级。

典型的开源软件是 gvSIG。gvSIG 是一个基于 Java 的桌面地理信息系统，同时也是开发地理资讯系统的一个强有力的工具。它包含许多功能如空间数据分析、地图编辑、Map 设计等。gvSIG 得到了西班牙政府和一些公司的参与并基于 GNU/GPL 许可证发布。gvSIG 能够很好地工作在 Windows 和 Linux 平台之上。gvSIG 支持其他 GIS 系统经常使用到的一些空间数据标准格式（shapefile、DXF、DWG、DGN、ECW、MrSID、TIFF、JPG 2000、KML、GML 等）。gvSIG 遵循 OGC（Open Geospatial Consortium）标准，这意味着它能够读取本地数据，也能够通过 WMS、WFS、WCS 读取远程数据。

18.5 地理信息系统的开发工具

18.5.1 组件式工具

组件式 GIS 开发工具是计算机技术发展的产物，代表了 GIS 开发的发展方向。它不仅有标准的开发平台和简单易用的标准接口，还可以实现自由、灵活的重组。组件式 GIS 开发工具的核心技术是微软的组件对象模型（COM）技术，新一代组件式 GIS 开发工具多是采用 ActiveX 控件技术实现的。比较常见的组件式 GIS 开发工具有：TatukGIS 公司的 Developer Kernel、ThinkGeo 公司的 Map Suite GIS、Intergraph 公司推出的 Geomedia、ESRI 公司推出的 MapObjects、GEOCONCEPT 集团推出的 Geoconcept Development Kits 等。其优势是在无缝集成和灵活性方面优势明显，GIS 开发者不必掌握专门的 GIS 系统开发语言，只要熟悉基于 Windows 平台的通用集成开发环境，了解控件的属性、方法和事件，就可以实现 GIS 系统开发。

18.5.2 集成式工具

集成式 GIS 开发工具是集合了各种功能模块的 GIS 开发包。比较常见的集成式 GIS 开发工具有：ESRI 公司推出的 ArcGIS、MapInfo 公司的 MapInfo、GEOCONCEPT 集团的 Geoconcept 等。其优势是各项功能已形成独立的完整系统，提供了强大的数据输入输出功能、空间分析功能、良好的图形平台和可靠性能；缺点是系统复杂、庞大和成本较高，并且难以与其他应用系统集成。

18.5.3 模块式工具

模块式 GIS 开发工具是把 GIS 系统按功能分成一些模块来运行。比较常见的模块式 GIS 开发工具是 Intergraph 公司的 MGE。其优势是开发的 GIS 系统具有较强的针对性，便于二次开发和应用。

18.5.4 网络工具

WebGIS 是基于 Internet 平台的 GIS 地理信息系统，是利用网络技术来扩展和完善 GIS 地理信息系统的新技术。WebGIS 还处于初级发展阶段，不过已经有很多公司推出了

WebGIS开发工具，如TatukGIS公司的Internet Server（IS）、ThinkGeo公司的Map Suite Web Edition、MapInfo公司的MapInfo ProSever、Intergraph公司的GeoMedia Web Map、GEOCONCEPT集团的Geoconcept Internet Server（GCIS）等。其优势是开发的GIS系统具有良好的可扩展性和跨平台特性，使GIS真正实现大众化。

18.6 地理信息系统在建筑工程中的应用

GIS经历了几十年的长足发展，已经被广泛应用于众多领域，值得一提的是，其在建筑领域中的使用也显示出广阔的前景。一项重大的建设工程从破土动工到交付使用，包括规划、勘察、设计、施工等众多环节及工程完工交付使用后的日常维护和监测，需要处理大量与工程建设有关的空间数据和记录文档，如建筑物的具体分布、位置、标高；桥梁的架设、道路的布局、市政建设中各类地下管线铺埋的位置等。人为处理这些复杂信息，既费时又费力。GIS强大卓越的空间数据查询分析、快速数据更新、信息准确传递功能，为快速高效完成施工任务提供了技术支持。如今，地理信息系统已被广泛应用在施工安全管理、地基设计、建筑规划等领域并取得了显著成绩。

1）GIS应用于建筑施工安全管理。建设项目安全管理工作在整个施工过程中具有重要作用。当前，建设项目数量巨增，而安全监督管理的人员数量相对较少的问题已日益突出，如何有效地配置现有资源，利用先进技术手段开展安全管理工作已成为急需解决的问题。GIS技术应用在施工安全管理中，正好解决了管理人员少与需要管理的建设项目数量多这对矛盾，为建设管理部门提供了一个高效有力的管理手段。把管辖区域内的建设工程项目显示在地图上，对建设工程项目进行定位查询，就能够直观、方便地掌握施工项目的现实状况，有利于安全监管人员有目的、分重点地对建设工地实施安全监督。同时，利用ArcGIS等专业地理信息系统软件对区域地图和数据库的管理功能，一方面在用图形方式显示出管辖范围内的工程项目分布情况以外，项目周边的交通、电力、电信、燃气、供水管网的布局信息也可一目了然，为场地施工提供便利；另一方面把与工程项目有关的属性信息，如建设单位、设计单位、施工单位等存储在数据库中，更重要的是把建设项目的安全手续、专职人员配备、安全人员资质、安全防范措施、临时用电、安全用品、安全资料、施工机具的安放等信息记录于数据库，用户只需要通过简单操作就可以提取、查询和使用这些数据，方便了对施工项目的安全监督，又为安全管理提供了辅助决策。

2）GIS应用于基础设计及施工。高层建筑的层出不穷既提高了空间利用率，又缓解了城镇建设用地紧张的局面，同时也给基础设计和施工提出了更高要求。地理信息系统的建立，将GIS使用在桩基础设计中，完成了GIS对单桩承载力信息的管理、分析和查询，实现了不同试验单位、不同设计部门对单桩承载力信息的共享，且经过数据分析还可得出符合实际的单桩竖向承载力极限值。

3）GIS应用于建筑物规划。目前，我国在大力推进城镇化建设，但可供建设的用地却严重不足。一方面城市规划管理部门加大了旧城改造，另一方面管理者采用先进科学的管理手段对城市建筑物进行了合理规划。如我国香港将GIS使用在新城开发管理中，建立了以可供地的预测管理为主要功能的沙田新城开发土地地理信息系统，为管理者提供未

来一段时间里可用于建造住宅的土地利用时间表，进而推测配套的基础设施建设如何布局、何时完工，以及各种商业、服务、教育、保健、公共交通设施应该建立的地点或区域，取得了很好的效果。

4）GIS应用于建筑审批部门的内部管理工作。伴随越来越多的建设项目破土动工，各种资质级别建筑企业涌入市场，增加了建设管理部门的工作量。采用地理信息系统可实现图形与属性的交互式访问。首先，在地图上清楚地标明正在建设和上报审批需要建设的项目位置；其次，将企业资质、单位名称、经济状况、主要技术和管理人员简介等企业属性信息存放于数据库，建设管理部门的工作人员可以通过GIS专业软件，实现对市场现有建筑施工单位经营管理状况的即时了解，规范了市场秩序，把好了市场准入关。同时，GIS图形显示和数据处理功能可快速、准确地查询相关信息，使资料存放简单、有序，减轻了管理人员的负担，降低了人为错误，也是政府电子政务建设的重要部分。

5）GIS的其他应用。建立房地产三维管理专题地理信息系统，可以真实再现楼盘三维场景，虚拟显示住宅内部结构，这些功能是普通信息系统无法完成的，而且在住宅小区建成后，物业管理公司可通过房产三维管理信息系统对各种物业设施进行数字化管理，这无疑有助于提升小区的形象。将GIS与虚拟现实技术相结合，可实现城市景观仿真，给人一种身临其境的感觉；还可对大型建设项目进行虚拟显示，动态模拟项目完工投入使用的状况，为科学的规划决策提供帮助。

把地理信息系统应用在建筑领域中，虽然取得了良好的社会经济效益，但使用过程中不可避免地出现了一些问题。首先，只有专业GIS人员才能熟练操作专业软件；其次，数据是信息系统的核心，只有保持数据的现势性，才能保证专题地理信息系统有效地为日常工作服务：最后，相关部门要完善管理体制，从人员和制度上保障应用系统能够长期高效地工作。

18.7 地理信息系统行业的发展现状

GIS行业的市场结构主要由三个层次组成，即基础设施层、平台层和应用层。基础设施层主要包括空间数据采集、存储、管理和服务等环节，占整个产业链的40%左右；平台层主要包括空间数据分析、挖掘、建模和可视化等环节，占整个产业链的30%左右；应用层主要包括基于空间数据的各种行业解决方案和产品，占整个产业链的30%左右。

GIS行业的竞争格局呈现多元化和分化的特点。一方面，随着互联网、大数据、人工智能等技术的发展，GIS行业涌现出了一批新兴企业和创新型企业，如高德地图、百度地图、腾讯位置服务等，提供了更加丰富和便捷的空间数据服务和应用；另一方面，传统的GIS企业如测绘院所、航天院所、超图软件等，在基础设施层和平台层仍然具有较强的技术优势和市场份额，但在应用层面则面临着更加激烈的竞争和挑战。

我国GIS行业在技术创新方面取得了显著进步，主要体现在以下三个方面：①数据获取方面取得了长足的进步，倾斜摄影测量、近景摄影测量、影像智能识别、智能数据匹配、高精度定位等技术不断发展，提高了空间数据的质量、精度和实时性；②数据分析方面精准、高效，空间数据库、跨行业数据透视、空间尺度延伸、高效数据处理等技术不断优化，提高了空间数据的管理、挖掘和分析能力；③数据呈现方面异彩纷呈，三维空间、VR 和 AR、智能交互等技术不断创新，提高了空间数据的可视化、沉浸式和体验性。

GIS 行业在应用领域方面也取得了广泛的成果，主要体现在以下五个方面：国土资源管理方面、城市建设管理方面、生态环境保护方面、公共安全应急方面、社会经济发展方面。①GIS 技术支持了国土规划、土地利用、地质灾害、矿产资源等方面的监测、评估和决策，提高了国土资源的保护和利用效率；②支持了城市规划、城市设计、城市运行、城市治理等方面的分析、模拟和优化，提高了城市建设的质量和水平；③支持了生态系统服务、环境质量、气候变化、生物多样性等方面的评估、预测和保护，提高了生态环境的可持续性和适应性；④支持了灾害风险、灾害响应、灾害恢复等方面的预警、指挥和救援，提高了公共安全的保障和应急能力；⑤支持了交通物流、旅游文化、农业农村、电子商务等方面的规划、运营和服务，提高了社会经济的发展和效益。

GIS 行业在未来仍然具有巨大的发展空间和潜力，主要有以下四个机遇：国家战略需求、技术创新驱动、应用需求拉动、人才培养储备。①《国家地理信息产业发展规划》明确提出了地理信息产业的发展目标和重点任务，为 GIS 行业提供了政策引导和支持；②云计算、大数据、人工智能等新一代信息技术与 GIS 技术深度融合，为 GIS 行业提供了技术支撑和创新动力；③各行各业对空间数据的需求日益增长，为 GIS 行业提供了广阔的应用市场和商业机会；④高校和科研机构不断加强 GIS 相关专业的教育和培训，为 GIS 行业提供了人才资源和智力保障。

GIS 行业在未来也面临着一些挑战和问题，主要有以下四个方面：数据质量不高、技术创新不足、应用推广不广、人才结构不合理。①空间数据存在重复采集、标准不统一、更新不及时等问题，影响了数据的准确性和有效性；②GIS 技术在核心算法、关键设备、自主知识产权等方面还存在一定的差距和缺陷，难以形成核心竞争力；③GIS 技术在一些传统行业和基层领域的应用推广还不够广泛和深入，存在认知障碍和使用难度；④GIS 人才在专业素养、综合能力、创新精神等方面还有待提高，存在数量不足和结构失衡的问题。

GIS 行业在未来将呈现以下四个发展趋势：①数据获取将更加智能化、高效化和多样化，实现空间数据的全覆盖、全时段、全要素的采集；②数据分析将更加深度化、实时化和智能化，实现空间数据的多维度、多层次、多角度的挖掘；③数据呈现将更加立体化、沉浸化和交互化，实现空间数据的真实感、体验感和参与感的提升；④数据应用将更加广泛化、专业化和个性化，实现空间数据的跨行业、跨领域、跨层次的服务。

为了促进 GIS 行业的健康发展，行业应加强空间数据的标准制定和规范管理，提高数据的质量和安全性；加大 GIS 技术的研发投入和创新力度，提高技术的水平和竞争力；加快 GIS 技术的应用推广和示范引导，提高应用的广度和深度；加强 GIS 人才的培养和引进，提高人才的数量和质量。

延伸阅读

地理信息系统在现代社会中扮演着重要的角色。它为我们提供了更好的空间数据支持和决策分析能力，使我们能够更好地了解和管理地理空间信息。随着技术的不断发展，地

理信息系统将在更多的领域得到应用，并为人们带来更多的便利和发展机遇。

党的二十大报告指出，推动战略性新兴产业融合集群发展，构建新一代信息技术、人工智能、生物技术、新能源、新材料、高端装备、绿色环保等一批新的增长引擎。构建优质高效的服务业新体系，推动现代服务业同先进制造业、现代农业深度融合。

如今，我国地理信息系统的发展取得了显著的成就。地理信息系统已被广泛应用于国土资源调查、农业精准管理、城市规划和交通管理等领域。随着技术的不断进步和数据的不断积累，GIS在中国的应用前景十分广阔。

思考题

1. 地理信息系统的特点有哪些?
2. 简述地理信息系统的历史渊源。
3. 简述地理信息系统的实现方法。
4. GIS的建模系统有何特点?
5. GIS的开发工具有哪些?
6. 地理信息系统在建筑工程中有哪些应用?
7. 简述GIS行业的发展现状。
8. 试述近年来我国地理信息系统领域的创新与发展。

第19章　遥感技术

19.1　遥感技术概述

遥感（remote sensing，RS）是指非接触的、远距离的探测技术，一般指运用传感器/遥感器对物体的电磁波的辐射、反射特性的探测。遥感是通过遥感器这类对电磁波敏感的仪器，在远离目标和非接触目标物体条件下探测目标地物，获取其反射、辐射或散射的电磁波信息（如电场、磁场、电磁波、地震波等信息），并进行提取、判定、加工处理、分析与应用的一门科学和技术。

“遥感”，从字面上来看，可以简单理解为遥远的感知，泛指一切无接触的远距离的探测；从现代技术层面来看，“遥感”是一种应用探测仪器，使用空间运载工具和现代化的电子、光学仪器，探测和识别远距离研究对象的技术。遥感是通过人造地球卫星、航空等平台上的遥测仪器把对地球表面实施感应遥测和资源管理的监视（如树木、草地、土壤、水、矿物、农家作物、鱼类和野生动物等的资源管理）结合起来的一种新技术。遥感是指一切无接触的远距离的探测技术，其运用现代化的运载工具和传感器，从远距离获取目标物体的电磁波特性，通过该信息的传输、储存、卫星、修正、识别目标物体，最终实现其功能（定时、定位、定性、定量）。

遥感的广义定义是遥远的感知，泛指一切无接触的远距离的探测，包括对电磁场、力场、机械波（声波、地震波）等的探测。遥感的狭义定义是应用探测仪器，不与探测目标相接触，从远处把目标的电磁波特性记录下来，通过分析，揭示出物体的特征性质及其变化的综合性探测技术。最早使用“遥感”一词的是美国海军局研究局的艾弗林·普鲁伊特（Evelyn. L. Pruitt，1960）。

19.2　遥感技术的发展历程

遥感是以航空摄影技术为基础，在20世纪60年代初发展起来的一门新兴技术。1972年，美国发射了第一颗陆地卫星，这就标志着航天遥感时代的开始。经过几十年的迅速发展，遥感技术成为一门实用的、先进的空间探测技术。

1）萌芽时期。第一个阶段是无记录的地面遥感阶段（1608—1838年）。1608年，

汉斯·李波尔赛制造了世界上第一架望远镜；1609 年，伽利略制作了放大 3 倍的科学望远镜并首次观测月球；1794 年，气球首次升空侦察，为观测远距离目标开辟了先河，但望远镜观测不能把观测到的事物用图像的方式记录下来。第二个阶段是有记录的地面遥感阶段（1839—1857 年），1839 年，达盖尔（Daguarre）发表了他和尼普斯（Niepce）拍摄的照片，第一次成功地将拍摄的事物记录在胶片上；1849 年，法国人艾米·劳塞达特（Aime Laussedat）制订了摄影测量计划，成为有目的、有记录的地面遥感发展阶段的标志。

2）初级阶段。属于空中摄影遥感阶段（1858—1956 年），1858 年，纳达尔在热气球上拍摄了法国巴黎的鸟瞰照片；1903 年，第一架飞机诞生；1909 年有了第一张航空照片；一战期间（1914—1918 年）形成了独立的航空摄影测量学的学科体系；二战期间（1931—1945 年）出现了彩色摄影、红外摄影、雷达技术、多光谱摄影、扫描技术以及运载工具和判读成图设备。

3）现代遥感。1957 年，苏联发射了人类第一颗人造地球卫星；20 世纪 60 年代，美国发射了 TIROS、ATS、ESSA 等气象卫星和载人宇宙飞船；1972 年，美国发射了地球资源技术卫星 ERTS-1（后改名为 Landsat Landsat-1），装有 MSS 感器，分辨率 79m；1982 年，Landsat-4 发射，装有 TM 传感器，分辨率提高到 30m；1986 年，法国发射 SPOT-1，装有 PAN 和 XS 遥感器，分辨率提高到 10m；1999 年，美国发射 IKNOS，空间分辨率提高到 1m。

4）新中国的遥感事业。20 世纪 50 年代，国家组建专业飞行队伍，开展航摄和应用；1970 年 4 月 24 日，第一颗人造地球卫星发射成功；1975 年 11 月 26 日，返回式卫星得到卫星照片；20 世纪 80 年代遥感事业空前活跃，“六五”计划将遥感列入国家重点科技攻关项目；1988 年 9 月 7 日，成功发射第一颗“风云 1 号”气象卫星；1999 年 10 月 14 日，成功发射资源卫星“资源一号”；之后进入快速发展期，卫星、载人航天、探月工程等航天事业不断取得新成绩。

19.3 遥感的物理基础

振动的传播称为波。电磁振动的传播是电磁波。电磁波的波段按波长由短至长可依次分为：γ 射线、X 射线、紫外线、可见光、红外线、微波和无线电波。电磁波的波长越短其穿透性越强。遥感探测所使用的电磁波波段是从紫外线、可见光、红外线到微波的光谱段。

太阳作为电磁辐射源，它所发出的光也是一种电磁波。太阳光从宇宙空间到达地球表面须穿过地球的大气层。太阳光在穿过大气层时，会受到大气层对太阳光的吸收和散射影响，因而使透过大气层的太阳光能量受到衰减，大气层对太阳光的吸收和散射的影响随太阳光的波长而变化。地面上的物体会对由太阳光所构成的电磁波产生反射和吸收，由于每一种物体的物理和化学特性以及入射光的波长不同，因此它们对入射光的反射率也不同。各种物体对入射光反射的规律叫作物体的反射光谱，通过对反射光谱的测定可得知物体的某些特性。

19.4 遥感系统的组成

遥感是一门对地观测的综合性技术，它的实现既需要一整套的技术装备，又需要多种学科的参与和配合，因此实施遥感是一项复杂的系统工程。根据遥感的定义，遥感系统主要由以下四大部分组成。

1）信息源。信息源是遥感需要对其进行探测的目标物。任何目标物都具有反射、吸收、透射及辐射电磁波的特性，当目标物与电磁波发生相互作用时会形成目标物的电磁波特性，这就为遥感探测提供了获取信息的依据。

2）信息获取。信息获取是指运用遥感技术装备接收、记录目标物电磁波特性的探测过程。信息获取所采用的遥感技术装备主要包括遥感平台和传感器。其中遥感平台是用来搭载传感器的运载工具，常用的有气球、飞机和人造卫星等；传感器是用来探测目标物电磁波特性的仪器设备，常用的有照相机、扫描仪和成像雷达等。

3）信息处理。信息处理是指运用光学仪器和计算机设备对所获取的遥感信息进行校正、分析和解译处理的技术过程。信息处理的作用是通过对遥感信息的校正、分析和解译处理，掌握或清除遥感原始信息的误差，梳理、归纳出被探测目标物的影像特征，然后依据特征从遥感信息中识别并提取所需的有用信息。

4）信息应用。信息应用是指专业人员按不同的目的将遥感信息应用于各业务领域的使用过程。信息应用的基本方法是将遥感信息作为地理信息系统的数据源，供人们对其进行查询、统计和分析利用。遥感的应用领域十分广泛，最主要的应用有：军事、地质矿产勘探、自然资源调查、地图测绘、环境监测以及城市建设和管理等。

19.5 遥感技术的优势

遥感作为一门对地观测的综合性科学，它的出现和发展既是人们认识和探索自然界的客观需要，更有其他技术手段与之无法比拟的优势。

1）大面积同步观测（范围广）。遥感探测能在较短的时间内，从空中乃至宇宙空间对大范围地区进行对地观测，并从中获取有价值的遥感数据。这些数据拓展了人们的视觉空间，例如，一张陆地卫星图像，其覆盖面积可达3万多平方千米。这种展示宏观景象的图像，对地球资源和环境分析极为重要。

2）时效性强，周期短。利用遥感技术获取信息的速度快，周期短。由于卫星围绕地球运转，从而能及时获取所经地区的各种自然现象的最新资料，以便更新原有资料，或根据新旧资料变化进行动态监测，这是人工实地测量和航空摄影测量无法比拟的。例如，陆地卫星4、5，每16天可覆盖地球一遍，NOAA气象卫星每天能收到两次图像，Meteosat每30分钟可获得同一地区的图像。

3）数据具有综合性和可比性、约束性。能动态反映地面事物的变化，遥感探测能周期性、重复地对同一地区进行对地观测，这有助于人们通过所获取的遥感数据，发现并动

态地跟踪地球上许多事物的变化。同时，在研究自然界的变化规律，尤其是在监视天气状况、自然灾害、环境污染甚至军事目标等方面，遥感的运用就显得格外重要。利用遥感技术获取的数据具有综合性，遥感探测所获取的是同一时段、覆盖大范围地区的遥感数据，这些数据综合地展现了地球上许多自然与人文现象，宏观地反映了地球上各种事物的形态与分布，真实地体现了地质、地貌、土壤、植被、水文、人工构筑物等地物的特征，全面地揭示了地理事物之间的关联性，并且这些数据在时间上具有相同的现势性，获取信息的手段多，信息量大。根据不同的任务，可选用不同波段和遥感仪器来获取信息，例如可采用可见光探测物体，也可采用紫外线、红外线和微波探测物体。利用不同波段对物体不同的穿透性，还可获取地物内部信息，如地面深层、水的下层、冰层下的水体、沙漠下面的地物的特性等。微波波段还可以全天候地工作。

4）获取信息受条件限制少。在地球上有很多地方，自然条件极为恶劣，人类难以到达，如沙漠、沼泽、高山峻岭等。采用不受地面条件限制的遥感技术，特别是航天遥感，可方便及时地获取各种宝贵资料。

当然，遥感也有其局限性，比如，遥感技术所利用的电磁波还很有限，仅是其中的几个波段范围。在电磁波谱中，尚有许多谱段的资源有待进一步开发。此外，已经被利用的电磁波谱段对许多地物的某些特征还不能准确反映，还需要发展高光谱分辨率遥感以及遥感以外的其他手段相配合，特别是地面调查和验证仍不可缺少。

19.6 遥感技术的分类

遥感技术往往可从以下方面进行分类：①根据工作平台层面区分为地面遥感、航空遥感（气球、飞机）、航天遥感（人造卫星、飞船、空间站、火箭）；②根据记录方式层面区分为成像遥感、非成像遥感；③根据应用领域区分为环境遥感、大气遥感、资源遥感、海洋遥感、地质遥感、农业遥感、林业遥感等；④按传感器的探测范围波段分为紫外遥感（探测波段在 0.05～0.38μm）、可见光遥感（探测波段在 0.38～0.76μm）、红外遥感（0.76～1000μm）、微波遥感（1mm～1m）、多波段遥感；⑤按工作方式分为主动遥感、被动遥感。

19.7 遥感技术的应用

当前遥感形成了一个从地面到空中，乃至空间，从信息数据收集、处理到判读分析和应用，对全球进行探测和监测的多层次、多视角、多领域的观测体系，成为获取地球资源与环境信息的重要手段。为了提高对这样庞大数据的处理速度，遥感数字图像技术随之得以迅速发展。遥感技术已广泛应用于农业、林业、地质、海洋、气象、水文、军事、环保等领域。在未来的十年中，预计遥感技术将步入一个能快速、及时提供多种对地观测数据的新阶段。遥感图像的空间分辨率、光谱分辨率和时间分辨率都会有极大的提高。其应用领域随着空间技术的发展，尤其是地理信息系统和全球定位系统技术的发展及相互渗透，将会越来越广泛。遥感在地理学中的应用，进一步推动和促进了地理学的研究和发展，使地理学进入到一个新的发展阶段。遥感信息应用是遥感的最终目的。遥感应用则应根据专业目标的需要，选择适宜的遥感信息及其工作方法进行，以取得较好的社会效益和经济效益。遥感技术系统是个完整的统一体，它是建立在空间技术、电子技术、计算机技术以及生物学、地学等现代科学技术基础上的综合性技术，是完成遥感过程的有力技术保证。

1）地理数据获取。遥感影像是地球表面的“照片”，真实地展现了地球表面物体的形状、大小、颜色等信息，这比传统的地图更容易被大众所接受。影像地图已经成为重要的地图种类之一。

2）获取资源信息。遥感影像上具有丰富的信息，多光谱数据的波谱分辨率越来越高，可以获取红边波段、黄边波段等。高光谱传感器发展迅速，我国的环境小卫星已搭载了高光谱传感器。这些地球资源信息能在农业、林业、水利、海洋、生态环境等领域发挥重要作用。

3）灾害应急。遥感技术具有在不接触目标情况下获取信息的能力。在遭遇灾害的情况下，遥感影像是我们能够方便立刻获取的地理信息。在地图缺乏的地区，遥感影像甚至是我们能够获取的唯一信息。在“5·12”汶川地震中，遥感影像在灾情信息获取、救灾决策和灾害重建中发挥了重要作用。海地发生强震后，有多家航天机构的20余颗卫星参与了救援工作。

4）自然灾害遥感。我国已建立了重大自然灾害遥感监测评估运行系统，可以应用于台风、暴雨、洪涝、旱灾、森林大火等灾害的监测，特别是快速图像处理和评估系统的建立，具有对突发性灾害的快速应急反应能力，使该系统能在几小时内获得灾情数据，一天内做出灾情的快速评估，一周内完成翔实的评估。例如在台风天，通过灾害遥感就可以准确地划分出受台风影响区域，通过气象预警发布有效信息，人们可由此对农产品采取防护措施，降低损失。

5）农业遥感监测。在农业方面，利用遥感技术监测农作物种植面积、农作物长势信息，快速监测和评估农业干旱和病虫害等灾害信息，估算全球范围、全国和区域范围的农作物产量，为粮食供应数量分析与预测预警提供信息。遥感卫星能够快速准确地获取地面信息，结合地理信息系统（GIS）和全球定位系统（GPS）等其他现代高新技术，可以实现农情信息收集和分析的定时、定量、定位，客观性强，不受人为干扰，方便农事决策，使发展精准农业成为可能，遥感影像可通过遥感集市云服务平台免费下载或订购的方式获取。其平台可查询到高分一号、高分二号、资源三号等国产高分辨率遥感影像。农业遥感的核心是遥感影像，获取的遥感影像的红波段和近红外波段的反射率及其组合与作物的叶面积指数、太阳光合有效辐射、生物量具有较好的相关性，通过卫星传感器记录的地球表面信息可辨别作物类型，建立不同条件下的产量预报模型，集成农学知识和遥感观测数据，实现作物产量的遥感监测预报，从而避免了手工方法收集数据费时费力且具有某种破坏性的缺陷。农业遥感精细监测的主要成果包括多级尺度作物种植面积遥感精准估算产品、多尺度作物单产遥感估算产品、耕地质量遥感评估和粮食增产潜力分析产品、农业干旱遥感监测评估产品、粮食生产风险评估产品、植被标准产品集等。

6）水质监测。水质监测及评估遥感技术是基于水体及其污染物质的光谱特性研究而形成的。国内外许多学者利用遥感的方法估算水体污染的参数，以监测水质变化情况。做法是在测量区域布置一些水质传感器，通过无线传感器网络技术可 24 小时连续测量水质的多种参数，用于提高水质遥感反演精度，使其接近或达到相关行业要求。这种遥感技术信息获取快速、省时省力，可以较好地反映出研究水质的空间分布特征，而且更有利于大面积水域的快速监测。遥感技术无疑给湖泊环境变化研究带来了福音。

19.8 遥感技术的发展趋势

1）光谱域在扩展。随着热红外成像、机载多极化合成孔径雷达和高分辨力表层穿透雷达和星载合成孔径雷达技术的日益成熟，遥感波谱域从最早的可见光向近红外、短波红外、热红外、微波方向发展，波谱域的扩展将进一步适应各种物质反射、辐射波谱的特征峰值波长的宽域分布。

2）时间分辨率提高。大、中、小卫星相互协同，高、中、低轨道相结合，在时间分辨率上从几小时到 18 天不等，形成一个不同时间分辨率互补的系列。

3）空间分辨率提高。随着高空间分辨力新型传感器的应用，遥感图像空间分辨率从 1km、500m、250m、80m、30m、20m、10m、5m 发展到 1m，军事侦察卫星传感器可达到 15cm 或者更高的分辨率。空间分辨率的提高，有利于分类精度的提高，但也增加了计算机分类的难度。

4）光谱分辨率提高。高光谱遥感的发展，使得遥感波段宽度从早期的 0.4μm（黑白摄影）、0.1μm（多光谱扫描）到 5nm（成像光谱仪），遥感器波段宽，遥感器波段宽度窄化，针对性更强，可以突出特定地物反射峰值波长的微小差异。同时，成像光谱仪等的应用，提高了地物光谱分辨力，有利于区别各类物质在不同波段的光谱响应特性。

5）2D 到 3D 的跨越。机载三维成像仪和干涉合成孔径雷达的发展和应用，将地面目标由二维测量为主发展到三维测量。

6）图像处理技术提高。各种新型高效遥感图像处理方法和算法将被用来解决海量遥感数据的处理、校正、融合和遥感信息可视化。

7）遥感分析能力提高。遥感分析技术从“定性”向“定量”转变，定量遥感成为遥感应用发展的热点。

8）遥感提取技术水平提高。建立适用于遥感图像自动解译的专家系统，逐步实现遥感图像专题信息提取自动化。

19.9 遥感技术在建设工程中的应用

1）遥感在公路工程建设中的应用。遥感可以提供详细的地质、水文、植被资料、居民点以及交通网系等。在公路勘测设计中，帮助设计人员了解不良工程地质现象对路线的影响程度，有助于路线方案的选择设计，避免不必要的损害和事故发生；在施工过程中，还可以帮助施工人员了解沿线建筑材料的分布、储量以及开挖和运输条件，为施工创造良好便利条件。同时，根据设计路线两侧的土壤和植被类型、农作物及经济作物的分布情况，进行绿化设计。另外，遥感可以对所选路线线形进行三维透视，检测路线线形是否顺畅、行车视距是否良好、与周围景观是否协调一致。在应用卫星和遥感图像与计算机信息处理技术的结合的问题上，应用这种技术我们可以快速编制出各种比例的遥感图和解译工程地质图，可以很好地指导选线的勘察工作，在应用这种技术之后它的综合效益甚至可以提高 3 万倍，在地质的选线速度上也可以提高 3～5 倍。

2）遥感在测图中的应用。在一些自然地理环境恶劣地区进行测图工作，传统外业测图工作非常困难，测量周期长，很难保证测图的现势性。遥感技术的应用，主要的优势是：在遥感影像上进行量测和判读，无须接触物体本身，受自然和地理条件的限制较少，同时影像具有客观真实性，可以直接从中获取大量的几何和物理信息，使测量工作者可以将大量的野外工作转到室内来进行，能够大大缩短工期，提高成图效率。一般来说，航空摄影照片主要用于大比例尺影像地图的编制，卫星扫描影像主要用于中小比例尺影像地图的编制。目前摄影测量与遥感作为测绘地形图的一种很有效的方法，已得到了广泛的应用，如西部测图工程，包含 200 万 km^2 的辽阔地域，是我国有史以来最大的测绘任务，在交通、气候、地理环境等条件受限的情况下，西部测图工程首次在国内大规模采用高分辨率卫星影像数据进行 1：50000 比例尺地形图测绘，在 2006 年和 2007 年间，顺利完成了三江源区域、青藏高原东部和塔里木东部区域约 1200 幅图，面积约 50 万 km^2，相当于 30 多个北京市范围的测图任务，完成的任务量约占西部测图工程任务总量的 25%。

3）遥感在工程选址中的应用。遥感影像能够提供工程区域地质、地貌、水文等地质情况，加之遥感的宏观性和时效性的特点，便于工程选址工作的有利进行，遥感在工程选址中同样得到了很好的应用，尤其是在隧道工程地质调查中多以遥感手段为主。如在高原阿里机场工程中的应用，针对高原自然、地质等其他不利因素的影响，采用遥感技术作为工程前期勘察的技术方法，最后选定噶尔昆沙场址作为阿里机场的最后地点，此选址过程中采用了遥感技术，为国家节省了大量建设投资，同时为机场建设争取了宝贵的工程施工时间。芜湖长江大桥的桥位选址过程中，工程技术人员利用遥感技术开展了以桥位中线为基线，对上下游 6km、东西两岸延伸 3～4km、总面积约 $160km^2$ 范围内的遥感工作，对沿江附近的断裂带进行了分析比对，为大桥建设的桥位选址提供了可靠的地质依据。大瑶山隧道工程地质和水文地质勘测、高盖山隧道工程地质调查也都采用了遥感技术手段进行。孙启庄—大同、祁县—介休高速公路工程地质遥感调查，为高速公路设计提供了工程地质方面的科学依据。

4）遥感在水下工程中的应用。在遥感影像上，可以反演水下地形，可以分析地质的线性构造、环形构造，并分析水系与地质构造、地貌和岩类之间的相互关系。遥感技术在海岸工程、航道工程、跨海大桥的建设中发挥了不可替代的作用，在我国重大工程中（如杭州湾跨海大桥、南京长江大桥、胶州湾跨海大桥、舟山大陆连岛工程等工程）得到了很好的应用。

遥感影像是现代测绘的新技术，随着数字摄影测量与遥感技术的广泛应用，对提高决策水平和设计质量、优化设计方案、节约投资成本都会起到关键的作用，3S 集成技术的发展与应用给工程建设部门提供了新的思路和方法。

19.10 遥感产业的发展现状

1）遥感行业的市场规模。全球卫星遥感服务市场规模呈上升趋势。相关机构调研数据显示，2020年，全球卫星遥感服务市场规模达到了26亿美元，相比2019年增长了13.04%。其中，中国遥感服务市场规模为155亿元左右，占全球市场规模的15.4%。2021年全球卫星遥感服务市场规模达到29.4亿美元，中国遥感服务市场规模达到175亿元。2023年全球卫星遥感服务市场规模将达到36.5亿美元，中国遥感服务市场规模将达到217亿元。从各子领域来看，2020年全球商用卫星数量为451颗。其中，光学成像卫星为410颗，占比90.9%；气象卫星为114颗，占比25.3%；电子情报卫星为93颗，占比20.6%；其他类型卫星为34颗，占比7.5%。按照这一比例推算，2023年全球商用卫星数量将达到600颗左右，其中光学成像卫星为545颗，气象卫星为152颗，电子情报卫星为124颗，其他类型卫星为45颗。

2）遥感行业的市场需求特点。遥感行业的市场需求主要来自国防安全、国土资源、农业、林业、水利、环境保护、城市规划、灾害防治等领域。相关数据显示，2020年全球遥感应用市场规模为120亿美元，其中国防安全占比最高，达到40%；其次为国土资源，占比20%；第三位为农业，占比15%；其他领域的需求占比分别为林业10%、公路5%、铁路5%和水运5%。按照这一比例推算，预计2023年全球遥感应用市场规模将达到150亿美元，其中，国防安全的需求规模将达到60亿美元；国土资源的需求规模将达到30亿美元；农业的需求规模将达到22.5亿美元；其他领域的需求规模分别为林业15亿美元、公路7.5亿美元、铁路7.5亿美元和水运7.5亿美元。

3）遥感行业的发展趋势。遥感行业的发展趋势主要受以下三方面因素的影响，即技术创新、政策支持、市场需求。技术创新是推动遥感行业发展的核心动力，包括卫星平台和载荷的技术进步、数据传输和处理的技术提升、数据分析和应用的技术创新等；技术创新可以提高遥感数据的获取效率、质量和价值，满足不同领域的需求，促进遥感行业的市场拓展和竞争优势。政策支持是保障遥感行业发展的重要条件，包括政府对遥感行业的投入、规划、监管、推广等方面的政策措施；政策支持可以为遥感行业提供稳定的发展环境、资金来源、法律保障和市场需求，激发遥感行业的创新活力和社会效益。市场需求是驱动遥感行业发展的直接动力，包括国防安全、国土资源、农业、林业、水利、环境保护、城市规划、灾害防治等领域对遥感数据和服务的需求；市场需求可以反映遥感行业的市场规模、增长点和潜力，引导遥感行业的产品开发和服务创新。

综合以上影响因素，遥感行业的发展趋势表现在以下三个方面：①遥感数据获取渠道将更加多样化、网络化和实时化；②遥感数据处理分析将更加智能化和精准化；③遥感数据应用服务将更加广泛化和价值化。随着商用卫星数量的增加，以及航空飞机、无人机等其他平台的应用，遥感数据获取将呈现出多平台、多传感器、多角度、多谱段、多时相的特点，实现空天地一体化观测；同时，通过高速数据传输和云计算等技术，遥感数据获取将更加快速和便捷，满足用户对实时性和个性化的需求。随着人工智能、大数据、云计算等技术的发展，遥感数据处理分析将运用智能算法和模型，提高数据处理效率和质量，实现数据挖掘和知识发现；同时，通过深度学习、机器学习等技术，遥感数据处理分析将更加精准和细致，实现目标检测、分类识别、变化检测等功能。随着遥感数据获取和处理分析的技术进步，遥感数据应用服务将涉及更多的行业领域和场景，提供更多的解决方案和产品，实现更高的社会效益和经济效益；同时，通过遥感数据与其他数据源的融合和分析，遥感数据应用服务将提供更多的价值信息和知识规律，支撑决策和管理。

4）遥感行业的竞争格局。遥感行业的竞争格局主要体现在三个方面，即卫星制造发射、数据接收处理、数据分析应用。

卫星制造发射是遥感行业的上游环节，主要由国家机构和商业公司参与。目前，全球卫星制造发射的主要参与者有中国、美国、俄罗斯、欧洲航空局等国家机构，以及SpaceX、蓝色起源、长光卫星、欧比特等商业公司。预计2023年，卫星制造发射的竞争格局将呈现以下特点：一是商业化程度将进一步提高，商业公司将在卫星制造、发射、运营等方面发挥更大的作用；二是低成本化程度将进一步提高，商业公司将通过技术创新和规模效应降低卫星制造和发射的成本；三是差异化程度将进一步提高，商业公司将根据不同用户和市场的需求，提供不同类型和规格的卫星产品和服务。

数据接收处理是遥感行业的中游环节，主要由专业机构和商业公司参与。目前，全球数据接收处理的主要参与者有美国地质调查局（USGS）、欧洲空间局（ESA）、中国航天宏图等专业机构，以及世纪空间、中科九度、易智瑞等商业公司。预计2023年，数据接收处理的竞争格局将呈现以下特点：一是网络化程度将进一步提高，数据接收处理机构将通过建设全球覆盖的地面站网络和云平台，实现数据接收处理的快速和便捷；二是智能化程度将进一步提高，数据接收处理机构将通过运用人工智能、大数据等技术，实现数据处理分析的高效和精准；三是开放化程度将进一步提高，数据接收处理机构将通过开放数据政策和平台，实现数据共享和交流。

数据分析应用是遥感行业的下游环节，主要由专业机构和商业公司参与。目前，全球数据分析应用的主要参与者有美国国家航空航天局（NASA）、欧洲空间局（ESA）、中国自然资源部等国家机构，以及谷歌地球、百度地图、珈和科技等商业公司。预计2023年，数据分析应用的竞争格局将呈现以下特点：一是广泛化程度将进一步提高，数据分析应用机构将涉及更多的行业领域和场景，提供更多的解决方案和产品；二是价值化程度将进一步提高，数据分析应用机构将通过遥感数据与其他数据源的融合和分析，提供更多的价值信息和知识规律；三是创新化程度将进一步提高，数据分析应用机构将通过技术创新和模式创新，提高数据分析应用的社会效益和经济效益。

遥感行业是一个高技术含量、高附加值和高战略价值的行业，具有广阔的市场前景和发展潜力。遥感行业的发展需要政府、企业和社会的共同努力。政府方面应该加大对遥感行业的投入和支持，制定和完善相关的政策法规，鼓励和引导遥感行业的技术创新和市场拓展，加强遥感行业的监管和保护，促进遥感行业的健康发展。企业方面应该加强对遥感行业的研究和探索，积极参与遥感行业的各个环节，提高自主创新能力和核心竞争力，拓展遥感行业的应用领域和市场需求，提升遥感行业的服务水平和价值贡献。社会方面应该增强对遥感行业的认识和关注，积极利用遥感数据和服务，提高遥感数据的利用效率和价值转化，参与遥感数据的共享和交流，推动遥感行业的社会效益和经济效益。

思考题

1. 遥感技术的特点有哪些?
2. 简述遥感技术的历史演进过程。
3. 简述遥感的物理基础。
4. 简述遥感系统的组成情况。
5. 遥感技术有哪些优势?
6. 简述遥感技术的分类。
7. 简述遥感技术的应用情况。
8. 简述遥感的发展趋势。
9. 遥感技术在建设工程中有哪些应用?
10. 试述近年来我国遥感技术领域的创新与发展。

参 考 文 献

[1] 巴纳法．智能物联网区块链与雾计算融合应用详解［M］．马丹，老白，沈绮虹，译．北京：人民邮电出版社，2020：63.

[2] PlATT C，JANSSON F. 电子元器件实用手册：传感器篇［M］．赵正，译．北京：人民邮电出版社，2017：81.

[3] KAPLAN E D，HEGARTY C. GPS/GNSS 原理与应用［M］．寇艳红，沈军，译．3 版．北京：电子工业出版社，2021：90.

[4] 阿曼迪亚，加森佩里，奥斯图克，等．数字孪生及其应用［M］．何春荣，韦喜忠，王飞，等译．北京：国防工业出版社，2022：12.

[5] NIKU S B. 机器人学导论：分析、控制及应用［M］．孙富春，译．2 版．北京：电子工业出版社，2018：39.

[6] 卜昆，单晨伟．计算机辅助制造［M］．4 版．北京：科学出版社，2022：22.

[7] 格雷格．性能之巅：洞悉系统、企业与云计算：英文版［M］．2 版．北京：电子工业出版社，2023：44.

[8] 常田建．计算机辅助制造［M］．崔洪斌，译．3 版．北京：清华大学出版社，2007：23.

[9] 陈大鹏，曹小鸿，柴新宇．地理信息系统［M］．北京：冶金工业出版社，2023：111.

[10] 陈桂茸．云计算技术与物联网应用［M］．北京：北京交通大学出版社，2023：50.

[11] 陈晓红，徐雪松，曹文治．区块链原理与应用［M］．北京：高等教育出版社，2023：95.

[12] NYE D E. 百年流水线：一部工业技术进步史［M］．史雷，译．北京：机械工业出版社，2017：58.

[13] 单键鑫．从区块链到元宇宙［M］．北京：中国商业出版社，2023：17.

[14] 董金玮，李世卫，曾也鲁，等．遥感云计算与科学分析：应用与实践［M］．北京：科学出版社，2020：121.

[15] 杜国臣．数控机床编程［M］．2 版．北京：机械工业出版社，2010：56.

[16] 迪克．暗黑扫描仪［M］．于娟娟，译．成都：四川科学技术出版社，2020：91.

[17] 列维，瓦莱特．面向设计公司的 BIM：基于中小规模 BIM 设计案例［M］．马小涵，等译．北京：机械工业出版社，2023：85.

[18] 阿佐拉．物联网项目实战：基于 Android Things 系统［M］．杨加康，译．北京：人民邮电出版社，2020：69.

[19] 高建彬，夏虎，夏琦．区块链共识算法导论［M］．北京：科学出版社，2023：100.

[20] 谷田部卓．未来 IT 图解：人工智能［M］．刘晓慧，刘星，译．北京：中国工人出版社，2021：29.

[21] 官冬杰．基于 ArcGIS 的地理信息系统软件应用与实践［M］．北京：人民交通出版社，2022：112.

[22] 郭清溥．大数据基础［M］．北京：电子工业出版社，2020：43.

[23] 郭天太，李东升，薛生虎．传感器技术．［M］．北京：机械工业出版社，2019：77.

[24] 何宝宏．5G 与物联网通识［M］．北京：机械工业出版社，2020：65.

［25］何国金．遥感信息工程［M］．北京：科学出版社，2021：116.
［26］何舢，陈建华．流水线生产作业管理精要［M］．北京：中国经济出版社，2006：61.
［27］季顺宁．物联网技术概论［M］．北京：机械工业出版社，2020：62.
［28］江勇，张恒．智慧工业实践［M］．北京：人民邮电出版社，2021：103.
［29］希顿．人工智能算法：第2卷 受大自然启发的算法［M］．王海鹏，译．北京：人民邮电出版社，2020：33.
［30］金钟熠．仿人机器人开发指南［M］．武传海，译．北京：人民邮电出版社，2020：35.
［31］劳顿．管理信息系统：管理数字化企业［M］．黄丽华，俞东慧，译．16版．北京：清华大学出版社，2023：106.
［32］萨克斯，伊斯曼，李刚．BIM手册：原著第三版［M］．张志宏，郭红领，刘辰，译．北京：中国建筑工业出版社，2023：83.
［33］雷凯．区块链导论［M］．北京：电子工业出版社，2023：96.
［34］雷添杰．无人机遥感数据处理与实践［M］．北京：水利水电出版社，2020：120.
［35］李昌春，张薇薇，甘志勇，等．物联网概论［M］．重庆：重庆大学出版社，2020：68.
［36］李剑锋，张悦涵．区块链技术开发与实现［M］．北京：清华大学出版社，2023：99.
［37］李进强，陈瑞霖．地理信息系统开发与编程实训（实践）教程［M］．武汉：武汉大学出版社，2023：110.
［38］李联宁．物联网安全导论［M］．2版．北京：清华大学出版社，2020：70.
［39］李正茂，李安民，梁伟，等．元宇宙导论［M］．北京：中信出版社，2023：16.
［40］梁超，苏畅．机械系统动态仿真技术［M］．合肥：合肥工业大学出版社，2022：27.
［41］梁立新，冯璐，赵建．基于Android技术的物联网应用开发［M］．北京：清华大学出版社，2020：73.
［42］廖述梅，沈波，杨波，等．管理信息系统［M］．北京：高等教育出版社，2023：107.
［43］林伟伟．云计算与AI应用技术［M］．北京：清华大学出版社，2023：46.
［44］刘敏时，刘英，赵峰．智能光学遥感微纳卫星系统设计方法［M］．北京：人民邮电出版社，2021：115.
［45］刘天斯．Python自动化运维：技术与最佳实践［M］．北京：机械工业出版社，2014：54.
［46］刘占省．智能建造方法与应用［M］．北京：中国建筑工业出版社，2023：19.
［47］陆建国．工业电器与自动化［M］．北京：化学工业出版社，2011：55.
［48］陆彦．工程管理信息系统［M］．3版．北京：中国建筑工业出版社，2022：109.
［49］闾海荣．区块链与数据共享［M］．北京：电子工业出版社，2023：98.
［50］马国红，许燕玲，何银水．焊接机器人跟踪与仿真技术［M］．北京：机械工业出版社，2021：25.
［51］马野，李晓芳，蔡畅．仿真技术及军事应用［M］．北京：国防工业出版社，2021：24.
［52］乔治．人工智能与精益制造［M］．孙卓雅，孙建辉，译．北京：中国人民大学出版社，2020：34.
［53］孟令奎．网络地理信息系统原理与技术［M］．3版．北京：科学出版社，2020：114.
［54］尼克．人工智能简史［M］．2版．北京：人民邮电出版社，2021：30.
［55］高尔，德罗斯，诺沃特尼，等．Hyperledger区块链开发实战：利用Hyperledger Fabric和Composer构建去中心化的应用［M］．陈鹏飞，马丹丹，郑子彬，译．北京：机械工业出版社，2023：97.
［56］强彦，赵涓涓，王盈森．区块链理论与实战［M］．北京：机械工业出版社，2023：93.
［57］秦洪浪，郭俊杰．传感器与智能检测技术［M］．北京：机械工业出版社，2020：75.
［58］任超，刘立龙，梁月吉．GNSS-IR原理与应用［M］．北京：科学出版社，2022：88.
［59］沙玲，魏春石．智能建造导论［M］．北京：中国建筑工业出版社，2023：20.

[60] 邵振峰．遥感大数据检索［M］．北京：科学出版社，2021：117.
[61] 史建鹏．汽车仿真技术［M］．北京：机械工业出版社，2021：26.
[62] 松本健太郎．大数据：挖掘数据背后的真相［M］．田中景，译．杭州：浙江人民出版社，2020：40.
[63] 宋海鹰，岑健．西门子数字孪生技术：Tecnomatix Process Simulate应用基础［M］．北京：机械工业出版社，2022：11.
[64] 宋华明．装配流水线平衡和投产排序：模型、算法与仿真［M］．北京：电子工业出版社，2016：59.
[65] 唐文彦．传感器［M］．5版．北京：机械工业出版社，2017：80.
[66] 陶飞，戚庆林，张萌，等．数字孪生及车间实践［M］．北京：清华大学出版社，2021：13.
[67] 陶皖．云计算与大数据［M］．2版．西安：西安电子科技大学出版社，2023：49.
[68] 汪德江，宋少沪，朱杰江，等．BIM技术与应用：Revit2023建筑与结构建模［M］．北京：高等教育出版社，2023：82.
[69] 王保群，李晓荣，刘文江．高速铁路预应力轨道板流水线生产技术研究［M］．北京：中国水利水电出版社，2020：57.
[70] 王博．徕卡Scan Station P30三维激光扫描仪原理及工程应用［M］．北京：中国水利水电出版社，2019：92.
[71] 王风茂，蔡政策．云计算技术基础教程［M］．北京：机械工业出版社，2023：45.
[72] 王良明．云计算通俗讲义［M］．4版．北京：电子工业出版社，2022：51.
[73] 王钦军．地质灾害遥感［M］．北京：科学出版社，2021：118.
[74] 王伟，陆雪松，蒲鹏，等．云计算系统［M］．北京：高等教育出版社，2023：48.
[75] 王喜文．一本书读懂ChatGPT、AIGC和元宇宙［M］．北京：电子工业出版社，2023：15.
[76] 王项，刘钧文，王新宇，等．GeoTools地理信息系统开发［M］．北京：人民邮电出版社，2022：113.
[77] 王要武，陶斌辉．智慧工地理论与应用［M］．北京：中国建筑工业出版社，2019：102.
[78] 王宜怀．窄带物联网技术基础与应用［M］．北京：人民邮电出版社，2020：67.
[79] 王宇航，罗晓蓉．智慧建造概论［M］．北京：机械工业出版社，2021：21.
[80] 王宇新，齐恒，杨鑫．大数据分析技术与应用实践［M］．北京：清华大学出版社，2020：41.
[81] 蔚保国．GNSS伪卫星定位系统原理与应用［M］．北京：国防工业出版社，2022：89.
[82] 魏国江，雷鸣，陈妮．管理信息系统理论与实践［M］．北京：经济管理出版社，2023：108.
[83] 魏虹．传感器与物联网技术［M］．2版．北京：电子工业出版社，2019：78.
[84] 温宏愿，孙松丽．林燕文．工业机器人技术及应用［M］．北京：高等教育出版社，2019：38.
[85] 西村泰洋．完全图解云计算［M］．陈欢，译．北京：中国水利水电出版社，2022：53.
[86] 熊保松，李雪峰，魏彪．物联网NB-IoT开发与实践［M］．北京：人民邮电出版社，2020：66.
[87] 徐文福．机器人学：基础理论与应用实践［M］．哈尔滨：哈尔滨工业大学出版社，2020：37.
[88] 徐雪慧．物联网射频识别（RFID）技术与应用［M］．2版．北京：电子工业出版社，2020：71.
[89] 徐颖秦，熊伟丽，杜天旭，等．物联网技术及应用［M］．2版．北京：机械工业出版社，2020：64.
[90] 杨东，周鑫，袁勇．元宇宙教程［M］．北京：人民出版社，2023：18.
[91] 杨启亮，邢建春，孙晓波．BIM智慧运维技术与应用［M］．北京：科学出版社，2023：84.
[92] 叶枫，曹聪．数字时代的管理信息系统［M］．北京：经济科学出版社，2023：104.
[93] 伊姆兰·巴希尔．精通区块链开发技术［M］．王烈征，译．2版．北京：清华大学出版社，2022：101.

[94] 衣晓．无线传感器网络监视跟踪理论与应用［M］．北京：国防工业出版社，2019：79.
[95] 余来文，黄绍忠，许东明，等．互联网思维3.0：物联网、云计算、大数据［M］．北京：经济管理出版社，2022：52.
[96] 张福波，张云泉．算力经济：从超级计算到云计算［M］．北京：机械工业出版社，2023：47.
[97] 张凯．管理信息系统教程［M］．3版．北京：清华大学出版社，2023：105.
[98] 张明文，王璐欢．智能制造与机器人应用技术［M］．北京：机械工业出版社，2020：36.
[99] 张永生．高分辨率遥感卫星应用：成像模型、处理算法及应用技术［M］．3版．北京：科学出版社，2020：122.
[100] 张召，金澈清，田继鑫，等．区块链导论：原理、技术与应用［M］．北京：高等教育出版社，2023：94.
[101] 章小红，高霞．工业机器人虚拟仿真技术（ABB）［M］．武汉：华中科技大学出版社，2022：28.
[102] 赵志耘，王喜文，负强．人工智能2030［M］．北京：科学技术文献出版社，2020：31.
[103] 周昌乐．机器意识：人工智能的终极挑战［M］．北京：机械工业出版社，2020：32.
[104] 周晨光．智慧建造：物联网在建筑设计与管理中的实践［M］．段晨东，柯吉，译．北京：清华大学出版社，2020：72.
[105] 周俊飞．服装流水线实训［M］．北京：中国纺织出版社，2014：60.
[106] 周廷刚．遥感数字图像处理［M］．北京：科学出版社，2020：119.
[107] 周祖德，娄平，萧筝．数字孪生与智能制造［M］．武汉：武汉理工大学出版社，2020：14.
[108] 伯曼．大数据原理与实践：复杂信息的准备共享和分析［M］．张贵刚，邢春晓，任广皓，等译．2版．北京：机械工业出版社，2020：42.
[109] 朱明．无线传感器网络技术与应用．［M］．北京：电子工业出版社，2020：76.
[110] 朱晓青，凌云，袁川来．传感器与检测技术［M］．2版．北京：清华大学出版社，2020：74.